U0214973

学科发展战略研究报告

冶金与矿业学科发展战略研究报告

（2016～2020）

国家自然科学基金委员会

工程与材料科学部

科学出版社

北京

内 容 简 介

本书是国家自然科学基金项目"冶金与矿业学科发展战略研究与十三五规划"的研究成果。书中对冶金与矿业学科所属石油工程、矿业工程、矿物分离、冶金工程、材料工程及安全工程五个学科领域分别进行了研究和阐述。主要包括学科的战略地位；学科的发展规律和发展态势；学科的发展现状与发展布局；学科的发展目标及其实现途径，包括需要加强的优势方向、需要扶持的薄弱方向、需要鼓励的交叉方向及需要促进的前沿方向等。根据各学科领域的战略发展报告，提出了学科优先发展领域及跨学科或跨学部交叉优先领域，主要包括：该领域的科学意义与国家战略需求；该领域的国际发展态势与我国发展优势；该领域的发展目标；该领域的关键科学问题与主要研究方向。结合本学科自身特点与发展规律，从人才队伍建设、经费投入保障、宣传贯彻活动、过程监督管理等方面，提出了较为具体且可实施的工作措施及政策建议。

本书是国家自然科学基金委员会"十三五"发展战略研究系列报告的组成部分。经过本学科数十位两院院士、数百名中青年专家历时近两年的研究、讨论和反复修改完成，它将是冶金与矿业学科"十三五"期间乃至 2030 年前遴选优先资助领域的重要参考依据，可供高等院校、科研院所科研人员开展研究参考。

图书在版编目（CIP）数据

冶金与矿业学科发展战略研究报告：2016～2020/国家自然科学基金委员会工程与材料科学部编. —北京：科学出版社，2017.7
（学科发展战略研究报告）
ISBN 978-7-03-053860-4

Ⅰ．①冶…　Ⅱ．①国…　Ⅲ．①冶金工业–发展战略–研究报告–中国–2016～2020 ②矿业工程–发展战略–研究报告–中国–2016～2020
Ⅳ．①TF ②TD

中国版本图书馆 CIP 数据核字（2017）第 139665 号

责任编辑：李　雪　刘翠娜/责任校对：桂伟利
责任印制：徐晓晨/封面设计：王　浩

*科学出版社*出版
北京东黄城根北街 16 号
邮政编码：100717
http://www.sciencep.com
北京建宏印刷有限公司 印刷
科学出版社发行　各地新华书店经销
*

2017 年 7 月第 一 版　开本：720×1000　1/16
2017 年 8 月第二次印刷　印张：19
字数：363 000

定价：128.00 元
（如有印装质量问题，我社负责调换）

《冶金与矿业学科发展战略研究报告（2016～2020）》专家组

领导小组

组长：何满潮　中国科学院院士、中国矿业大学（北京）教授

　　　朱旺喜　国家自然科学基金委员会工程与材料科学部

成员：高德利　中国科学院院士、中国石油大学（北京）教授

　　　刘炯天　中国工程院院士、郑州大学教授

　　　李元元　中国工程院院士、吉林大学教授

　　　袁　亮　中国工程院院士、中国矿业大学教授

　　　薛庆国　北京科技大学教授

秘书：杨晓杰　李　军　张俊文

石油工程组

组长：高德利

成员：刘清友　孙宝江　郭柏云　邓金根　李根生　汪志明

　　　蒋官澄　楼一珊　李　琪　金　衍　张烈辉　姚　军

　　　姜汉桥　吴晓东　宋考平　侯吉瑞　张忠智　张劲军

　　　宇　波

秘书：金　衍　（兼）

矿业工程组

组长：何满潮

成员：王家臣　宋卫东　才庆祥　姜耀东　王来贵　乔　兰

　　　谭云亮　邹友峰　康红普　孙晓明　毛德兵　高全臣

　　　杨维好　何学秋　聂百胜　王云海　邹声华　王恩元

　　　琚宜文　王延斌　李启民　宫伟力　郭志飚　姜鹏飞

　　　李祥春

秘书：杨晓杰（兼）　王　炯　刘冬桥

矿物分离组

组长：刘炯天

成员：韩跃新　孙春宝　胡义明　胡岳华　车小奎　文书明
　　　曹亦俊　冯　莉　倪中海　程宏志　张一敏　于建国
　　　池汝安　郭珍旭　刘亚川　吕宪俊　马少健　朱庆山

秘书：曹亦俊（兼）　张海军　苗真勇

冶金工程组

组长：薛庆国

成员：李　劼　张廷安　李　梅　池汝安　黄小卫　白晨光
　　　郭占成　张立峰　李光强　朱苗勇　齐渊洪　齐　涛
　　　廖春发　邢献然　鲁雄刚　彭金辉　杨　斌　王习东

秘书：胡晓军　王　祎

材料工程组

组长：李元元

成员：聂祚仁　张国庆　秦明礼　翟启杰　李建国　朱　敏
　　　王昭东　谢建新　邓运来　李松林　宋晓艳　张卫文
　　　朱　胜　李晓延　叶福兴

秘书：席晓丽　高　峰

安全工程组

组长：袁　亮

成员：傅　贵　申世飞　张和平　张来斌　何学秋　吴　超
　　　李树刚　金龙哲　宋守信　李　涛　周福宝　帅　健
　　　樊运晓　孙金华　张江石　佟瑞鹏　谭　波　王喜世
　　　王青松

秘书：傅　贵（兼）　张江石

序

党的十八大提出，科技创新是提高社会生产力和综合国力的战略支撑，必须摆在国家发展全局的核心位置。十八届五中全会强调，各类创新中最重要、最关键、最核心的是科技创新，最困难、最具挑战的也是科技创新，科技创新对生产力和生产关系都具有决定性影响。深入开展战略研究、科学谋划科学基金"十三五"发展，对于推进科技创新、服务创新驱动发展、建设创新型国家，具有十分重要的意义。

国家自然科学基金"十三五"规划战略研究着眼 2020 年建成创新型国家的战略目标，围绕影响科学基金长远发展的重大战略问题展开。规划战略研究的主要内容框架包括三个部分，即：战略目标、战略任务、政策措施。

战略目标从总量并行、过程并行、源头并行三个维度，探索基础研究发展目标"指标化"的规划手段，科学设计中国基础研究未来发展的表征措施。主要涉及基础研究总投入与宏观产出等方面指标；我国基础研究在世界科学发展格局与演进过程中可能产生的重大成果和重要贡献；在源头上孕育新的学术思想、涌现出原创性重大成果的数量和质量的情景分析等。

战略任务围绕履行筑探索之渊、浚创新之源、延交叉之远、遂人才之愿的使命，不断优化科学基金在鼓励探索、培育原创、激励交叉、陶铸人才等方面的战略布局；统筹科学基金对基础性、前沿性、战略性基础研究的资助部署。

政策措施的战略研究内容主要包括：保障经费投入、健全法规制度、完善评审评价机制、强化绩效管理、加强队伍建设、推动信息化建设、营造创新文化等。

结合"冶金与矿业"学科特点，在已有学科战略研究成果的基础上，国家自然科学基金委员会工程与材料科学部组织该领域专家、学者，从学科发展战略、优先发展领域及资助战略三个方面，开展了"冶金与矿业"学科发展战略研究与十三五规划。该工作的开展，将进一步促进学科基础研究发展、原始创新，以及优秀人才培养和凝聚。

国家自然科学基金委员会副主任

中国科学院院士　　姚建年

2016 年 10 月

前　言

党的十八大提出，坚持发展是硬道理的本质要求就是坚持科学发展。其战略指导思想为"科学引领未来，创新驱动发展"，科技创新是提高社会生产力和综合国力的战略支撑，必须摆在国家发展全局的核心位置。要坚持走具有中国特色的自主创新道路，以全球视野谋划和推动创新，提高原始创新、集成创新和引进消化吸收再创新能力，更加注重协同创新。深化科技体制改革，加快建设国家创新体系，着力构建以企业为主体、市场为导向、产学研相结合的技术创新体系。完善知识创新体系，实施国家科技重大专项，实施知识产权战略，把全社会智慧和力量凝聚到创新发展上来。党的十八届四中全会强调，要完善创新驱动政策环境。"十三五"时期是我国全面建成小康社会的关键时期和建设创新型国家的冲刺阶段。深入开展战略研究，科学谋划科学基金"十三五"规划发展，对于繁荣基础研究、提升我国原始创新能力、服务创新驱动发展战略，具有十分重要的意义。为此，国家自然科学基金委员会（简称"基金委"）开展了"国家自然科学基金'十三五'规划战略研究工作"。

"冶金与矿业"学科作为该研究工作的基本单元之一，涵盖了石油、煤炭、冶金、材料、安全等多个领域，跨度很大，是人类社会赖以生存和发展的重要基础。根据基金委工程与材料科学部的统一部署，冶金与矿业学科于 2014 年 6 月在基金委召开了学科发展战略与"十三五"规划项目启动会议。

本报告对冶金与矿业学科所属石油工程、矿业工程、矿物分离、冶金工程、材料工程及安全工程等学科领域分别进行研究和阐述。围绕未来五年我国基础研究相关学科的总体发展态势，从冶金与矿业学科的研究特点和基本状况出发，分析和辨识我国冶金与矿业学科及其重要方向所处的发展阶段，根据衡量"总量并行"、"过程并行"和"源头并行"这三个阶段的不同指标，提出了本学科的发展目标及发展方向，勾勒了学科发展"地貌图"。它主要包括：学科特点、学科发展的自身需求和经济社会发展对学科的需求；研究现状（产出规模和影响力）、国际地位、优势方向和薄弱之处；到 2020 年，我国取得里程碑意义的成果及可能方向；到 2020 年，我国形成引领性的研究方向，在全球研究热点中占有的地位；到 2020 年，我国可能形成的国际上有影响力的科学家及分布情况；到 2020 年，我国在国际上有吸引力的研究中心及分布情况等。根据冶金与矿业学科各学科领域的特点，撰写了学科发展战略报告。它主要包括：学科的战略地位；学科的发展规律和发展态势；学科的发展现状与发展布局；学科的发展目标及其实现途径，包括需要加强的优势方向、需要扶持的薄弱方向、需要鼓励的交叉方向及需要促进的前沿方向等。根据各学科领域的战略发展报告，提出了学科优先发展领域及跨学科或跨学部交叉优先领域。它主要包括：该领域的科学意义与国家战略需求；该领域的国际发展态势与我国的发展优势；该领域的发展目标；该领域的关键科学问题与主要研究方向。结合本学科自身特点与发展规律，从人才队伍建设、经费投入保障、宣传贯彻活动、过程监督管理等方面，提出了较为具体且可实施的工作措施及政策建议。

本战略规划报告在研究和制定过程中，广泛地征求了相关专家的意见，并认真地进行了分析、讨论，先后征求了数十名两院院士的意见，有数百名相关领域的中青年专家、学者参与了研究与撰写，提出了许多宝贵意见和建议。感谢基金委等有关部门给予的指导与支持，感谢项目组专家所在单位给予的大力支持，感谢项目全体研究人员在项目研究过程中所付出的艰苦努力，感谢为本项目的顺利完成和本研究报告的出版提供支持的专家与朋友。

本报告在撰写过程中，尽管广泛征求了广大专家、学者的意见和建议，但是，由于冶金与矿业学科涉及领域多，想必会有许多宝贵的意见没有写进来，存在的不足或缺陷敬请批评指正！

本报告的出版，不是研究的终点，而是新的起点。我们将在此基础上持续深入开展冶金与矿业学科的战略研究，为国家制定科技发展战略提供科学建议，为科研管理部门、科研机构等制定科技政策提供参考，为实施国家"创新驱动发展战略"贡献力量。

何满潮　朱旺喜

冶金与矿业学科发展战略与"十三五"规划项目组

2016 年 10 月于北京

目　录

第1章　学科的战略地位

冶金与矿业工程学科包含石油工程、矿业工程、矿物分离、冶金工程、材料工程和安全工程六大分支。六大分支的定义、特点、结构及各自的发展战略需求共同组成了冶金与矿业学科的重要战略地位。

1.1　石油工程学科

在世界范围内，石油与天然气资源（简称"油气资源"）既是主要的优质能源，又是保障一个国家政治、经济、军事安全的重要战略物资。从"柴薪时代"发展到"煤炭时代"，再发展到"油气时代"，并向未来"新能源时代"发展（未来的"新能源"主要是指太阳能、风能、地热等可再生能源），世界能源结构不断朝更好的方向变化。目前，人类的能源开发利用仍处在油气时代，特别是北美的"页岩革命"（其背后实质上是油气资源开发的工程技术革命），显示出油气时代广阔的发展空间。然而，我国的能源结构比较落后，目前仍处在煤炭时代。这种落后的能源体系造成的空气污染和生态破坏，在我国发达地区已接近环境容量的极限，迫切需要推动能源结构向清洁化加速转变乃至变革。

目前，在全球一次能源消费中，石油、天然气、煤炭等化石能源的比例平均占80%以上，大部分在90%左右。在2003～2013年，全球一次能源消费量增长了28%，其中石油消费量增长12%，天然气消费量增长29%。在可以预见的未来二三十年里，化石能源的比例会有所下降，但作为主体能源的地位不会发生根本性改变，特别是油气消费量将继续增长。美国的页岩油气革命不仅为重振美国实体经济提供了强大动力，而且为美国至少增加了200万个就业岗位，特别是当面对2014年乌克兰危机时，凭借美国大量生产的页岩气（2014年生产页岩气达到3800亿 m³），奥巴马总统才敢于不惧俄罗斯对欧洲停供天然气的警告。另外，在欧盟，每年能源工业的税收贡献超过4000亿欧元，如果欧盟放开页岩气开发，预计能够增加至少100万个就业岗位；在巴西，随着海洋油气资源的有效开发，油气行业对GDP的贡献率从3%上升到12%，失业率从10%下降到7%以下，其中仅造船就业岗位就从7000个扩大到8万个[1]。

随着经济社会的发展，我国油气供需矛盾日益加剧，油气消费对外依存度逐年增加。2015年，我国石油消费对外依存度高达60.6%，天然气消费对外依存度也达到了 32.7%，油气资源短缺已成为制约我国经济社会可持续发展的主要瓶颈之一。2014年4月20日，李克强总理主持召开了新一届国家能源委员会首次会议，研究讨论能源发展中的相关战略问题和重大项目。他在会上指出：要立足国内，着力增强能源供应能力，加大陆上、海洋油气勘探开发力度，创新体制机制，促进页岩气、页岩油、煤层气、致密气等非常规油气资源开发。显然，国家正在实施积极的石油与天然气勘探开发战略，从而对石油与天然气工程（简称"石油工程"或"油气工程"，其英文名称为"petroleum engineering"）提出了新的重大需求，同时也彰显出本学科未来建设与发展的重要战略地位[2]。

1.1.1 学科定义及特点

油气工程，就是围绕油气资源的钻探、开采及储运而实施的知识、技术和资金密集型工程，是油气勘探开发的核心业务，包括油气藏、钻井、完井、测量（测井、录井、试井等）、油气生产、油气储运等基本工程环节，是一项复杂的系统工程，涉及多学科领域。在世界范围内，石油与天然气勘探开发的巨额花费主要用于油气工程方面，包括油气勘探总成本中的大部分（55%~80%，用于钻探工程）及油气田开发与储运的全部工程花费。

随着地下油气资源钻探、开采及储运的主客观约束条件日趋多样化和复杂化，不断对石油与天然气工程领域的科技创新和人才培养提出越来越高的新要求，促使本学科与地质、力学、化学、材料、机电、信息、控制及海洋、环境、管理等相关学科的联系更加紧密，学科交叉与渗透的作用对本学科发展的影响越来越大。由于人类对"健康、安全、环境"更高目标的追求，进入21世纪后，伴随信息、材料、人工智能、机电液一体化等学科领域的科技进步，石油与天然气工程学科必然朝着信息化、智能化及自动化方向加速发展。

1.1.2 学科结构

参考国务院学位委员会和国家教育委员会于1997年6月颁布的《授予博士、硕士学位和培养研究生的学科、专业目录》[3]，根据石油与天然气工程的学科内涵和专业属性，目前本学科主要由油气井工程、油气田开发工程和油气储运工程三个二级学科构成（图1.1）。

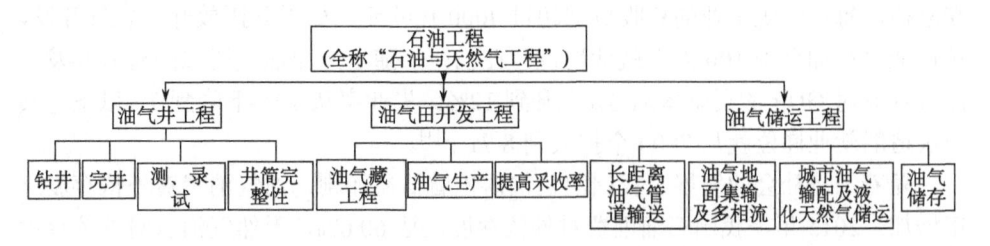

图1.1 石油工程学科结构图

（1）油气井工程是人类勘探与开发地下油气资源必不可少的信息和物质通道。油气井工程就是围绕油气井的建设（钻井与完井）、测量（测、录、试）及防护而实施的技术和资金密集型系统工程，涉及多学科领域。它不仅是贯穿于油气勘探开发全过程的关键工程之一，而且对于地热、地下水等流体资源的开发，以及管道穿越工程、地球科学钻探工程等都具有重要的实际意义。

（2）油气田开发工程是指从油气田被发现后开始，经过储层评价、可采量计算、编制开发方案、产能建设与投入生产、监测与管理、开发方案调整等，直到油气田最终废弃的全过程，是一项复杂的系统工程，其主要的学科内涵包括油气藏工程、油气生产及提高采收率等。

（3）油气储运工程是油气生产-供应链中不可或缺的重要一环，具有广阔的技术、地域及社会覆盖面。油气储运工程就是围绕油气的集输与处理、长距离输送、储存与储备、城市输配及军事油料供给等而实施的知识、技术和资金密集型工程，涉及多学科领域，不仅是油气工程的主要组成部分，而且与国防建设、百姓生活等息息相关。

1.1.3　学科发展战略需求

随着国内油气勘探开发程度的不断提高，剩余的油气资源大多分布在山地、沙漠、高原、黄土塬和海洋（尤其是深水）覆盖地区，地面环境和地质条件都比较复杂，而且大多为非常规、低（特低）渗透及深层、深水等难动用油气资源，勘探开发的难度不断加大，致使油气工程面临一系列的重大科技难题。同时，由于国内可利用的石油和天然气资源已明显不能满足国家能源需求，客观上要求我国石油企业必须实施走出去的发展战略，积极开发利用国外的油气资源，因而需要研究国外油气合作区的实际情况，解决相应的油气工程科技难题。在油气储运方面，国家明确要求"加快西北、东北、西南和海上进口油气战略通道建设，完善国内油气主干管网"及"完善石油储备体系"等，油气储运工程学科发展迫切需要解决油气储运各生产系统中工艺、设备、安全诸方面的理论和技术难题，并通过交叉学科研究创新发展油气储运工程理论与技术。

1. 低渗透油气资源的高效开发

国内新增油气储量的 70%、新增产量的 70% 以上为低渗透油气藏（含特低渗透）。长庆油田是典型的低渗透油气田，其 2015 年产量超过了 5000 万 t 油气当量。因此，低渗透油气藏的有效动用程度及后续的提高采收率水平，直接影响到我国原油产量。与中高渗透油藏相比，低渗透油藏开发目前仍以水驱为主，研究主要集中于对渗流规律的认识。但随着油田综合含水率的上升以及特低油藏的开发，对提高采收率理论方法及相关技术措施提出了新的更高要求。低渗透油藏的储层非均质强和多孔介质结构复杂，相应的开发特点与方式具有多样化，且难以控制。因此，在前期研究的基础上，今后应重点研究低渗透油气藏的微观特征与渗流机制，有利于提高单井产能及最终采收率的先进井型和井网，复杂结构井设计与钻采控制技术，以及改善水驱、优化气驱及控制窜逸等提高采收率的新理论与新技术。

2. 非常规油气资源的高效开发

非常规油气是指难以用常规技术手段进行有效开采的油气资源。主要包括页岩油气、致密油气、重油和油砂、煤层气、天然气水合物等，其资源量远大于常规油气，已成为战略性接替能源，在国内外备受关注。我国的非常规油气资源十分丰富，但品位极低且客观条件复杂，采用现有的理论方法和技术手段难以实现经济有效动用的高效开发目标，照搬国外技术难免"水土不服"，而且国外对关键技术严加垄断。因此，迫切需要针对非常规油气工程科技发展的国际前沿及制约我国非常规油气有效动用的重大科学问题开展创新研究，建立相适应的高效开发理论和钻采与集输处理新技术。今后的研究重点是：非常规油气高效开发模式及其技术经济可行性，以水平井为基本特征的复杂结构井优化设计与钻采控制，水平井分段体积压裂，以及"工厂化"作业模式及安全环保等。

3. 深层油气资源的安全高效开发

井深为 4500～6000m 的油气井，称为深井，超过 6000m 井深则称为超深井。我国发现的剩余油气资源有 40%左右埋藏在深部，近年发现的特大型油气田，如塔里木、川东北、松辽深层等均处于超过 4500m 垂深的深部地层，一些海外合作区块油气藏也埋在深层。深层油气资源是目前和未来我国油气资源战略接替的重要领域之一。因此，加快深层油气勘探开发已成为保障我国能源安全的重大需求之一。深部地质环境的复杂性（如高温高压、酸性气体、盐膏层、高陡构造等复杂地质条件），严重制约了深层油气资源的勘探开发进程，仍需深入研究深部岩石破碎机理与高效破岩方法，井筒压力系统与井眼稳定控制方法，钻井设计与风险控制机制等关键问题。深井工程科学研究，应与深地科学钻探工程相关科学研究有机结合。

4. 海洋深水区油气资源的安全高效开发

在海洋油气工程中，小于 300m 的水深称为"浅水"；大于或等于 300m 而小于 500m 的水深称为"次深水"；大于或等于 500m 而小于 1500m 的水深称为"深水"；达到或超过 1500m 的水深则称为"超深水"。党的十八大报告提出：提高海洋资源开发能力，发展海洋经济，保护海洋生态环境，坚决维护国家海洋权益，建设海洋强国。由于过去几十年我国海洋油气勘探开发主要集中在近海浅水区，导致远海深水区的油气工程理论和技术较为匮乏，亟须开展相关的基础研究与技术创新。深水油气工程具有技术难度大、作业费用昂贵、安全环保要求高等风险特征，迫切需要高科技支撑。

5. 老油田剩余油分布与提高采收率

全球原油产量的 70%依靠老油田挖潜，老油田仍将是未来全球石油供给的主力油田。如果全球老油田采收率提高 1%，就会增加可采储量 50 多亿吨，约为全球两年的石油消费量。就我国而言，提高老油田采收率 1%，就相当于一个大庆油田的产量。然而，目前我国老油田平均含水率高达 90%，而平均采收率只有 35%左右。因此，老油田进一步挖潜的空间很大，同时开采难度也不断增大。围绕老油田剩余油分布与提高采收率问题，今后需要重点研究：老油田剩余油赋存规律与分布预测，水驱优势通道描述与深部调控，复杂油藏化学驱油和微生物采油，以及通过井网调整、老井侧钻等方法提高单井产量和最终采收率等。

6. 油气管网系统的安全高效运行

由于高压输送、介质易燃易爆、地域覆盖面广，油气管道属于高风险设施。近年来，在管网里程快速增加的同时，与油气管道相关的重大、特大事故频发，给人民生命财产和环境造成重大损害，油气管道安全已成为举国上下关注的焦点。其中，天然气不仅易燃易爆还极易扩散，天然气干线管网压力高（12MPa）、口径大（1219mm）、规模大（目前约占我国油气长输管道总里程的 2/3）、覆盖面广；天然气资源-管网-用户一体化的特点使得干线管网一旦发生重大事故将造成供气能力严重缺失，产生非常严重的社会后果。因此，天然气管网系统的运行安全与供气保障、正常工况下的高效运行以及应急调运已成为迫切需要解决的首要问题。

1.2　矿业工程学科

1.2.1　学科定义及特点

矿业工程学科是以矿物资源的安全、高效、环境友好地开采及矿物资源有效加工和利用为目的的应用性基础学科。矿业工程学科包括采矿工程、矿山压力与开采沉陷、矿井建设、矿山安全、矿井新能源等五方面。因此，矿业工程学科的研究内容广泛，各分支研究对象迥异，研究方法也不尽相同，既存在共性规律，也有各自的规律[2]。

应用性强是矿业工程学科的特点之一。复杂性是矿业工程学科的另一个重要特点。矿业工程学科的研究对象是以地质体为主的自然物质系统。与人工设计的工业系统不同，对于地学系统的复杂性，人类到目前为止尚不能完全认知。研究对象的多尺度性与耦合性是矿业工程学科的第三个特点。例如，既包括诸如岩石介质中微纳尺度的吸附/解吸问题，又包括细观尺度的流体运移、裂纹扩展及岩石损伤问题，还包括宏观尺度的岩体变形、破坏与流体运动问题等。特别是在深部工程中，流体的运移、岩体的变形、由温度场产生的物理化学反应过程是高度耦合的。学科的交叉性是矿业工程学科的突出特点。矿业工程学科重要的基础理论之一是开采岩体力学，主要研究对象是矿山工程力与地质体的相互作用；因此，多相、多场的相互作用产生了多种多样的变形与破坏规律。

1. 采矿工程

采矿工程学科是以有用矿物资源开采为目的的综合性学科，其基本任务是揭示安全、高效、经济、充分、无害、与环境协调及保护环境地开采有用矿物及其伴生资源的客观规律与科学本质，研究有关矿物资源评价、规划设计和矿物开采的理论、方法、工艺、经济及管理的知识，开发有关矿物资源开采的新理论、新技术和新装备等[3~6]。

矿物资源开采是一个复杂的生产过程，要综合运用地质学、测量学、采矿学、矿山岩体力学、矿山通风和安全等理论与技术，使用一定的机电设备及配套系统，安全、高效、经济地采出地下矿物及伴生资源的一种工程活动和科学技术。

采矿工程学科是以地质学、力学、数学、机电和技术经济学等为基础的综合性学科。其主要特点是综合性强、面向生产实际、研究对象介质复杂、受工程制约严重。与其他学科相比，采矿工程学科具有以下特点。

（1）学科的综合性强。采矿学科是涉及科学、技术、工程、经济与管理的综合性学科。在学科研究的门类上，涉及采矿学、岩体力学、固体力学、流体力学、工程地质学、水文地质学、矿山机械、电子与通信、技术经济学等多个学科。采矿学科既要解决开采生产的相关理论与技术问题，也要解决与开采相关的安全、地面沉降与环境等理论与技术问题。

（2）采矿学科的应用实践性强。采矿工程学科的理论、实验、方法、计算等所有研究都是面向生产实际，以解决生产实际问题和指导矿物资源科学开采为目的。

（3）采矿工程学科涉及的矿物资源品种繁多。煤矿开采、黑色金属矿开采、有色金属矿开采、核矿开采、化工矿开采、建筑石材开采、盐矿开采、海洋资源开采等均属于采矿工程学科研究范畴。

（4）学科研究的具体内容受矿物资源的赋存条件制约严重。矿物资源种类、自然条件、地点、规模等都影响着学科的研究方法、研究内容和研究目标等，如硬岩矿床以研究破碎为主，软岩矿床以研究支护为主等。矿物资源的种类、丰度、质量、赋存条件是客观的、天然的，赋存地点也不能人为地选择，因此研究对象也是客观的、不能选择的。

（5）学科研究的主要工程对象不断地移动。采掘工作面、人员、设备等都在不断移动，具体采掘工程服务的时间相对较短，采动应力场、裂隙场、瓦斯场、渗流场等不断变化，开采的矿石赋存条件、地质条件等难以清楚地探测，且不断变化。随着开采范围逐渐扩大、开采深度逐渐延深，所遇到的问题更加复杂，因此学科研究总是遇到新问题。

（6）学科研究的对象规模巨大。采矿工程是人类规模最大的、开挖历史最为久远的岩石开挖工程。从开始建矿到开采结束，采掘活动持续动态进行。一座矿山从建矿开采到开采结束一般要持续几十年，甚至百余年。由于工程巨大，工程影响的范围也大，因此在采矿工程学科研究中，要把握好微观、细观、与工程尺度的宏观研究界限及适用对象和条件。

（7）研究的对象具有随机性和复杂性。矿床赋存条件和地质构造分布等具有随机的性质，且变化较大；同时开挖岩体具有不连续性、各向异性和非均质性等，研究对象的随机性与复杂性导致采矿工程学科研究的难度大。

2. 矿山压力与开采沉陷

矿山压力与开采沉陷学，是基于矿山岩石（体）力学基本原理，研究采掘围岩应力分布特征与运动规律，探究岩层变形、破坏及其稳定性演化机理与控制原理的应用基础性学科；是在矿山岩石（体）力学基础上，根据矿山采掘特点发展起来的新兴学科和边缘学科，是应用性和实践性很强的应用基础学科[2]。

矿山压力与开采沉陷学科的研究对象的特点如下。

（1）矿山岩体是天然介质，岩层结构与地质构造复杂，通常受到重力、构造应力、流体（液体、气体）、温度、采掘应力等多种因素的共同作用，开挖、回填等过程使得矿山结构处于不断变化的状态[7,8]。

（2）矿山岩体是受载体，是储能或蓄能结构，受到外界环境如重力、开挖、回填、爆破等的力学（机械）作用，温度、湿度变化等的物理作用，甚至有煤炭燃烧的化学作用等因素的单独、联合或耦合作用。在矿山岩体工程的生命全周期中，承载进程即在哪个阶段承载未知，受载历程即承受了多少次未知、何种载荷未知，演化趋向未知。

（3）矿山工程的特征是永久性结构与临时性结构并存，同时复杂的矿山工程结构和周围环境的相互作用，导致矿山工程结构的响应具有强非线性、明显的不可逆性和不可预测性等特性。

（4）由于岩体结构与作用环境的复杂性，矿山压力与开采沉陷研究领域涉及了大量复杂的岩石（体）力学问题；同时岩石（体）力学的发展，也解决了采掘过程中遇到的矿压显现与岩层沉陷导致的安全、生产、环境等重大难题。

3. 矿井建设

矿井建设学科是为获取地下矿产资源而实施的地下工程技术科学，是依据地下复杂工程地质条件而实施的不同类型和用途的井筒、巷道等及工作面开挖与支护的技术科学。

矿井建设学科包括井筒建设、煤巷支护、岩巷支护及采场支护等，主要与各类岩层打交道，地下各类岩层的开挖和支护问题是矿井建设的核心问题。为实现矿井建设过程中科学的开挖与支护，需要弄清井筒、巷道与采场围岩所处的地质力学环境，需要研究不同地应力环境、不同性质、不同结构岩层、不同含水条件等多种情况下井筒、巷道及采场围岩的稳定性，需要研究不同条件下围岩稳定性控制理论与方法。由于地下矿层及地质条件的多样性、复杂性，矿井建设还需要进行大量的基础研究，研究内容涉及地质学、力学、运动学、测量学、机械学等多个学科。

4. 矿山安全

矿山安全（领域）是在矿山开采过程中，以矿山灾害事故发生原理和规律为主要研究对象，在分析、总结已发生矿山事故经验的基础上，综合运用自然科学、技术科学和管理科学等有关知识和成就，有效实施事故隐患识别、灾害探测、灾害预警、灾害防控等技术措施的总称。

矿山安全学科的一个突出特点是学科的交叉性，即矿山安全是矿业工程各工程学科的知识与管理科学相融合形成的一个前沿学科。另一个特点是学科面对的问题常具有模糊性、不确定性与随机性，因此，往往需要引入现代非线性科学来加以研究。

矿山安全学科包括矿井瓦斯灾害防治、矿井通风与火灾、粉尘与职业危害防治、矿井水灾防治、矿井热害防治、安全监测监控、矿井灾害应急救援与非煤矿山安全等领域。

5. 矿井新能源

矿井新能源是伴随煤矿开发而产生的资源类型，包括煤系和陆相页岩气、致密气、煤层气和地热能等，有其共性但又存在差异，具体的学科定义及特点如下：

页岩气是主体上以吸附或游离状态存在于泥岩、高碳泥岩、页岩及粉砂质岩类夹层中的天然气。美国页岩气产量（目前主要是海相成因）从 2005 年的 194 亿 m^3

迅猛增长到 2015 年的 3825 亿 m^3（数据来自 EIA，美国能源信息署），甚至远远高于我国 2015 年的天然气总产量 1380 亿 m^3（数据来自 BP 世界能源统计年鉴）。从 2009 年起，美国超过俄罗斯成为全球第一大天然气生产国，页岩气的成功开发改变了美国的能源格局，也对全球能源供应及地缘政治产生了重要影响[9]。

致密气是储存在物性相对较差的致密储层（地面空气渗透率 $K<1\times10^{-3}$ μm^2、地下覆压 $K<0.1\times10^{-3}$ μm^2 的致密砂岩/碳酸盐岩）中，而且开发难度显著大于常规天然气。致密气与页岩气一样是全球非常规油气勘探开发的亮点。目前，世界上尚未全面开发的致密气资源量为 75 万亿～100 万亿 m^3，仅次于天然气水合物。因此，整体上看致密气是 21 世纪最现实的重要能源之一[10]。

煤层气是指储存在煤层中以甲烷为主要成分，以吸附在煤基质颗粒表面为主、部分游离于煤孔裂隙中或溶解于煤层水中的烃类气体，是煤的伴生矿产资源。煤炭开采过程打破了煤-岩-流体的力学平衡，引起煤层气赋存环境的改变，导致煤层气解吸－扩散－渗流，并运移和产出。因此，作为矿井新能源－煤层气的安全高效开采（抽采）对保障煤矿安全生产、促进资源开发利用、提高煤炭开采经济效益都具有重大意义[11,12]。

地热能是指由地壳或岩石圈中提取的天然热能，包括天然出露的温泉、通过热泵技术开发利用的浅层地热能、通过钻井开采利用的地热流体以及干热岩体中的地热能（或简称浅热能、水热能和干热能）等。矿井地热能则是指在矿山开采过程中所揭露的地热能，包括矿井的热涌水和热风流等。矿井地热能既是采矿工程的伴生物，又是可再生的清洁能源，具有存量巨大、来源稳定、开发利用造价低、系统运行经济等显著优势。

1.2.2　学科结构

1. 采矿工程

采矿工程学科通常是指固体矿床开采，主要是由开采方法、矿山压力与岩层控制（矿山岩体力学）、伴生资源共同开采、矿业系统工程、矿岩破碎、矿业技术经济、矿山机电设备等学科方向组成[3]。

（1）开采方法。研究各种矿床条件下安全、高效、高采出率的开采方法，是采矿工程学科的核心研究方向。

（2）矿山压力与岩层控制（矿山岩体力学）。研究开采引起的围岩与上覆岩层的力学行为与响应，包括巷道、采场、硐室等围岩内的采动应力分布规律、变形与破坏的特征、围岩稳定控制原理与控制技术等；对于露天开采，主要涉及露天矿边坡与排土场稳定，金属矿山尾矿库工程。

（3）伴生资源共同开采。研究主采矿产品伴生资源共同开采的理论与技术，如煤与瓦斯共采、煤与地下水资源共采、煤与黏土矿物资源共采等。

（4）矿业系统工程。研究矿区与矿山工程的优化布置、开采参数的科学确定、开采与工艺组织的优化、管理系统信息化与智能化、露天矿自动调度系统等，同时也研究矿物资源开采与利用价值的最大化、矿产品资源经济与社会和环境协调的开发规划等。

（5）矿岩破碎。研究矿石和岩石的工程破碎机理与技术，包括地下岩石与矿石的爆破破碎、机械破碎、水力致裂、机械钻孔等理论与技术，巷道掘进面与采矿工作面矿石和岩石的破碎理论与技术，露天矿矿石和岩石的爆破、机械破碎等。

（6）矿业技术经济研究采矿过程中采矿技术与经济相互关系，探讨采矿技术与经济相互促进和协调发展规律，寻求提高经济效果的途径与方法的科学。对采矿过程中的技术方案、经济效果进行计算、分析、比较、评价，选择合理的最优技术方案，解决采矿中的工程问题，提供了技术和经济两方面的科学依据。

（7）矿山机电设备。研究针对矿山开采的机电设备研发、控制系统研发、特殊开采条件的设备研发、开采设备科学配套等。目前除传统机电设备研发外，智能矿山建设的相关控制与通信设备、无人采矿设备与控制系统等也是该学科方向的重点内容。

2. 矿山压力与开采沉陷

矿山压力与开采沉陷学科涉及地下硐室、人工边坡开凿、支护、通风安全、矿石采运等一系列工程。采掘过程必然产生矿山压力、岩层移动与覆岩破坏，研究矿山岩体工程结构的变形、破坏和稳定性是矿山压力与开采沉陷灾害防控的基础。对于固体矿产资源，普遍采用的是露天开采与地下开采等直接开采方法。因此矿山压力与开采沉陷学科是由地质学、采矿学、固体力学、岩石或岩体力学、弹塑性力学、断裂力学、损伤力学、渗流力学等学科为基础的一个综合学科。近年来，现代系统科学的发展，如突变理论、分形理论、耗散结构理论、协同学、混沌理论等，都为矿山压力与开采沉陷学科的发展奠定了新的理论基础[13]。

矿山压力与开采沉陷学科的研究任务和目的是探索在矿山开采条件下矿山覆岩运动、破断、失稳和防控的力学规律和原理。包括矿山岩体力学与流变力学、围岩灾害演化非线性动力学理论、矿山岩体实验力学、矿山岩体渗流力学、极端条件（地震）下矿山采空覆岩与周边工程结构互馈理论、非煤矿山岩层控制与边坡稳定、"三下"采煤理论与技术、采动地表环境和生态恢复技术、矿山环境岩石力学及绿色采矿技术等。

3. 矿井建设

矿井建设研究领域主要包含立井和斜井的掘进与支护两大基本问题，涉及地层地质特性，岩土的物理、力学性质，支护材料和结构的物理、力学特性，破岩机具与岩土的相互作用，支护结构与地层间的相互作用及其稳定性等科学问题。

针对不同特殊地层已形成的凿井方法包括冻结法、钻井法、注浆法、沉井法和帷幕法。已形成的研究方向有：深厚复杂表土层的冻结法理论与技术、大直径钻井理论与技术、复杂岩土层预注浆加固理论与技术、井筒深孔钻眼爆破理论与技术、复杂地层井壁结构及支护稳定性理论与技术、井筒快速掘进机械化配套理论与技术。

矿井支护主要包括矿井煤巷支护、岩巷支护以及采场支护。煤巷支护主要研究位于煤层中的巷道围岩稳定性及其控制科学与技术。岩巷支护主要研究位于岩层中的巷道及硐室等工程稳定性及其控制科学与技术。采场支护领域研究方向主要包括支架-围岩关系理论、采场支护理论、围岩控制理论等，其中支架-围岩关系理论是工作面支护研究的核心所在。

4. 矿山安全

矿山安全在矿业工程中属于二级学科领域，与其下设的"采矿工程""矿物加工工程"两个二级学科之间存在相互依赖、共同发展的内在联系。随着国民经济的发展，矿山安全的重要地位更加凸显。安全科学与工程已经升级为独立的一级学科，在安全科学与工程一级学科体系中目前暂时没有划分二级学科。矿山安全学科已经形成了以下研究方向：矿井煤岩瓦斯动力灾害防治、矿井通风与火灾防治、矿井水害防治、粉尘与职业危害防治、矿井热害防治、安全监测监控技术、非煤矿山安全、矿井灾害应急救援等。

5. 矿井新能源

矿井新能源总体上归属于矿业学科，一方面具有矿业学科的基本特征，另一方面也具有自身独有的特点。煤层气、页岩气和致密气等学科结构基本一致，主要包括地质气藏综合理论、开发井型优选和井网设计方案、钻完井工艺和储层改造技术体系、大型压裂装备和压裂液研发技术及地面集输工艺流程体系等。归纳起来，就是地质－技术－工艺－装备，要实现煤层气和页岩气的有效开发，四个环节缺一不可，并且要形成系统的勘探开发技术体系，才能保证这两种矿井新能源产业的高效、快速和可持续发展。另外，煤层气相对于页岩气、致密气的开发，在学科结构上会比页岩气、致密气多一个方面，即煤层气（瓦斯）的有效开发（抽采）对煤矿安全的影响，也就是煤层气开发与煤矿安全理论及技术。矿井新能源中的地热能，其学科结构由相关的地质构造、岩石圈变形、能源、水文地质以及地下水等专业组成。

1.2.3 学科发展战略需求

我国在矿业工程领域取得了巨大成就，保障了我国国民经济发展对化石矿物日益增长的需求。就矿物的年产量和用于发电的消耗量而言，我国已经位居"世界第一"。目前，我国的矿业大都进入了深部开采阶段，这就要求矿业工程学科在为行业发展提供科学理论与技术基础方面的支撑的同时，不断进行理论与技术创新，来满足深部开采技术、灾害预报与控制方面的需求。

（1）学科发展的自身需求。随着国民经济发展对矿物资源需求的不断增加，深部开采、露天矿高大边坡开采、高效开采、环境友好及安全开采的需求，对矿业工程各个学科领域不断提出新的课题。特别是在深部开采及露天矿高大边坡开采中所遇到的复杂地质条件下的工程设计，以及高应力岩爆和冲击地压、滑坡等动力工程地质灾害的预报与控制等课题，是对矿山开采岩体力学的前所未有的挑战。这就要求矿业工程学科不断进行理论与技术支撑体系的创新，以满足学科发展的自身需求。

（2）社会经济发展对学科的需求。原煤、金属与非金属矿物等矿物资源是关系到国计民生的重要战略物资，是能源、钢铁、化工等主要行业的基础性原料。中国已经是煤炭、铁矿石等矿物资源的最大消费国与生产大国。随着我国经济的高速发展，对矿物资源的需求还将越来越大。同时，矿物资源开采、加工以及随之产生的越来越严重的工程地质灾害及环境保护等问题，都对矿业工程学科提出了新的、更高的要求，同时也彰显了该学科在国民经济发展中的重要战略地位。

1. 采矿工程

采矿工程学科是服务于矿产资源开发的理论与技术。采矿是以矿产资源为工作对象的产业，也是国民经济的基础产业。矿产是指埋藏在地壳中的可供人类利用的天然矿物资源，按性质和用途，一般可分为金属、非金属和可燃矿物资源。人类生存和发展离不开原料和燃料，涉及黑色金属（铁、锰、铬）、有色金属，化工、核工业、建材等原料及煤炭、石油、天然气、油页岩等矿物。这些都需要借助于采矿工程把它们从地壳中开采出来，并进行加工利用。

中国是世界上最早开发和利用矿产资源的国家之一，但在近代我国矿业却处于落后的状态。随着我国经济的迅速发展，对矿产资源的需求量越来越大。全国采矿科技工作者经过近 30 年来的共同努力，目前我国的采矿水平和技术整体上处于世界先进行列。目前，世界上已知的约 168 种矿产在中国均有发现，探明储量的矿产在 157 种以上，总值居世界第三位。有 20 多种矿产的探明储量居世界前列，年产矿石超过 80 亿 t。采矿为我国国民经济的发展提供了 90% 的能源资源、80% 以上的工业原料和 60% 以上的农业原料，因此，采矿工业是我国最重要的基础工业。

煤炭开采和金属矿开采是我国最大的矿产开采行业。进入 21 世纪以来，我国的煤炭开采的产量居世界首位，2015 年世界煤炭总产量 78.61 亿 t，我国煤炭产量达 37.5 亿 t，占世界煤炭产量的 47.7%（数据来自 BP 世界能源统计年鉴）。根据我国国民经济发展的需要，煤炭需求量还要增加，"十三五"期间，我国国民经济仍然会以 6.5%～7.0%的速度增长，对煤炭需求的旺盛不会衰减，会维持在 40 亿 t 以上。

铁矿石开采是我国第二大采矿业。世界铁矿消费量逐年增长，2001～2012 年全球铁矿石消费增长了 88.0%，年均增长率 5.9%，其中中国铁矿石消费增长约 4.2 倍，年均增长率达 13.8%。2012 年我国消费的铁矿石中，有 37.3%由国内供给，有 62.7%靠进口。2015 年全国生产铁矿石原矿 13.8 亿 t，但是我国的铁矿石产量仍然难以支撑钢铁工业的迅猛发展。因此，在"十三五"期间铁矿石的大量开采是必然趋势。

为了支撑国民经济的健康发展，保持矿产资源开采量的相应增长是必然选择，更是国民经济发展的需要。我国矿产资源的赋存条件、资源质量等与矿产开采大国有很大区别，主要是条件复杂、资源质量差。如我国煤炭埋藏深度大、高瓦斯和突出煤层占 50%以上，急倾斜和薄煤层资源量占很大比例，导致我国煤炭开采主要是以井工开采为主，瓦斯和水患威胁等严重。铁矿类型复杂，有磁铁矿、钒钛磁铁矿、赤铁矿、褐铁矿等，大多属多层矿体，厚度不稳定，倾角大，97.5% 为贫铁矿。

由于我国矿产资源的赋存条件差且多样性、资源丰度相对低等，我国矿产开采难度大、开采方法多。这就迫切需要采矿工程学科的基础理论研究要有针对性、特殊性，同时研究成果要有实用性，以此保障我国条件复杂、开采方法多样、各种灾害威胁严重的矿产资源得以大量、安全开采。加强采矿工程学科的基础研究是学科发展的自身需要，也是我国矿产开采的迫切需要，更是我国国民经济持续健康发展的战略需要。

2. 矿山压力与开采沉陷

深部与复杂结构矿藏开采面临的一个重要问题就是岩层变形破坏导致围岩结构变化的不稳定性。围岩结构失稳导致顶板垮落、冲击地压、瓦斯突出、岩爆、软岩变形等灾害时有发生，给深部资源与复杂结构矿藏开采带来严重的威胁[7]。岩层移动反映到地表，引起地表塌陷、水系调整、水质污染、土地荒漠化等环境问题，直接威胁着人民生命安全和生存环境，影响着社会的稳定和经济发展。因此，解决深部资源与复杂结构矿藏开发中存在的矿山压力与开采沉陷灾害防治中的科学难题，实现与环境协调的煤炭资源开采，保障国民经济又好又快发展所需的资源，具有重要意义。

由于深部岩层与复杂结构矿藏赋存条件及环境异常复杂，矿山岩体物性具有明显的非连续、非均质、各向异性、非弹性等特征，因此矿山岩体工程结构的变形、破坏和稳定性规律也异常复杂。深部开采中的顶板垮落、冲击地压、瓦斯突出、岩爆、软岩变形、地表沉陷等灾害的孕育、发生、发展机理和规律复杂，矿山开采所面临的基本科学问题还尚未得到妥善解决，如不加大研究力度，就难以为我国深部资源与复杂结构矿藏开发提供强有力的理论支撑与技术保障，严重影响我国地下资源的开发和经济可持续发展。因此，矿山工程问题的复杂性要求矿山工程研究者针对需要解决的基本科学问题继续开展深入研究，为我国矿产资源的安全、经济、环保地开采提供基础理论。

3. 矿井建设

（1）井筒建设方面。随着矿产资源开采深度的不断增大，要求井筒的直径和深度越来越大。我国未来的矿产资源可持续开发趋于地下深部和西北、西南部的资源开发和利用。目前在建的思山岭铁矿井筒最深达 1501m，拟建的三山岛金矿井筒深度将超过 2000m。未来 10 年，我国需要开发 800～1000m 厚表土以及深度 1500～2000m 复杂含水岩土层下的矿物资源。建井工程将面临超深、超厚表土、富水、高地压、高地温等复杂地层地质环境问题，而现有的建井工程设计理论、施工技术、装备配套及安全稳定措施等均不能解决深井工程建设将面临的厚表土、高地压、高水压、高地温、岩爆、软弱岩层等复杂的工程科学问题，需要研究发展面向深部复杂地层地质环境的矿井建设基础理论。

（2）煤巷支护方面。我国经过几十年的研究与应用，已形成了以锚杆支护为主，多种支护形式并举的支护体系。高预应力、高强度锚杆、锚索支护得到广泛应用[14~16]，锚杆支护所占比例已超过 70%以上，基本解决了大断面巷道、全煤巷道、沿空掘巷等困难条件支护难题。此外，U 型钢金属支架、钢管混凝土支架等多种类型的支架，以及注浆加固技术，在软岩巷道、破碎围岩巷道、冲击地压巷道等条件下也进行了广泛应用[17,18]。未来煤巷支护的发展，主要包括以下几方面：一是我国煤炭开采深度越来越深，最大开采深度超过 1500m，对深部煤巷在掘进和工作面回采强烈采动影响下围岩大变形及顶板垮落失稳机理、综合应力场演化规律、深部煤巷锚杆锚索与金属支架联合支护理论需要进行研究。二是我国东北地区、内蒙古盆地、新疆伊犁以及陕甘宁盆地等中生代侏罗白垩纪煤系地层，岩体强度很低，遇水泥化、砂化严重，具有强烈的膨胀性[19]，对于此类煤巷围岩的大变形时空演化规律及围岩控制理论等需要进行研究。三是冲击地压巷道支护基础理论还需要进一步研究。四是地质力学条件与煤巷支护形式与参数的适应性、锚杆支护材料、构件及围岩的力学性能匹配性等仍需要进行进一步研究。

（3）岩巷支护方面。随着矿山建设规模逐渐增大以及地质条件渐趋复杂，岩石巷道工程日益凸显出高应力（高地应力、高渗透压）、高温度（地层温度、环境温度）、高湿度的环境特点，以及大深度、大断面、大扰动（开挖与开采扰动）的工程特点，使得现有支护理论、设计方法、工程材料及控制技术等无法满足岩巷工程稳定性的控制要求，从而诱发塌方、冒顶、岩爆、冲击、煤与瓦斯突出、突水等工程灾害。今后岩巷支护研究需要从工程环境与工程岩体相互作用过程入手，以工程围岩大变形致灾机理为突破点，深入揭示多场耦合作用下的工程岩体力学响应特性，重点开展复杂应力条件下岩巷工程岩体与支护结构相互作用机理研究，研发围岩大变形控制的支护材料及支护结构，形成针对复杂开采条件下的岩巷支护稳定性理论、设计方法及控制理论。

（4）采场支护方面。科学合理的采场支护对于回采工作面的顶板管理起着非常重要的作用。目前的超大采高综采、巨厚煤层综放、大采深超长工作面等高强度开采，使得矿井生产所面临的岩层控制类难题凸显，工作面顶板管理的难度数倍于常规工作面，如工作面支架压垮、煤壁片帮漏顶、端头冒落等一系列难题需要解决。作为技术支撑的大扰动、高强度开采支架围岩关系理论，围岩大变形理论，支护强度确定理论，煤壁灾变控制理论以及割煤高度跃升带来的尺度效应等基础理论研究显得尤为必要。

4. 矿山安全

在矿山开采深度增加、开采环境条件复杂化和集约化生产的总趋势下，矿井地质条件越来越复杂，主观上安全需求越来越严格，建立深层次揭示矿山灾变机理及其与环境因素影响关系的基础理论体系，形成一套矿山灾害监测预警及防控技术装备体系，从而为矿山安全高效开采，提供理论及技术支撑。学科发展需求主要表现在：矿井灾变通风理论及预防方法，矿井通风模拟仿真原理及方法，煤与瓦斯突出机理及防治方法，瓦斯爆炸机理、火焰、冲击波传播规律及抑爆技术和瓦斯抽采新技术，煤层及采空区自燃机理及预测、防治方法，矿井热源分布特征及热害防治方法，矿井水害发生机制及防控方法，粉尘噪声等职业危害发生规律及防控方法，非煤矿山灾害控制理论与方法，矿井安全监测监控理论与方法。通过实验室大型模拟实验、数值模拟、技术及装备开发和现场验证完善、推广，最终形成灾害防控的理论体系、技术体系和装备体系。

5. 矿井新能源

页岩气、致密气、煤层气和地热能四种矿井新能源，由于其开发历史、地质条件、工艺技术、生产安全、国家政策及市场需求等各方面的原因，学科发展的战略需求存在一定差异性，主要体现在以下几个方面。

（1）页岩气。据专家预测，我国天然气需求增长速度将超过煤炭和石油，2020 年我国天然气消费量将达到 2000 亿 m^3 以上，在一次能源消费结构中比例增至 10% 以上，而预期天然气产量为 1200 亿 m^3，供需差距在 800 亿 m^3 以上。显然，其供求矛盾已成为制约我国国民经济和社会可持续发展的一个严峻问题。美国的经验告诉我们，页岩气的有效开发将成为改变一个国家能源结构和能源供应的有效手段，其学科发展的战略地位非常重要。初步评价表明，我国页岩气资源量高达 100 万亿 m^3，远远高于常规天然气的资源量。与矿井新能源有关的页岩气学科必须与其他气体资源一起综合开发，大力发展，提升到国家战略层面，突破技术、形成团队、研发装备、积累经验，为页岩气的可持续、高效开发提供理论和技术保障。

（2）致密气。2015 年，我国致密气产量已达到 500 亿 m^3。据中国工程院预测，2020 年前我国致密气储量将保持稳定增长态势，致密气产量预计可达 800 亿 m^3，已成为天然气增储上产的重要领域。我国陆上 7 个主要盆地，致密气资源量预测为 9 万亿～12 万亿 m^3，占 7 个盆地预测天然气资源量的 49%。致密气资源潜力巨大，是未来最有可能替代常规油气的非常规能源之一，若能实现包括矿井新能源在内的致密气勘探和开发方面的突破，将会很大程度上缓解我国能源紧张的局面。

（3）煤层气。我国煤层气资源丰富，大力推进煤层气资源的开发，不仅可以补充常规天然气产量的不足，为国民经济发展提供清洁高效的能源，还对煤矿安全生产和环境保护具有重要的意义，因此，煤层气的开发具有重要的经济和社会效益。从学科归属角度看，地面煤层气开发理论和技术属于石油工程学科非常规油气领域的问题，而作为矿井新能源的一种，则与矿业工程学科采矿工程领域密切相关。

（4）地热能。中国地热能储量约占全球的 1/6。其中，浅层地热能资源量每年相当于 95 亿 t 标准煤，目前每年利用的地热能资源量相当于 3.5 亿 t 标准煤；深层地热能资源量每年相当于 8530 亿 t 标准煤，目前每年利用的地热能资源量相当于 6.4 亿 t 标准煤。根据统计数据，2015 年包括低热能源在内的再生能源在中国一次能源消费中仅占 2.1%。相关数据显示，地热利用率提高一个百分点，相当于节约 3750 万 t 标准煤。因此，大力开发利用地热能，特别是利用既有的煤矿、金属矿等矿井地热能，对调整我国的能源结构具有重要意义。同时，矿井地热能开发利用对学科建设提出了更高的要求，必须不断进行理论创新和技术创新，推动学科发展。

1.3　矿物分离学科

1.3.1　学科定义及特点

矿物分离学科是基于矿物的组成结构特点，利用其物理、化学性质的差异，借助各种分离工艺、分离材料和设备富集或分离有用矿物，实现矿物资源原料化、材料化的高效利用[2]。

该学科研究对象复杂、种类繁多，包括金属矿物、非金属矿物和煤炭等，以矿物富集或分离的基础研究和工程应用为特色，涉及矿物学、矿物加工工程、冶金工程、化学、物理学、化学工程、材料科学与工程、力学等学科的交叉融合[3]。

1.3.2　学科结构

矿物分离学科以矿物绿色分离为研究主题，分为工艺矿物学、矿物分离机制与方法、矿物分离过程及强化、矿物分离的绿色化、矿物材料及矿物分离工程科学六个研究方向。矿物分离学科结构图如图 1.2 所示。

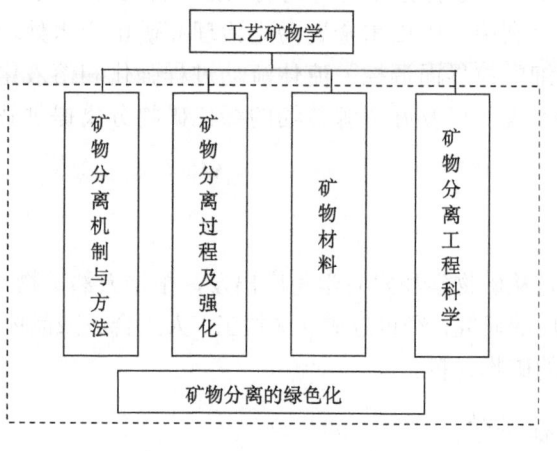

图 1.2　矿物分离学科结构图

1. 工艺矿物学

该方向主要是运用各种先进的测试技术与模拟计算方法，研究矿物的化学成分、晶体结构、形态、性质、时间与空间上的分布规律、形成与演化的历史因素对结构和性质的影响，重点涉及矿物三微（微量、微区、微观）的现代矿物学研究。其研究范围包括地壳矿物、地幔矿物和其他天体的宇宙矿物，天然矿物和人工合成矿物。研究内容由宏观向微观纵深发展，由主要组分到微量元素，由原子排列的平均晶体结构到局部具体的晶体微观结构及性质的拓展。

2. 矿物分离机制与方法

该方向以矿物分离的表界面特征研究为重点,具体涉及颗粒与颗粒相互作用及分离机制、界面与界面相互作用及分离机制和矿物颗粒与药剂界面相互作用与机制,为实现矿物高效精细化分离提供基础。

3. 矿物分离过程及强化

该方向主要指通过加热、加压、还原、外场、工艺优化等外场强化方式改变矿石的组成、性质、内部结构、表面特性、颗粒形貌及粒度分布等,从而改善物质分离过程的一门科学技术。重点研究力学强化分选过程、化学预处理强化分选过程、外场作用强化分选过程、工艺优化强化分选过程、高效药剂作用强化分选过程及数值模拟强化分选过程。

4. 矿物分离的绿色化

该方向主要以分选过程强化为研究切入点,针对二次资源的高效分选机理、矿山固废资源综合利用、矿山重金属污染治理和矿山废水处理及循环等共性基础问题,围绕微细颗粒界面调控、流体流动过程强化和溶液化学特性等方面开展研究工作,为实现环境友好资源节约的绿色矿物分离提供基础理论和关键技术支持。

5. 矿物材料

该方向主要是从矿物学和岩石学角度出发,根据天然矿物(包括部分岩石)的物理和化学性质的研究,经过选矿、深加工、人工合成或晶体生长等技术手段,研制出各种用途的矿物材料。

6. 矿物分离工程科学

该方向主要是在矿物分离过程特征研究的基础上,以矿物处理过程控制与优化为主要研究内容,建立精确地描述整个操作过程稳态与动态特征的数学模型,真正实现矿物处理过程的控制与优化,同时进行选矿工程的"数字化、最优化、自动化"机制的研究,实现选矿工业生产过程的优化与自动化控制。

1.3.3　学科发展战略需求

矿产资源是国民经济发展的命脉,是一个国家综合国力、一个地区经济实力的象征。中国有 92%的一次能源、70%的农用生产资料、80%的工业原材料来自于矿产资源，矿产资源在经济、社会发展中具有相当重要的基础性地位。目前，我国正处于工业化的快速发展阶段，今后几十年我国对矿产品的需求将呈快速增长的趋势，特别是国家战略新兴产业及航天、军工、船舶、电子信息领域对传统的金属、非金属产品及其新材料还有较大需求。矿产资源已成为国民经济、科学技术、国防建设等发展的重要物质基础，是提升国家综合实力和保障国家安全的关键性战略资源。

矿物分离学科的发展与矿产资源的开发历程息息相关。矿物分离学科的发展为矿产资源的开发提供了技术支持，同时矿产资源的日益贫、细、杂化也对矿物分离学科的发展提出了更高的要求，特别是在解决关键科学问题方面。然而，矿物分离学科面临的对象越来越复杂，越来越难分离，学科的内涵与外延也在发生变化，矿物分离学科的发展机遇与挑战并存[20~29]。

1. 矿产资源的日益贫、细、杂化对矿物分离学科基础研究提出了更高的要求

我国矿产资源丰富、种类齐全，但品质低，面临资源危机已成为当今中国一个严峻的社会问题。目前我国已发现 168 种矿产，探明有储量的矿产 157 种，其中能源矿产 9 种，金属矿产 54 种，非金属矿产 91 种，水气矿产 3 种。已发现矿床、矿点 20 余万处。据统计，其中钨、钛、稀土等 7 种金属矿的储量居世界第 1 位；钒矿储量居世界第 2 位；铁矿资源预测总量 1500 亿 t，已探明铁矿储量近 500 亿 t，居世界第 5 位；锡、钼、锑、汞探明储量位居世界前列。铝、铅锌、镍潜力较大，可满足近年生产需要。非金属矿产资源，在世界已发现的 200 余种非金属矿产中，我国已探明储量的有 86 种，产地 6700 处，其中位居世界前三位的有萤石、菱镁矿、重晶石、硫矿、磷矿、芒硝、石墨、石棉、石膏和膨润土等。根据 45 种主要矿产计算，已探明的矿产资源总量约占世界总量的 14.64%，仅次于美国和俄罗斯，居世界第 3 位。但随着现代大工业的建立与发展，我国正以前所未有的规模和速度消耗着高品位、易处理的矿石资源，选冶行业处理的主要都是低品位、细颗粒、共生关系复杂的矿石。

另外，虽然我国采矿、选矿、冶炼、加工业都具有相当规模，但生产技术与世界先进水平相比，还有较大差距。对于有价组分的回收与分离效率比较低，直接导致资源的利用率低，二次资源的回收率也不高。据统计，我国矿产资源总回收率和共伴生矿产资源综合利用率平均分别仅为 30% 和 35% 左右，比国际先进水平低 20%；我国金属矿山尾矿的综合利用率仅为约 10%，远低于发达国家 60% 的利用率。在品种上，我国综合利用的矿种只占可以开展综合利用矿种总数的 50% 左右。在数量上，我国铜铅锌矿产伴生金属冶炼回收率平均为 50% 左右，发达国

家平均在 80%以上，相差约 30 个百分点。我国伴生金的选矿回收率只有 50%～60%，伴生银的选矿回收率只有 60%～70%，与国外先进水平相比均落后 10%左右。此外，我国对矿产废弃物的回收利用和无害化处理才刚刚起步，全国现有 2000 多座金属矿山尾矿库，存尾矿约 60 亿 t，每年新增排放固体废弃物约 3 亿 t，而平均利用率只有 8.3%。目前我国综合利用搞得比较好的国有矿山仅占 30%左右，部分进行综合利用的国有矿山为 25%左右，完全没有进行综合利用的占 45%，全国 20 余万个集体、个体矿山基本上不搞综合利用。随着我国经济建设和社会的快速发展，一方面国家对矿物原料的需求不断增加；另一方面，矿物资源中富矿不断减少，复杂难选矿产资源增多，为了从复杂难选矿产资源中有效地分离、富集有用矿物，充分合理地利用资源，选矿科技工作者开始认识到，仅采用传统的矿物分离方法并不能有效地解决复杂难选矿产资源的分选问题。出现这一问题的一个重要原因就是我国对于矿物富集分离技术的基础理论研究起步晚，科研投入力度小，导致相关的创新技术受到严重的限制。因此，在引进消化吸收国外先进技术的同时，加强矿物分离回收科学的基础理论研究，提高分离回收技术自主创新的能力显得尤为重要。而要使矿物富集分离技术得到实质性、有效性的创新，深入进行矿物分离的基础科学研究是重要的基础性前提。

2. 矿物分离学科的研究亟须由宏观向微观纵深发展

矿物赋存粒度的变细，意味着矿物分离尺度的变小。近年来，得益于科学技术和经济的迅猛发展，很多科技领域先进的检测方法、研究手段等逐渐被应用于矿物学研究领域，使其突破三微（微量、微区、微观）禁区的现代矿物学的研究。目前，矿物学研究已从微米级转入纳米级，传统光学显微镜的大部分工作已被电子显微镜、电子探针、显微红外光谱和显微拉曼光谱等微区微束分析技术等取代。如高分辨率透射电子显微镜（HTEM）、光低能电子衍射（LEED）、扫描隧道显微镜（STM）、原子力显微镜（AFM）、飞行时间二次离子质谱仪（TOF-SIMS）等。近年来，随着计算机硬件技术以及模拟算法技术的迅速发展，分子和原子模拟方法在矿物结构和材料科学领域的应用越来越广泛。计算机模拟方法已可以提供物质在原子尺度的微观结构和物理化学性质，并对实验现象进行微观机理解释和预测。由主要组分到微量元素，由原子排列的平均晶体结构到局部具体的晶体结构和涉及原子内电子间及原子核的精细结构。目前，国外无论是在量子化学计算，大型计算机服务器的开发上，还是在现代先进检测方法和研究手段在矿物学研究领域的应用上都已经走在了我国的前面，而我国尚处于初级阶段。另外，国外矿物加工工业发达国家（美国、加拿大、智利、瑞典、芬兰、南非和澳大利亚等），在矿物分离基础研究方面处于领先地位，特别是在粉碎过程的粉碎效率，矿浆计算流体力学 CFD 模拟，颗粒与颗粒、颗粒与气泡、气泡与气泡相互作用微观机制，矿物/溶液/浮选药剂界面相互作用过程及机理的先进测试手段表征等前瞻性研究方面，形成了较系统和成熟的理论和方法，促进了矿物加工基础理论的创新发展。这些方面的不足和落后已经成为制约我国缩小与先进国家在矿物分离领域的差距以及提高我国矿业领域原始创新力的重要因素。

因此，以数学、化学、物理学等基础学科为基础，结合量子化学计算和大量现代先进分析测试手段，再加上创新性的理论分析，将矿物自身晶体结构研究—固体表面性质研究—矿物相变基础理论研究—人工合成矿物参数精确化研究—工艺矿物学作为研究主线，系统、深入地认识矿物本质，建立和完善现代微观矿物学基础理论体系势在必行。

3. 分选过程强化和外场强化是实现矿物高效分离的关键

矿物分离过程主要取决于矿物的特性，其中可利用的矿物特性主要包括颗粒粒度、颗粒形状、密度、磁化率、电导率及表面特性等。然而，复杂难选矿产资源普遍具有化学和矿物组成多样，矿石结构、构造复杂，结晶粒度微细等特点，仅采用传统的矿物分离方法并不能有效地解决复杂难选矿产资源的分选问题。即使能够实现分离，分选过程中也总是伴随着精矿品位达不到冶炼要求或者能够获得合格精矿但回收率极低的情况发生。因此，面对待处理资源物性的变化及技术上存在的问题，选矿及相关学科的科技工作者在矿物加工学科及相关学科领域不断进行新的探索和研究。

矿物加工学科与相关学科的相互交叉、渗透、融合，如力学、化学、电磁学、生物学、计算机科学与技术等大大促进了矿物加工学科的拓展，形成了许多物质分离强化新技术，如电脉冲、磁脉冲、微波预处理，铁矿石的深度还原、磁化焙烧、高压辊粉碎以及金矿石的氧化焙烧、细菌氧化等。

对于一些目前尚不能利用的复杂难选矿产资源，可采用火法或湿法冶金方法进行预处理，然后再利用适宜分选工艺进行分离。如利用磁化焙烧或深度还原工艺处理弱磁性铁矿物使其转变成强磁性磁铁矿或金属铁，然后采用单一磁选或磁选-浮选工艺进行分离，最终实现复杂难选铁矿资源的开发与利用。对于一些矿物组成复杂的矿石，如含有硫化物和氧化物的铜矿石，可以采用湿法冶金的方法进行预处理强化，提高矿物浮游性。上述技术的开发，已出现矿物分离过程强化的雏形。对于复杂难选矿产资源，只有通过对矿石进行加热、加压、还原、外场等外场强化方式预处理后才能实现开发利用。同时，通过细颗粒界面调控和流体流动过程强化等分选过程强化方式的实施，才能实现贫杂难选矿物的高效分离，特别是随着计算流体力学（computational fluid dynamics）理论、有限元法（finite element method，FEM）、离散元法（discrete element method，DEM）和高速计算机等的发展，数值试验方法以其低成本、高效率、高精度等优点，广泛应用于包括矿物分选在内的传统工业领域。此外，由于数值试验的过程及结果都是可视的且可重复，能够极大弥补传统物理试验方法的局限性，对于矿物分选理论的更进一步揭示有重要意义。通过矿物分离过程的强化，改善物质的分离特性，备受国内外的关注，分离过程的强化在提高矿产资源的利用效率方面具有重要作用，这已是不争的事实。由于矿产资源分离过程强化方面的基础性研究薄弱，一些基础性科学问题没有得到解决，对分离过程强化方式的基本科学问题缺乏深入研究，因此其尚不能为我国即将面临的大规模复杂难选矿产资源的开发利用提供强有力的理论与技术支撑，这将严重影响我国矿物原料产品的供给，对我国经济的可持续发展和国家经济安全战略的实施也将产生很大影响。因此，重点研究矿物分离过程及强化的基础性科学问题具有重要的理论与实际意义。

4. 矿物精细化分离及深加工是实现矿物分离学科研究方向拓展的重要途径

　　传统的矿物分离以提供精矿及粗级矿产品为主，产品附加值低，且不能满足现代科技发展对矿物材料性能要求越来越高的需要，现有的矿物分离技术面临着严重挑战。矿物材料学是矿物学、岩石学、矿物加工学、化学与化学工程学和材料学等学科相结合的产物，是现代最活跃和最具生命力的学科之一。矿物材料学是从矿物学和岩石学角度出发，根据天然矿物（包括部分岩石）的物理和化学性质的研究，经过选矿、加工、人工合成或晶体生长，研制出各种用途材料的应用科学。只有经过深加工以后，才能充分发挥其功能作用和满足各个应用领域的要求。矿物材料的应用价值不仅与矿物种类有关，而且取决于其他关键技术，包括矿石的选别提纯、超细粉碎、表面改性、功能性研究等。开展矿物材料的深入研究和开发，针对目的矿物的晶体化学和结构特征，开发高性能的矿物材料，研制高效环保的选矿药剂和分离提纯工艺及节能降耗的矿物加工设备与技术，拓宽矿物材料的应用领域，结合我国具有的矿物材料优势，研发各种功能性矿物材料、无机非金属材料，与金属材料、有机高分子材料等科学相融合，如超细矿物粉体材料在石油化工行业中的应用，煤炭为煤化工行业提供气化液化原料等。因此，解决矿物精细化分离技术难题，提高资源回收率，提高产品质量，提高精矿的深度加工，拓展产品用途，解决环境保护和资源综合利用等方面的问题，都必须完成相关系统化理论基础研究。矿物材料与矿物加工紧密相连，是由矿物加工到矿物精细化分离乃至深加工的延续，更是实现矿物分离学科研究方向拓展的重要途径。

1.4　冶金工程学科

1.4.1　学科定义及特点

冶金工程学科是研究从矿石中提取有价金属或其化合物并将其加工成具有良好使用性能材料的工程性学科[2]。

应用性是冶金工程学科最重要的特点。冶金工程学科具有鲜明的行业背景。作为国民经济建设的基础、代表国家实力和工业发展水平的冶金行业，为机械、能源、化工、交通、建筑、航空航天、国防工业等各行各业提供所需的材料产品。现代工业、农业、国防等的发展对冶金工业也不断提出新的要求，并推动着冶金工程技术和冶金工程学科的发展，反过来，冶金工程的发展又不断为人类文明进步提供新的物质基础。

学科交叉是冶金工程学科的另一重要特点。现代物理、化学等学科理论和方法在冶金中的应用，特别是物理化学原理与冶金工艺结合产生冶金物理化学学科，奠定了冶金从技术走向科学的基础。现代工程技术的新成就和其他相关学科新的理论在冶金工程学科中的应用和交叉，同样对学科的发展发挥了巨大作用，不断扩展学科的分支和方向，充实和丰富学科的内涵。

与其他工程学科相比，冶金工程学科面临的研究对象和体系更为复杂。既研究宏观的反应过程，包括单元的反应、工艺流程的能量和物质转换，也研究微观的反应机理，还研究介观及多尺度的耦合等。高温、多元、多相的反应体系，给实验研究和定量、精确描述带来了困难。反应过程的非平衡性，也对理论在不同实际条件下的应用造成困难。这些问题同样需要结合学科自身以及其他学科的成果不断解决。

另外，冶金工业目前面临着许多新的重大问题。作为资源和能源消耗型的行业，优质矿产资源逐渐枯竭、能源供应日趋紧张、环境负荷以及排放标准更加严苛的现状对冶金工业提出了更为严峻的挑战。为支持冶金工业的可持续发展，就要求冶金工程学科必须适应新的形势，为行业发展提供新的理论和技术基础支持。这是学科发展的压力，同时也是学科发展的巨大动力。

冶金工程学科研究内容广泛，各分支研究对象迥异，研究方法也不尽相同，存在各自的规律和特点。

1. 冶金物理化学

冶金物理化学是冶金工程学科的基础，是将物理化学的理论和方法应用于冶金和材料制备过程的一门学科。它与物理、化学、材料、环境、能源等诸多学科交叉融合。其特点是指明冶金过程反应的方向、限度、效率和途径，以及金属提取过程中物质转换与环境的交互作用。经过 90 余年的发展，冶金物理化学学科的研究已经发生深刻的转变：从宏观到微观、从间接到实时原位、从唯象到本质，为现代冶金和材料制备的发展提供理论支撑。

2. 冶金反应工程

冶金反应工程以实际冶金反应过程为对象，研究伴随各类传递过程的冶金化学反应的规律，以研究和解析冶金反应器和系统的操作过程规律为核心，最终实现冶金反应器和系统的优化操作、优化设计和比例放大，是设计开发新工艺、新流程，优化完善既有流程的核心环节，也是必不可少的环节。当今的冶金工业面临资源、能源、环境保护的巨大压力，急需新工艺、新流程的研究开发，冶金反应工程学的深入发展具有重要意义。

3. 钢铁冶金

钢铁冶金是根据冶金物理化学的原理，结合冶金传输原理、反应工程学、金属学等相关知识，研究钢铁冶金过程，包括炼铁、炼钢工艺（包含电冶金），钢的成分、生产工艺过程参数、钢产品微观结构、产品属性及应用需求之间复杂相互关系的学科。钢铁冶金学科的特点是高温反应过程的不可见与复杂性，产品的性能与由冶金过程决定的钢液成分及凝固组织紧密相关。同时，钢铁冶金制造流程在实现冶金产品制造功能的基础上，逐渐实现能源转换及废弃物处理、消纳和再资源化的功能。钢铁冶金学科研究热点多，研究难度大，理论与实践联系紧密。

4. 有色金属冶金

有色金属冶金是研究从有色金属矿产资源、二次资源（包括冶金资源渣、废旧金属和合金）提取有色金属及其材料制备的学科。有色金属冶金过程由矿石的焙烧、浸出、溶出、萃取、溶液电解、熔盐电解、造渣、区熔、精炼等单元过程组成。根据研究对象可分为轻金属、重金属、稀有金属和贵金属冶金四个分支。根据金属的提取方法可分为火法冶金、湿法冶金、电化学冶金、特殊冶金，以及材料冶金制备五个方向。

5. 冶金资源、能源与环境

冶金资源、能源与环境是一门正在逐步形成的集冶金资源、能源与环境于一体的新型系统与交叉学科。随着中国冶金工业的快速发展，资源、能源与环境瓶颈日益显现，极大促进了冶金资源、能源以及环境工程学科的快速发展。资源、能源与环境的相互交叉、融合以及相互作用和影响是该学科方向的重要特点，即把环境问题的解决与资源能源开发利用、经济生产模式的优化相关联统一起来，提出建立与环境相容的清洁生产、生态经济新模式。

1.4.2　学科结构

冶金工程学科依其相对应的行业可分为钢铁冶金（黑色金属冶金）和有色金属冶金，冶金物理化学则是冶金工程学科的基础。因此，传统上，冶金工程学科可分为冶金物理化学、钢铁冶金和有色金属冶金三个二级学科。由于对冶金新流程、冶金新装备开发的重视，以及系统优化和过程强化的需要，冶金反应工程学也逐渐形成并发展成为一个重要的学科分支。近年来，冶金资源、能源和环境相关问题日益突出，极大地促进了这一新的学科方向的发展，并逐渐成为一个拥有稳定研究团队、具有自己内在发展规律和特色的学科分支。

1. 冶金物理化学

冶金物理化学的主要研究方向包括冶金热力学、冶金反应动力学、冶金电化学、冶金熔体理论、材料物理化学、冶金和材料计算物理化学等。主要研究冶金从矿石或复合物质中的选取、分离和提取金属或目标化合物复杂过程的化学反应、物质转换、能量传递和环境的交互作用，指明金属提取过程的反应方向、限度、效率和途径，其本质是将物质从一种物相（矿石：多组元共生相）通过化学反应（高温或湿法）转变成另一种物相（单一金属或化合物）。

2. 冶金反应工程学

冶金反应工程学模拟与解析的对象主要是各类冶金反应器，是研究冶金反应的工程问题的科学。它以实际冶金反应过程为研究对象，研究伴随各类传递过程的冶金化学反应的规律，又以解决工程问题为目的，探讨实现不同类型冶金反应的各类冶金反应器和系统的操作过程特征和规律，并把二者有机结合起来，形成了独特的学科体系。重点关注冶金过程数学模型与操作解析、冶金反应器的设计与放大、冶金过程的优化与控制等。与冶金工艺学、冶金物理化学、传输理论、系统工程和控制技术、计算机等学科密切相关。

3. 钢铁冶金

钢铁冶金研究从铁矿石中提取金属铁，经精炼，再用各种加工方法制成具有一定性能钢铁材料的过程。按照冶炼流程可分为炼铁（含焦化、烧结、球团、铁水冶炼）和炼钢（炼钢、二次精炼与铸造）两个主要方向。同时，以电弧炉、电渣炉、感应炉、等离子电弧炉、电子束熔炼炉等工艺为研究对象的电冶金也是一个重要研究方向。冶金用铁合金及特殊铁合金产品的制备及相关的资源、工艺、环境等是铁合金学科分支的主要研究内容。近年来，结合各种非常规铁矿、非炼焦煤等资源的利用，非高炉炼铁工艺的研究成为炼铁分支的一个重要研究方向。同时，在炼铁和炼钢过程中都存在高性能耐火材料的研发、耐火材料与铁液或钢液的相互作用以及循环利用等问题。

4. 有色金属冶金

有色金属冶金最有代表性的四个学科分支为轻金属、重金属、稀有金属和贵金属冶金。而根据提取方法可分为五个学科分支：火法冶金、湿法冶金、电化学冶金、特殊冶金和材料冶金制备。火法冶金是利用高温从矿石提取金属或其化合物的冶金方法。湿法冶金指在水溶液中进行提取冶金的过程。电化学冶金以电化学、熔盐化学、离子液体为基础，研究电解制备金属及其合金的冶金过程。特殊冶金是通过施加非常规外场（如电磁、微波、瞬变温度场或超重力）以达到提高冶金效率、改善产品质量的冶金新技术，生物冶金也可包含在此方向中。材料冶金制备是用传统的冶金方法或外场强化技术直接制备有色金属及合金的短流程新理论、新方法，符合当前冶金材料一体化的需求。

5. 冶金资源、能源与环境学科

冶金资源、能源与环境学科包括绿色冶金、资源综合利用与循环利用、高效增值冶金、短流程冶金，余热资源系统利用原理、能量梯级利用原理、多相流理论和技术、污染物化学和物理治理的理论和技术、工业生态理论和原理等。针对冶金工业面临的资源环境问题和挑战，立足现代科学发展和技术进步，促进冶金工程学科与其他学科（如能源、资源、环境学科）间的相互交叉、融合和共同发展。

1.4.3　学科发展战略需求

钢铁材料具有生产规模大、易于加工、性能可靠、价格低廉、使用方便和便于回收等特点，决定了钢铁材料是人民生活和工业生产中广泛使用的基础材料，也是国防工业必需的基本材料。有色金属产量虽然不及钢铁，但因具有特殊性能，是国民经济和国家安全的基础材料，是当今国防军工、航天航空、核工业、电子、机电、医药、农业等领域不可缺少的重要材料，是关系国家安全的战略物资及高新功能材料的重要原料。经过几十年的发展，我国冶金工业取得了巨大的成就，成为名副其实的冶金大国。2015 年的粗钢产量已超过 8 亿 t，约占世界粗钢产量的一半；铝、铜、锌、铅等十余种有色金属产量居世界首位，稀土产量和消耗量也居世界首位。这对国民经济发展和国家安全保障具有十分重要的战略意义。冶金行业的发展和技术进步，离不开冶金工程学科的支持和进一步发展。

　　当前，我国冶金行业正面临从量变到质变的巨大挑战。品种与质量的提升将是未来一段时间的重要战略任务，也亟须得到理论和基础研究的支持。以钢铁冶金为例，一些关系国家重大需求的高品质钢急需开发，如在海洋、能源、交通、重大装备领域，均对钢铁材料提出了更强韧、易焊接、耐腐蚀、长寿命等的性能要求，同时材料服役环境和服役安全更为严酷。海洋用钢需要满足在海水、大气等复杂腐蚀介质下，承受台风、巨浪、洋流等复合载荷作用的长寿命服役安全的要求；油气田开采、储运过程中的用钢也同样面临着高温高压、复合载荷作用及恶劣的固、气、液腐蚀环境下长寿命服役安全等一系列新的考验；电力领域，锅炉用钢、核电工程用钢，交通运输关键钢铁材料，重大装备等领域对钢铁材料均提出了高强韧和承受严酷服役条件等的要求。

　　另外，我国冶金行业也面临资源、能源和环境限制的严峻挑战。首先是资源问题，我国金属矿大多是贫、杂、细，多种有价元素共生，结构复杂，分离和提取困难，如攀枝花钒钛磁铁矿、包头稀土铁矿、金川镍矿等。目前，我国铁矿石基本依赖进口，严重阻碍钢铁冶金工业的可持续发展。然而，我国储量巨大的矿石资源还没有得到有效利用，这需要冶金工程学科的支持，解决目前其有效利用和高效分离提取的基础理论问题。随着社会的进步，二次金属资源的循环利用受到重视，以城市矿山为代表的多金属资源的分离和回收利用，需要掌握绿色深度分离的科学基础。其次是能源和环境问题。冶金工业不但是一个资源消耗型的行业，也是一个高能耗和重污染的行业，不解决高能耗和重污染的问题，冶金行业就无法获得可持续性的发展。据统计（图 1.3），冶金工业的能耗占整个工业能耗的 30.4%（其中钢铁冶金占 16.0%，有色金属冶金占 14.4%），约占全国能源消耗的 22.8%。CO_2 气体排放与能耗基本一致。解决这些问题，不仅需要研究高效的污染治理技术，新的低能耗生产工艺及节能降耗措施，更需要从新的资源、能源和环境相协调统一的视角审视现有的冶金工艺和流程，通过包括冶金工程学科内以及与其他学科的交叉，创新思想，建立新的冶金理论，促进冶金行业的健康可持续发展。

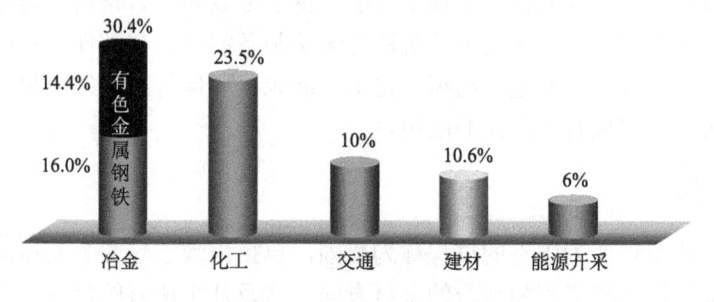

图 1.3　工业能耗统计

面对冶金行业不断出现的新问题和新挑战，一方面，冶金工程学科要积极为行业发展和技术进步提供有力支撑；另一方面，要积极调整学科结构，吸收其他学科最新的研究成果，引入新的实验技术和研究手段，促进本学科的发展。

冶金工程学科长期以来以应用和需求为导向，从问题入手，研究和发现规律，提出解决问题的理论和方法。这是学科的特色，对学科的发展也起到了重要作用。中国冶金工程学科的发展，也是在不断跟踪、追赶国外冶金学科发展中得到长足的发展。然而，学科的作用不仅限于此，还需要发挥引领技术的作用，特别是面对新的问题，更需要强调这一点。同时，我国已经是冶金大国，需要承担起行业以及学科发展的重任，在由"冶金大国"向"冶金强国"的转变中，冶金工程学科应该走在前面。

另外，基于我国复杂难处理金属矿物资源与二次资源的特点，突破传统选冶技术思路，深入开展复杂共伴生金属矿产资源和二次资源利用的高效反应和清洁分离提取新理论、新技术的基础研究，是我国冶金新体系、新方法、新技术原始性创新的迫切要求，是突破资源环境约束瓶颈的基础和必然选择，也是国家和行业的重大战略需求。同时，这也是我国冶金工程学科的优势，能够在未来取得世界领先地位的主要方面。

1.5　材料工程学科

1.5.1　学科定义及特点

1. 粉末冶金

粉末冶金是制取金属粉末或以金属粉末（或金属粉末与非金属粉末的混合物）为原料，经过成型和烧结，制造金属材料、复合材料及各种类型制品的工艺技术。粉末冶金作为一项集材料制备与零件成型于一体的先进制造技术，具有节能、节材、高效、近净成型、少（无）污染的特点，不仅能够制备出无宏观偏析、组织均匀、晶粒细小、各向同性、热加工性能优良的合金和复合材料，而且能够实现零部件的近终成型，还能制造出传统铸造无法制备的材料和部件。粉末冶金制品在机械、航空、汽车、家电、纺织、化工、能源、环保等民用领域和航空航天、核能等国防军工领域有着广泛的应用。

2. 金属凝固

金属由液态转变为固态的过程称为凝固，包括由液态转变为晶体或非晶体。凝固是物理、化学和工程相结合的学科方向，涉及几乎所有的材料种类。对凝固过程的认识和控制是根据热力学、动力学、物理冶金学、流体力学、传热学等的原理，采用数学解析、科学实验与数值模拟方法等，研究金属材料制备、铸造、熔焊等过程中液–固相变原理与过程控制技术，实现对材料组织性能控制与优化的技术学科领域。

除粉末冶金制品以外，几乎所有的金属制品在制造过程中均要经历凝固过程。金属凝固过程一方面赋予金属制品一定的形状，同时对材料的组织和性能产生重要影响。凝固是铸件、铸锭和铸坯（以下统称铸件）形成过程的核心，它决定着铸件的组织和铸造缺陷的形成，因而也决定着铸件的性能和质量。凝固形成的材料和构件小到几微米、大到数百吨，既可以作为后续加工的母材，也可以作为直接应用的构件。对于凝固后直接用作构件的材料，凝固过程中形成的组织和缺陷对构件的使用性能具有决定性的作用；对于凝固后尚需后续加工的材料，凝固中形成的组织和缺陷不仅影响其最终性能，而且影响后续加工工艺的选择。对凝固过程研究的目的是揭示物质凝固的基本原理和现象、发展控制凝固过程的新方法，以满足材料组织和性能的需求。因此，研究和控制金属凝固过程是提高金属制品品质的重要手段。在新材料研发中凝固也具有重要作用，特别是在制备单晶、微晶、非晶以及复合材料过程中，凝固过程控制往往决定了材料制备的成败。

3. 材料成型

材料成型学科方向主要研究通过各种外场作用改变材料的组织性能、表面质量和形状尺寸，成型加工过程中的相关工艺参数对材料质量的影响规律与机理，成型加工新技术、新工艺、成型加工新设备、工艺优化的理论和方法，以及成型加工中的基础理论和应用基础等问题。材料成型主要依靠材料在塑性状态下的体积转移，而不是通过部分地切除材料的体积，因而材料的利用率高，流线分布合理，生产效率高。材料经过成型后，其组织性能都能得到改善和提高，特别是对于铸态材料，强度等性能提升更加显著。通过采用先进的材料成型技术和设备，可以获得精度高和形状复杂的工件，达到少切削或无切削的目的。因此，材料成型技术在国民经济和国防军工领域应用广泛，对其发展具有重要的支撑作用。

材料成型学科方向的主要特点包括：具有应用基础学科的属性；实践与需求牵引理论的深入；理论的产生和成熟推动技术的发展；不断产生新方法、高性能材料、先进工艺与前沿技术；学科交叉提升水平，拓展内涵。

4. 界面结合冶金过程

界面结合冶金过程是研究热、力、电、光、声、化学等多种能量单独作用或复合作用下实现金属本身及其与其他材料间同质或异质界面结合的原理、界面连接材料与技术、连接结构性能和寿命的新型工程学科方向。

界面结合冶金过程涉及的材料种类繁多。这一方向的研究涉及自然界 60 多种元素构成的金属（包括黑色金属和有色金属）及其合金、金属间化合物、金属基复合材料等多种材料自身及相互间同质或异质界面结合过程中的冶金问题。界面结合冶金过程大多是极端条件下的非平衡过程。工程材料的界面结合通常具有局部性和瞬时性，其冶金变化不同于基体材料制备时所经历的冶金过程，一般是在界面的有限区域快速完成的，这一过程中元素的化学和物理行为并不完全符合基体材料的规律。界面结合区具有明显的非均匀性。与基体材料相比，界面结合区的组织和性能常有较大的变化，在宏观上表现了组织和性能的非均匀性，这一非均匀性受外加辅助能场的重要影响。另外，界面结合过程中的缺陷萌生与演变行为也具有特殊规律。界面区组织和性能退化及寿命演变规律并不完全服从基体材料的规律。界面结合材料的特殊性，即界面组织和性能的匹配需要新的界面连接材料。

5. 表面工程

表面通常指气相（或真空）与凝聚相之间的分界面，也指结构、物性与体相不相同的整个表面层。表面粒子（分子或原子）在材料外侧没有邻居粒子，其物化特性与内部呈不连续性。

表面工程涉及材料、物理、化学等多门学科领域，学科交叉性强，技术种类多，已经成为综合性工程学科，研究范围涉及表面体系（宏观热力学）、表面原子结构和表面电子结构三个不同的物质结构层次，以及与之相对应的微米、亚微米、纳米尺度范围。

1.5.2 学科结构

1. 粉末冶金

目前粉末冶金材料的发展方向是成分和组元复杂化、结构精细化，性能更优异和综合化；在制备技术方面的发展趋势是短流程、快速致密化、近净成型和高精度，代表性技术包括 3D 打印、放电等离子烧结、注射成型和微波烧结等。国民经济发展要求粉末冶金材料具有更高的抗疲劳性能、耐磨损冲击性能和高温强度等，代表性的材料包括粉末高温合金、粉末高速钢和难熔金属等。粉末冶金已由一种传统工艺技术发展成为集冶金、材料、机械制造等学科特点于一体的新兴交叉性前沿学科领域。

2. 金属凝固

金属凝固属于工程科学，该学科的发展与生产实践和社会需求密切相关。同时，该学科的一个显著特征是多学科交叉，其发展水平和研究内容随着热力学、动力学、物理学、化学、材料、机械等学科的进展而不断拓展、深化。从总体上看，凝固过程及组织控制朝着超纯净化、超均质化和超细晶化的方向发展。

3. 材料成型

材料成型学科方向的基础研究和技术开发已经成为当前材料科学技术中最活跃的领域之一。材料成型要同时实现复杂结构的成型和内部冶金质量的控制，是一个由多种物理、化学过程原理控制的非线性、非平衡的过程。这一过程包含着复杂的形变与相变问题、界面问题、多场耦合的传输问题、力学问题、化学反应问题等，并且随着新材料体系的不断出现，所涉及的基本原理变得更加复杂。

材料成型学科方向涉及的材料种类主要包括钢铁、有色金属及其复合材料，并适用于各类新材料。材料成型学科方向的基础研究涉及材料制备加工全过程的液/固转变、固态流变、塑性与蠕变，以及热处理的组织性能、形状精度与残余应力形成的科学原理，成型加工多种物理场作用规律与创新方法。

材料成型学科方向未来的突破点，主要在于材料成型加工全过程组织性能与工艺优化设计及控制、多外场下极端尺寸规格材料成型加工中的复杂组织和缺陷及残余应力演变的精确模拟与仿真、材料成型与加工一体化、材料智能化成型加工、难加工及高性能材料短流程近终型高效连续成型加工、先进热处理等。

4. 界面结合冶金过程

界面结合冶金过程方向的学科结构主要包括以下几方面：界面结合连接材料的新发现；界面结合原理及结合技术；结合界面的组织、性能表征及调控技术；结构寿命演变规律及评价技术。

5. 表面工程

表面工程兴起于 20 世纪 80 年代。它是指表面经过预处理后，通过表面涂覆、表面改性或多种表面技术复合处理，改变固体金属表面或非金属表面的形态、化学成分、组织结构和应用状况，以获得所需表面性能的系统工程。主要包括表面涂镀和表面改性两种基本类型，具体有物理和化学气相沉积、电刷镀、热喷涂、堆焊、载能束表面改性、表面热处理等。

1.5.3　学科发展战略需求

1. 粉末冶金

随着现代高技术的发展，对粉末冶金材料的性能和制品的形状复杂程度的要求越来越高。这促进了粉末冶金学科的发展，涌现出大量新的制粉、成型和烧结新原理和新技术，如：快速凝固；粉末注射成型、挤压成型、温压成型、喷射成型、爆炸成型、等静压；以及微波烧结、放电等离子烧结、激光烧结、等温锻造、多场作用烧结等一系列新的烧结技术，并与 3D 打印、梯度材料复合技术、气相沉积等技术结合，进一步提高材料的性能和应用领域。这些新技术为粉末冶金材料和制品的性能提高提供了新的手段和途径，甚至引发了粉末冶金材料制备的根本性变革。作为当代国际上材料科学的前沿领域，粉末冶金逐渐发展为包含材料制造、加工和处理的材料制备工艺理论和材料性能理论的学科体系[26]。

2. 金属凝固

金属凝固过程研究是实现材料的组织性能控制与优化的重要途径，是实现金属材料高性能化及冶金和铸造行业节能减排的重要基础。20 世纪，金属凝固过程基础研究取得了长足的进步，但是这些研究成果在不同工业条件下的应用还远远不够。如在冶金行业，有模铸、连铸、薄板坯连铸、薄带连铸和连铸连轧，在装备制造业，从毫克级雾化粉末到数百吨特大型铸件，金属的凝固过程有着巨大的差异。如果考虑到材质因素，研究体系则更加庞大。结合国民经济建设的需要，研究一些特定条件下特定金属凝固过程研究方法，揭示其凝固过程和关键影响因素，开发合理的控制凝固组织技术是十分必要的。

3. 材料成型

材料和材料技术是人类文明进步的物质基础与先导，是直接推动社会发展的动力。世界上几乎所有的高新技术的发展与进步，都以材料和材料技术的突破与发展为前提，而材料的研制和发展几乎无一例外地得益于材料成型加工技术的进步。任何一种材料要获得实际应用，必须采用合理的成型加工工艺，对组织性能进行调控，并使其具有所要求的形状尺寸和表面质量。材料成型学科方向的科技创新发展，如连铸连轧、控温铸型连铸、智能化制备加工、冷–热连轧、分流模挤压、等温模锻、剧烈塑性变形、累积叠轧焊、包套精确成型、增量成型、爆炸成型、半约束塑性成型和蠕变成型等，不仅会有效地改进和提高传统材料的使用性能，在传统材料产业的升级换代中发挥着引领作用，而且对新材料的研发、应用和产业化具有决定性作用。发展材料先进成型加工技术，对于提高综合国力，保障国家安全，改善人民生活质量，促进材料科学技术自身的进步与发展都具有重要作用，也是国民经济和社会可持续发展的重大需求。

1996 年我国钢产量历史性地突破 1 亿 t，首次跃居世界第一位；之后，在经济发展和固定资产投资增长的拉动下，我国钢产量出现阶梯增长，2015 年达到了8.04 亿 t，连续多年成为世界第一产钢大国。钢材轧制是钢铁工业中材料成型的最主要方式，90%以上的钢铁材料通过轧制成型，建立减少能源和资源消耗、环境友好、低成本、高效能的绿色轧制过程，向社会提供高性能、绿色化、减量化新产品，是全球轧制技术发展的趋势。因此，通过轧制理论、工艺、装备、产品、服务的系统创新，围绕国家和产业的重大需求，开发节能、环保、低成本、高效能、减量化轧制新工艺、新理论、新技术、新装备，推进我国轧制行业的技术进步和产业转型升级，对于实现可持续发展具有重要意义。

近些年，我国科研工作者在轧制技术领域的新一代控制轧制和控制冷却技术、金属材料的塑性变形理论、接触摩擦学、相变与析出规律及组织控制理论与方法、大规模系统化多尺度数值模拟分析技术等方面做了大量的基础性科研工作，已走在了世界前列。但在钢铁材料薄带连铸直轧、无头轧制、轧线热处理等领域的研究投入较少；在深加工方面的研究落后于工业发达国家，板带材的热成型、液压成型等研究远落后于德国、日本等国家。现有的技术主要依赖引进，缺乏完整的钢材产品的设计、生产和应用评价技术与体系，以及钢铁材料数据库与科学选材系统，缺乏为下游用户正确选材、合理用材提供理论与技术支撑的理念。

大规格高性能铝合金材料、先进精密纯铜及铜合金材料、特种高质量有色金属层状复合材料等，在现代航空航天、电子信息、能源环保、交通运输及国防军工等的发展中用途广泛，需求量大。上述材料的均匀制备和高性能、高尺寸精度的获得，既是世界材料成型科技面临的难题，又是未来 5~10 年多项国家重大科技专项（工程）急需突破的材料技术瓶颈。美国、日本、加拿大等工业发达国家的国际大型企业拥有先进的成型加工技术，可将大规格、高性能铝合金材料等的性能波动控制在 10%左右；而我国在近十年才开始具备大规格、高性能铝、铜、镁、钛及有色金属层状复合材料等现代化制备加工的装备条件，基础与应用研究都还十分薄弱。例如，试制的厚截面高强铝合金材料的性能不均匀性高达 20%。因此，开展大规格、高性能铝合金材料、先进精密纯铜及铜合金材料、特种高质量有色金属层状复合材料等均质制备加工的基础理论研究，是目前我国材料成型学科方向上又一个十分紧迫的研究内容[30~33]。

4. 界面结合冶金过程

冶金研究是物质科学中高度复杂的研究领域。作为冶金研究的分支，界面结合冶金过程的研究和应用几乎涉及所有的工业门类，包括能源、机械、航空航天、武器装备、电子和卫生健康等，是国民经济、国防工业、科学技术发展必不可少的支撑学科方向。世界上工业发达国家都竞相发展界面结合冶金过程的基础研究和技术水平。

我国是金属及其合金、金属间化合物、金属基复合材料等的生产和应用大国。2015 年的钢产量已占世界总产量的 49.5%。以铝、镁、钛等轻质金属材料为代表的有色金属的生产和应用非常广泛。上述材料在我国的应用主要集中在低端装备的制造中，界面结合冶金过程基础理论和应用技术研究的滞后是制约我国先进材料研发和高端制造发展的主要瓶颈之一。

　　界面结合冶金过程方向研究发展的战略需求主要体现在两方面：一方面是学科自身发展的需要。目前，我国在界面结合冶金过程研究领域主要是跟踪研究，在界面结合冶金过程的基础理论和应用技术方面的创新研究不多。要提升我国在这一领域的国际学术地位，丰富界面结合冶金过程的基础理论，掌握界面结合冶金研究和应用的核心技术，则应加强基础理论和应用技术的创新研究。另一方面是国家重大装备制造的需要。在民用和国防等国民经济许多领域的重大装备制造中，同质和异质界面连接的应用非常广泛。加强界面结合冶金过程的基础理论和应用技术的研究是提高我国重大装备制造水平的重要途径。

5. 表面工程

　　1983 年国际上首次提出表面工程的概念，迅速发展的复合表面工程取得了"1+1>2"的效果。我国在 20 世纪 90 年代末开展的纳米表面工程研究已处于国际先进水平。表面工程和冶金学科密切相关，新的增长点正在信息技术、生物技术、纳米科技等前沿领域中交叉发展。表面工程具有学科的综合性、手段的多样性、广泛的功能性、潜在的创新性、环境的保护性、很强的实用性和巨大的增效性，因而受到各行各业的重视。

1.6　安全工程学科

1.6.1　学科定义及特点

1. 学科定义

　　安全科学与工程学科是研究人类生产及生活过程中事故、灾难的发生和发展机理和规律，以及预防与应对的科学体系。研究对象为工业生产、自然环境、社会生活等领域的各种事故、灾难。研究内容主要包括事故、灾难的孕育、发生、发展的机理和规律，预防、控制、应急等的技术原理和方法，后果及其影响分析、防控方法优化等[2]。

2. 理论基础

　　安全科学与工程学科是一门综合性学科，涉及人类生产和生活的各个方面，并与理论科学、技术科学和应用科学产生交叉，并以这些学科为理论基础，如物理学、化学、地球科学、计算机科学、工程学、毒理学、心理学、经济与管理学等。随着现代安全科学理论与工程技术的不断发展，目前已形成了较为完备的安全科学与工程学科理论体系，主要包括：安全科学学、安全技术学、安全系统学、安全心理学、安全人机学、安全法学、安全经济学、安全管理学、安全教育学等。

3. 研究方法

安全科学与工程学科的理论体系是在认识与解决人类生产及生活过程中事故、灾难等安全问题的过程中逐步形成的。因此，自然科学和社会科学的通用研究方法亦适用于本学科，且须考虑人为因素。同时，安全科学与工程学科也具有自身的特点，研究方法主要包括：

（1）基于公共安全科技"三角形"理论模型的系统工程方法。安全科学与工程是公共安全领域的骨干支撑学科，涉及自然灾害、事故灾难、公共卫生、社会安全等。按照突发事件、承灾载体、应急管理三条主线及其相互作用，分别研究突发事件的孕育、发生、发展到突变的演化规律及其产生的能量、物质和信息等风险作用的类型、强度及时空特性；研究承灾载体在突发事件作用下和自身演化过程中的状态及其变化，可能产生的本体和（或）功能破坏，及其可能发生的次生、衍生事件；研究在上述过程中如何施加人为干预，预防或减少突发事件的发生，从而弱化其作用。

（2）大数据挖掘。安全科学与工程学科是人类在与事故、灾难的斗争过程中产生、发展并不断完善的。因此，通过大数据挖掘分析，可全面、深化认识事故、灾难的发生机理及其发展规律，从而为科学预测事故、灾难的发生及其发展趋势，以及制订应急预案和其他安全管理工作等提供支撑。

（3）高精度数值模拟。事故、灾难通常具有巨大的破坏性和危险性，直接威胁人的生命、财产安全，乃至自然环境、社会安全等。因此，通过高精度数值模拟研究，既可再现事故、灾难过程，又可节约研究成本等，其将是全方位、深层次研究事故、灾难的机理和规律必不可少的研究手段之一。

（4）大尺度物理模拟。事故、灾难的致灾机理及其发展规律通常受多种因素及复杂工况条件的影响。因此，通过大尺度物理模拟研究，可获取真三维、高相似比的模拟结果，既可丰富对相关事故、灾难认识的实验数据，又可对相关的高精度数值模拟结果进行验证，其将是本学科推荐的主要研究手段之一。

（5）工程验证试验。事故、灾难的发生、发展，及其防治技术或方法的作用机制等，通常受多种、复杂机制和工况条件等的影响，难以通过缩尺度实验模型进行模拟验证。因此，在条件许可的情况下，通过工程验证试验对相关防治技术或方法进行有效性验证等，将是本学科研究常用的手段之一。

1.6.2　学科结构

本学科针对研究对象的侧重点不同，主要设置安全科学、安全技术、安全系统工程、安全与应急管理、职业安全健康 5 个二级学科方向。

1. 安全科学

安全科学学科是研究人类生产及生活过程中事故、灾难的孕育、发生机理及其发展规律的科学体系，其隶属于安全科学与工程学科。研究对象为工业生产、自然环境、社会生活等领域的各种事故、灾难。研究内容主要包括事故、灾难的孕育、发生机理和发展规律等。

2. 安全技术

安全技术学科是研究人类生产及生活过程中事故、灾难的防治技术和方法的科学体系，其隶属于安全科学与工程学科。研究对象为工业生产、自然环境、社会生活等领域的各种事故、灾难。研究内容主要包括事故、灾难的预防、控制、应急等的技术原理和方法，以及防控方法的优化等。

3. 安全系统工程

安全系统工程学科隶属于安全科学与工程学科，其主要运用系统论的观点和方法，结合工程学原理及有关专业知识来研究生产安全管理和系统工程。其研究内容主要包括危险的识别、分析与事故预测；分析构成安全系统各单元间的关系和相互影响，协调各单元之间的关系，取得系统安全的最佳设计等。

4. 安全与应急管理

安全与应急管理学科隶属于安全科学与工程学科，主要应用科学、技术、规划与管理等手段，研究突发事故的事前预防、事发应对、事中处置和事后恢复过程中，必要的应对机制和应采取的必要措施。该学科研究内容主要包括安全决策理论与方法、安全风险评估与预警、应急救援与恢复重建、安全心理与行为等。

5. 职业安全健康

职业安全健康方向主要研究各行业工作人员的生理、心理受到的损害原因及其预防对策，目的在于保护工作人员的健康不受危害因素伤害。该学科主要包括安全健康毒理学、卫生工程学、职业病（伤害）统计学、职业安全健康管理等。

1.6.3　学科发展战略需求

1. 学科自身发展的需求

安全科学与工程学科虽然是一门新兴的综合性交叉学科，但我国在事故、灾难致灾机理、发展规律及其防治等方面的研究随着国家科技水平的提高，越来越得到重视和发展。我国开设"安全科学与工程"类本科专业的高校已有 160 多所，全国有硕士点 52 个、博士点 27 个，每年招收本科生、硕士生和博士生分别约为6000 名、1200 名和 220 名，高层次专业化人才队伍已具规模。特别是近年来，我国在一些典型行业事故、灾难的发生、发展规律和致灾机理等方面的研究取得了较为系统深入的研究成果。如在煤矿、建筑等行业火灾、爆炸等事故防治方面的研究，处于国际先进或领先水平，并引领若干研究方向。但是，作为一门新兴的综合性交叉学科，其涉及众多行业和研究方向，知识体系极具复杂多元性特征，因而仍面临不同行业或方向之间的发展不均衡、学科体系仍不够系统完善、人才培养模式单一等问题。因此，亟须明确学科战略定位与发展目标，进一步加快学科体系的建设与完善，优化人才培养模式，强化强强合作与帮弱扶小的合作机制，以尽早实现本学科的跨越式发展。

与发达国家相比，我国尚需在多灾种致灾理论、多技术协同防灾及其影响机制等方面开展系统、深入的研究。目前，国内外学者对于事故、灾难的研究大都局限于单个灾种，对多灾种共同作用导致的事故、灾难的发生机理、发展规律及其预测预报、风险评估理论等方面的研究甚少，尚缺乏系统的知识结构和完整的理论体系；单个灾种的信息数据库及其背景数据库比较完善，但多个数据库数据共享、信息融合，特别是大数据挖掘分析等方面的研究开展较少，尚缺乏数据共享机制及信息融合与分析方法等；此外，多参数耦合作用下事故、灾难的致灾机理和发展规律等方面的研究亦需得到重视。我国在煤矿瓦斯爆炸事故防治、大空间火灾智能探测、清洁高效灭火等技术的研究和工程应用方面已处于国际先进水平，但尚缺乏针对单一灾种防治的多技术协同、多灾种防治的多技术协同作用机制及其影响方面的系统研究；应急方面还需加强多灾种情况下应急决策方法、应急处置及救援技术、人在危险状态下的心理行为特征及疏散诱导技术等的研究；此外，除尘抑爆、危化品泄漏洗消、环境修复等防治技术方面的研发也应加强。

2. 社会经济发展的需求

安全生产状况与一定时期内社会经济发展有着密切的关系。安全生产关系到社会稳定大局，关系到社会经济快速健康持续发展，关系到全面建成小康社会宏伟目标实现的成败。已有研究和经验表明，世界整体安全生产状况随着社会经济的发展不断得到改善。我国近年来在安全科学与工程学科建设、技术创新、标准和规范制定、应急体系及安全管理制度建设等方面取得了系列标志性成果。但是，我国社会目前正处于高速发展期，工业化、城市化进程仍在快速推进，新的安全事故、灾难易发领域在增加，高危险的大型化工园区、能源储运区等大量涌现。因此，我国社会经济发展面临的安全问题不但涉及的面广、影响因素复杂，而且还会有新问题不断出现。这就要求本学科必须面向我国社会经济发展的主战场，进一步加强学科建设，培养更多急需的高层次人才；持续锐意创新，深化认识各类事故、灾难的致灾机理和发展规律，完善相关理论和模型，特别是重视新问题、新情况的研究；继续强化技术创新及其工程应用实践，大幅度提高我国防治安全事故、灾难的水平和能力。

本学科近期亟须加强以下两方面的建设和研究，以满足现阶段社会经济发展的需求：

（1）深化认识高危险行业事故、灾难的致灾机理及其发展规律，并向多灾种、多参数耦合影响方面的研究倾斜。已有研究表明，生产安全对社会经济（国内生产总值 GDP）的综合（平均）贡献率大约是 2.4%，其中由于不同行业的生产作业危险性不同，其对经济发展的贡献率亦不同，即高危险性行业约为 7%、一般危险性行业约为 2.5%、低危险性行业约为 1.5%。

（2）从体制、机制、人才、资金等方面加大力度，支持事故、灾难防治技术的持续创新与产品研发。快速发展的社会经济建设需要安全的生产和生活环境，而安全的生产和生活环境亟须安全、高效、环保的先进防治技术的强有力支撑。现阶段不但仍须加强针对单一灾种的防治技术的研发，而且须重视针对多灾种的防治技术的研发，同时还需考虑多参数耦合作用对各种技术的影响，以及防治技术的作用对事故、灾难发展过程和规律的影响等。

参 考 文 献

[1] 张国红. 奥巴马的科技新政与美国的新能源发展战略. 当代社科视野, 2009,(5): 14-19.

[2] 国家自然科学基金委员会工程与材料科学部. 矿产资源科学与工程. 北京: 科学出版社, 2006.

[3] 国务院学位委员会, 教育部. 学位授予和人才培养学科目录. 2011

[4] 王家臣, 仲淑姮, 张骥, 等. 能源工程概论. 北京: 中国矿业大学出版社, 2013.

[5] 王青, 史维祥. 采矿学. 北京: 冶金工业出版社, 2001.

[6] 杜计平, 孟宪锐. 井工煤矿开采学. 北京: 中国矿业大学出版社, 2014.

[7] 何满潮, 谢和平, 彭苏萍, 等. 深部开采岩体力学研究. 岩石力学与工程学报, 2005, 24(16): 2803-2813.

[8] 王思敬. 作为现代学科的岩石力学研究与实践//中国岩石力学与工程学会第五次学术大会论文集. 北京: 中国科学技术出版社, 1998.

[9] 李世臻, 乔德武, 冯志刚, 等. 世界页岩气勘探开发现状及对中国的启示. 地质通报, 2010, 29(6): 918-924.

[10] 杨涛, 张国生, 梁坤, 等. 全球致密气勘探开发进展及中国发展趋势预测. 中国工程科学, 2012, 16(6): 64-68+76.

[11] 琚宜文, 何家雄, 夏磊, 等. 能源开发利用与低碳问题. 工程研究-跨学科视野中的工程, 2012, 4(3): 245-259.

[12] 琚宜文, 李清光, 谭锋奇. 煤矿瓦斯防治与利用及碳排放关键问题研究. 煤炭科学技术, 2014, 42(6): 8-14.

[13] 武际可. 计算力学非线性分析的现状与展望. 计算结构力学及其应用, 1993, 10(2): 193-198.

[14] 康红普, 王金华, 林健. 煤矿巷道支护技术的研究与应用. 煤炭学报, 2010, 35(11): 1809-1814.

[15] Kang H, Wu Y, Gao F, et al Fracture characteristics in rock bolts in underground coal mine roadways. International Journal of Rock Mechanics & Mining Sciences, 2013, 62: 105-112.

[16] Kang H P, Wang J H, Lin J. Reinforcement technique and its application in complicated roadways in underground coal mines//Harmonising Rock Engineering and the Environment – Qian & Zhou(eds). Proceedings of the 12th ISRM International Congress on Rock Mechanics, 2012, Taylor & Francis Group, London: 1527-1532.

[17] 吕祥锋, 潘一山. 刚-柔-刚支护防治冲击地压理论解析及实验研究. 岩石力学与工程学报, 2012, 31(1): 52-59.

[18] 潘一山, 吕祥锋, 李忠华. 吸能耦合支护模型在冲击地压巷道中应用研究. 采矿与安全工程学报, 2011, 28(1): 6-10.

[19] 何满潮, 袁越, 王晓雷, 等. 新疆中生代复合型软岩大变形控制技术及其应用. 岩石力学与工程学报, 2013, 32(3): 433-441.

[20] Cai J, Philpott M R. Electronic structure of bulk and(001)surface layers of pyrite FeS_2. Computational Materials Science, 2004, 30: 358-363.

[21] Andersson K, Nyberg M, Ogasawara H, et al. A Nilsson Experimental and theoretical characterization of the structure of defects at the pyrite FeS_2(100)surface. Physical Review B, 2004, 70: 195404.

[22] Hung A, Muscat J, Yarovsky I, et al. Density-functional theory studies of pyrite FeS_2(111)and(210)surfaces. Surface Science, 2002, 520: 111-119.

[23] 韩跃新, 李艳军, 刘杰, 等. 难选铁矿石深度还原－高效分选技术. 金属矿山, 2011, 40(11): 1-4.

[24] Chanturiya V A, Bunin I Z, Lunin V D, et al. Use of high-power electromagnetic pulses in processes of disintegration and opening ofrebellious gold-containing raw material. Journal of Mining Science, 37(4): 427-437.

[25] Chanturiya V A, et al. Theory and application of high-power nanosecond pulses to processing of mineral complexes. Mineral Processing and Extractive Metallurgy Review, 2011, 32(2): 105-136.

[26] 克雷诺娃 Г С, 崔洪山, 林森. 采用磁脉冲预处理强化从矿石和精矿中回收金的过程. 国外金属矿选矿, 2007, 44(12): 24-25.

[27] 安德鲁斯 U, 杨久流. 应用电脉冲解离矿石和炉渣中的有价成分. 国外金属矿选矿, 2007, 38(6): 27-32.

[28] 冈恰罗夫 C A, 崔洪山, 李长根. 用磁脉冲预处理来提高磁选精矿再磨效率. 国外金属矿选矿, 2006, 43(6): 13-14.

[29]　Nanthakumar B, Pickles C A, Kelebek S. Microwave pretreatment of a double refractory gold ore. Minerals Engineering, 2007, 20(11): 1109-1119.

[30]　师昌绪. 新材料是国家战略性新兴产业. 新材料产业, 2010, 3: 1-3.

[31]　师昌绪. 关于构建我国新材料产业体系的思考. 工程研究-跨学科视野中的工程, 2013, 5(1): 5-11.

[32]　黄伯云. 我国有色金属材料现状及发展战略. 中国有色金属学报, 2004, 14(s1): 122-127.

[33]　国家自然科学基金委员会, 中国科学院. 未来10年中国学科发展战略工程科学. 北京: 科学出版社, 2012.

第 2 章　学科发展规律与态势及其主要基础科学问题

2.1　石油工程学科

2.1.1　学科发展规律与态势

近代石油工业发展已有 120 余年的历史。自 20 世纪以来，人类对石油与天然气的需求迅速增长，石油与天然气工业获得了高速发展，从而促进了石油与天然气工程理论与成套技术的研究和发展，逐步从采矿工程中分离形成了相对独立的石油与天然气工程学科。为了加强能源基础工业建设，促进国民经济快速发展，使学科建设更为科学、规范，在 1997 年国家颁布的《授予博士、硕士学位和培养研究生的学科、专业目录》中，将原"地质勘探、矿业、石油"学科分解为三个一级学科，其中包括石油与天然气工程一级学科（隶属于工学门类），并下设了油气井工程、油气田开发工程、油气储运工程 3 个主要二级学科。

石油与天然气工程学科的发展不同于数理化等自然科学基础学科，它不仅要受自然科学规律的约束，而且要受地下资源条件和经济社会发展的综合约束。因此，石油与天然气工程学科的发展水平，不仅取决于本学科以往发展的积累，而且与经济社会的发展和需求密切相关。近年来，由于各国对石油和天然气不断增长的巨大需求，国际性的石油与天然气勘探开发事业呈现出空前繁荣的发展局面。从地下油气资源钻采的难易程度来看，人类的油气勘探开发活动总是遵循"先易后难"的基本规则，迄今已对埋藏于中浅层、近浅海等相对容易钻采的常规油气资源进行了大规模勘探开发，相应的科学研究与技术发展水平也比较高，但对低渗透、非常规、深层及深水等低品位或难动用油气资源的勘探开发程度则较低，后者也是未来国内外油气勘探开发的重点和热点，从而使石油与天然气工程学科面临许多新的挑战和发展机遇。所谓"低品位油气田"主要是指低（特低）渗透、致密、页岩及重油、油砂、天然气水合物等难动用油气储量，具有"量大、质差、难开采"的基本特征；所谓"老油田"主要是指我国东部已实施过三次采油的高含水油田，其进一步挖潜与提高采收率的技术难度很大[1]。

从学科发展态势来看，虽然全球油气资源丰富，但容易勘探开发的常规资源比例越来越小（据 2013 年数据信息）：全球原油产量的 70%依靠老油田挖潜与提高采收率，美国的非常规天然气产量已占总产量的 50%以上，近五年全球重大油气发现的 70%来自深水，北极圈油气资源量约占全球未开发油气资源的 20%[2]。

因此，未来的油气勘探开发要求工程作业更安全环保、更优质快速及更经济有效等，从而对信息化、智能化及自动化不断提出新的重大技术需求。为此，石油与天然气工程学科发展必须更加注重与相关学科交叉融合，以便为解决日趋复杂化的工程技术瓶颈问题提供有效的科学动力和创新方法。

2.1.2　学科主要基础科学问题

根据本学科上述发展战略需求，针对低渗透、非常规、深层、深水及老油田等难动用剩余油气资源的开发难题，以及实施"走出去"开发油气的战略要求，油气工程学科"十三五"规划涉及的主要基础科学问题可概括如下。

1. 实钻地层物理化学特性和岩石力学问题

问题主要包括实钻地层的孔隙度、渗透率、流体饱和度、理化特性及声、电、核、磁特性等，以及地应力、地层安全钻井压力窗口、地层可钻性及其各向异性、岩石破碎等岩石力学问题。

2. 油气藏开发问题

问题主要包括低品位油气藏的多场多尺度耦合渗流机理、酸化压裂特性、物模和数模及精细描述与高效开发模式等。

3. 复杂工况管柱与管线问题

问题主要包括力学和环境行为、密封完整性、适用管材、失稳失效、全寿命周期安全可靠性，以及技术功能等。

4. 复杂油气工程中的相互作用问题

问题主要包括钻头与地层相互作用，井下管具、流体与井眼相互作用，井下流固耦合及力学与化学耦合，油气输送中的流动、传热、传质及相变耦合，井筒和油气输送管线完整性等。

5. 油气田化学问题

问题主要包括入井工作液的作用机理与性能调控、环保与资源化再利用问题，大规模压裂液返排处理与循环利用，水驱优势通道描述与深部调控，老油田化驱油和微生物采油，原油改性及水合物抑制，以及复杂环境下油气工程设备和结构腐蚀与防腐等。

6. 油气工程复杂流动问题

问题主要包括复杂条件下钻完井流体力学与控压技术，人工举升多相流动与测控技术，油气管道输送多相流动与安全高效控制等。

7. 油气工程信息化与智能化问题

问题主要包括随钻测量（包括测斜与测距、地质测井、储层界面探测、近钻头测力等），油气井筒和管线安全检测与诊断，智能化钻井与完井，智能化人工举升，智能油气田，以及井下钻采机器人等。

2.2　矿业工程学科

2.2.1　学科发展规律与态势

以美国、英国、加拿大、澳大利亚和中国为代表，矿业工程学科的国际发展态势，可以用以下矿业工程领域的优势序列来表示：①地下开采；②岩石力学；③采矿废弃物处理与利用；④矿山安全；⑤露天开采。我国的研究动态与优势序列为：①岩石力学；②地下开采；③露天开采；④高应力岩爆；⑤实验力学（图2.1）。中国在实验力学、高温矿井、露天开采、高应力岩爆、岩石力学与地下开采等领域明显占优，而在尾矿处理、采矿废弃物与矿山安全等领域，美国与加拿大占优或与中国相当。

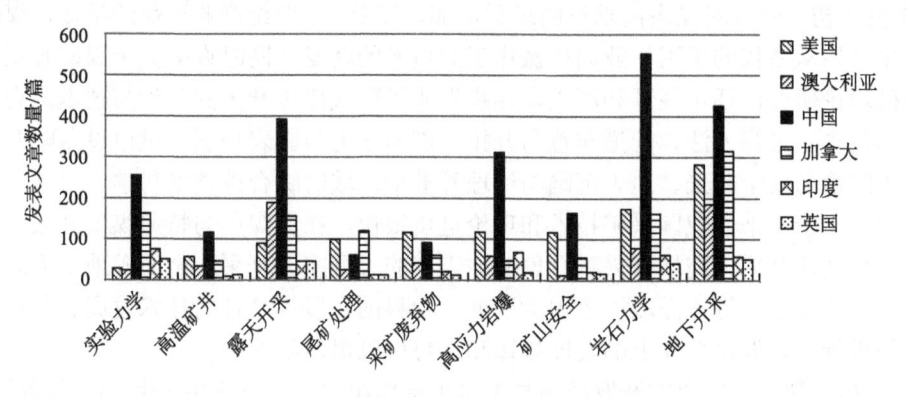

图 2.1　中国和典型国家研究热点动态图

1. 采矿工程

采矿工程学科是以有用矿物资源开采为目的的综合性学科，其基本任务是揭示开采的基本科学规律，解决制约安全、高效、高回收率开采的基本科学问题，提出和实施科学的开采方法。其中安全、高效、高回收率、经济、与环境协调和保护环境是采矿工程学科永恒的主题。学科发展从早期的定性研究逐渐到定量和精确研究，研究方法也逐渐从宏观向宏观与细观并重过渡。由于采矿工程学科具有技术性、应用性、工程性、实用性强等特点，因此学科的发展与行业技术发展密切相关，研究对象和重点研究内容也与技术发展水平密切相关。

采矿是一个古老而重要的基础行业，采矿工程学科是一个古老而重要的、直接面向生产和生活的应用学科。可以说，自从人类进入文明社会开始，就伴随着矿产品的开采与利用。如开始于至今约 6000 年的铜器时代，就伴随着金属矿石与煤炭的开采与利用，但是世界范围内大规模的开采活动还是始于工业革命以后（18世纪 60 年代），其中蒸汽机、煤、铁和钢是促成工业革命和技术加速发展的四项主要因素，这些因素都是来自于采矿。

我国不仅是当今世界上煤炭产量最多的国家，也是世界上最早开采、利用煤炭的国家。早在六七千年以前就已开发利用煤炭，隋、唐至元代，煤炭开采已普遍，在地质、开拓、采煤、支护、通风、提升及瓦斯排放等方面技术都有了一定发展。从明朝到鸦片战争以前，煤炭开采技术得到了发展，形成了丰富多彩的中国古代煤炭科学技术。17 世纪以前，中国在煤炭开采技术和管理等方面都处于世界领先地位。

1954 年，英国装备了世界上第一个综合机械化采煤工作面。20 世纪 70 年代，各主要产煤国家的采煤机械化已经完成，并大力推广采煤综合机械化。19 世纪末20 世纪初，随着对煤炭需求量的迅猛增加，以及 18 世纪产业革命的推动，煤矿开采开始从古代的手工作业向机械化工业技术的转变，同时许多关于煤矿开采的基础理论研究已逐步展开和深入，逐步形成了现代煤矿开采的理论与技术。它是一门包含了采煤方法、巷道布置与开拓、矿山压力与围岩控制、机电设备配套、灾害防治与安全开采、地表沉陷与治理等多个领域的综合性技术科学。

近十余年来，我国采矿技术和理论进步很快，在厚煤层与特厚煤层开采、薄煤层自动化开采、充填开采、金属矿与煤矿的大型露天开采、金属矿地下大规模开采、溶浸采矿等方面取得了很大进展，学科的发展也是针对技术发展、条件变化等进行的，但是总体上的发展规律和态势可以概括如下。

（1）学科研究内容及发展与技术进步密切相关，开采条件变化、开采标准变化、开采规模变化等都迫切需要研发新的开采技术。新的开采技术会遇到新的开采理论与基础问题，需要解决。随着开采规模增大和开采条件变化，迫切要求基础理论问题的研究和解决要超前于技术改革。

（2）学科研究的深度和广度进一步加强和拓展。基于力学、数学、岩石力学等相关基础学科的发展会促进采矿学科的发展。随着科学技术的进步和研究手段的进步，在采矿工程涉及的介质属性上也可以做更加符合实际的非连续、各向异性的研究，研究的精度会逐渐提高。

（3）由于采矿工程和介质的复杂性，经典的数学、力学等理论用于采矿学科研究时，会有很大的误差和不适应性，因此针对采矿工程建立新的研究方法、开发新的研究手段是由学科自身特点决定和要求的，也是必需的。

（4）理论研究、数值模拟、现场观测、模拟试验是采矿学科的基本研究方法，其中开发具有采矿特点的研究平台和模拟软件是未来研究采矿学科问题的重要手段，现场观测、数据采集及总结分析是最有说服力的研究途径，难度较大，必须加以重视，观测和通信等技术的新成果，用于采矿学科研究势在必行。

（5）采矿学科研究必须结合工程实际，指导工程实际。今后理论研究将更加紧密地结合实际，推进开采方法和岩层控制等方面的研究。

（6）研究尺度从宏观向微观扩展，多学科交叉、多体系与多介质耦合，从技术到工艺、从流程到设备、从理论到实践，各个环节互相合作，共同促进采矿技术的不断完善与成熟，最终形成一整套基础理论体系及符合我国矿山实际的独特工艺技术。

（7）学科发展从内部、相对单一的研究发展到更加注重环境、资源、安全、高效的综合性研究，研究内容也从传统的工艺、岩层控制、开采方法等逐渐拓展到集科学、技术、管理、环境、经济于一体的科学采矿理论与技术体系。

2. 矿山压力与开采沉陷

矿山压力与开采沉陷学科是从解释采矿工程中矿山压力和岩层移动现象发端的，其本质是基于力学原理，揭示采掘围岩应力分布规律、探究岩层破坏演化机理及控制方法。矿山压力与开采沉陷学科是矿山压力与开采沉陷、矿山岩体力学及矿山岩层移动与地表沉陷理论相互交织、相互促进和相互推动而形成的一个学科，其中矿山岩体力学是其主要的理论基础。

很早以前人们就发现在煤和岩层中掘进巷道时，支架所承受的压力远远小于采动空间上覆岩层的自然重量。即使长壁开采，采场支架上的压力显现也只有上覆岩层重量的 1%~5%。因此，人们很自然地联想到已采空间是在某种结构的掩护之下。19 世纪末，提出了用掩护结构模型来解释开采过程中出现的矿山压力现象，包括：掩护"拱"假说和掩护"梁"假说，如俄罗斯学者普罗托吉亚阔诺夫（Михаил Михайлович Протодьяконов）提出的自然平衡拱假说和苏联学者许普鲁特等提出的压力拱假说都是掩护"拱"假说的代表。

掩护"梁"假说主要包括"悬臂梁"假说、"预生裂隙梁"假说和"铰接岩块"假说。"悬臂梁"假说认为采场上方的顶板可视为梁，这些梁随采场推进，有规律地冒落或折断，从而导致采场周期来压的现象。比利时学者拉巴斯（La Paz）

提出了"预生裂隙梁"假说，认为采场由一系列"预生隙裂梁"所覆盖。苏联学者库茨涅佐夫（Kuznetsov）在研究采场上覆岩层运动规律的基础上，提出了铰接岩块假说。该假说比较深入地揭示了采场上覆岩层的发展规律，提出了支架有可能在"给定载荷"和"给定变形"两种状态下工作的概念，这为"传递岩梁"理论的建立奠定了基础。

为了指导煤矿开采岩层控制与顶板事故防治，钱鸣高院士[3]和宋振骐院士[1]分别提出了"砌体梁"理论和"传递岩梁"理论。

20 世纪末，钱鸣高院士、缪协兴教授等在砌体梁理论基础上提出了关键层理论，关键层理论为覆岩运动致灾机理研究、保水开采、瓦斯抽放开采等提供了有力支持。

20 世纪 60 年代和 70 年代，原位岩体与岩块的巨大工程差异被揭示出来，岩体的地质结构和赋存状况受到重视，"不连续性"成为矿山岩体工程结构分析中必须关注的问题。然而在早期研究中，通常将岩体视作连续介质。20 世纪 50 年代，鲁滨湟特（Руппененит）发表了基于连续介质理论求解岩体力学领域问题的系统著作。同期，弹塑性理论用于研究围岩的稳定问题，出现了芬纳（Fenner，1938 年）–塔罗勃（Talobre）公式和卡斯特纳（Kastner，1951 年修正）公式。塞拉塔（Serata）用流变模型进行了隧洞围岩的黏弹性分析。

20 世纪 20 年代，德国人克罗斯创立了地质力学理论，强调要重视对岩体节理、裂隙的研究，重视岩体结构面对工程稳定性的影响和控制作用。1951 年 6 月在奥地利成立了以斯梯尼（Stini）和米勒（Muller）为首的"地质力学研究组"，形成了"奥地利学派"。

从矿山压力与开采沉陷学科的发展历程可以洞悉其发展规律：随着矿山开采由露天和浅地表向深部发展，采矿环境日趋复杂，矿山灾害现象研究从单一诱发因素向多因素耦合致灾发展。与社会科学水平和人们对采矿灾害控制的需求相适应，该学科的研究从观察和解释现象朝本质机理、规律和定量计算的方向迈进；从简单环境向复杂环境多因素耦合致灾机理和规律研究发展；研究手段从单一学科向多学科联合、交叉发展；从静力灾变机理研究向动力灾变演化研究发展；现代数学理论、非线性科学理论和信息科学理论、现代测试技术、计算机科学与技术等逐渐向本学科渗透，用以揭示矿山压力与开采沉陷等复杂的非线性演化过程；从将岩体视作均质、连续介质向从微观、细观、宏观、巨观多尺度研究矿山岩体的物性发展；从确定性问题朝随机、模糊问题的方向发展等。

目前，在采矿工程实践和矿山压力与开采沉陷学科发展的科学需求下，采取多学科交叉、融合和多种研究手段，揭示多因素、多相介质、多种过程联合或耦合作用下矿山岩体工程结构变形、破坏和稳定性的动态规律和灾变机理，提出灾害防控的科学策略是目前我国矿山压力与开采沉陷学科发展的根本任务。

3. 矿井建设

1）井筒建设

建井工程研究领域的特点是基础科学理论落后于应用技术，在复杂地层地质条件下的井筒多种施工技术及井壁支护结构都已成功应用，而理论上得不到一致性解释，以致造成工程经验优于设计理论。目前在矿产开采深度方面，南非、印度、美国、俄罗斯的最大开采深度分别达到 4265m、3260m、1650m、1570m；我国煤矿、金属矿的最大开采深度已超过 1500m 和 1100m，已建井筒的最大深度达到 1340m，都穿过了多种复杂地层。按照既有的地压计算和设计理论，这些井筒的支护强度和稳定性都难以合理计算分析，而实际井筒都处于安全运行中。因此，研究发展深井井筒开挖支护的合理设计理论是各国都在投入的基础研究工作。

（1）深厚表土层冻结法凿井。

冻结法凿井是国际上应用发展最快的井筒穿过富水表土层的建井技术。1955年我国首次在开滦矿务局林西风井施工中采用人工冻结技术，并获得成功，随后，冻结法在煤矿井筒施工中得到普遍采用。到目前，我国采用冻结法已经成功凿井500 余个，多个井筒顺利通过 450m 的深厚表土层。在国际上冻结法施工穿过表土层的最大厚度：中国为 675.6m，俄罗斯为 571.2m，德国为 543.5m；井筒最深冻结深度：中国为 950m，英国为 930m，加拿大为 910m。

随着表土厚度和冻结深度的加大，土的物理力学参数随深度变化，冻结壁的工况非常复杂。在深部人工土冻结过程中，冻结壁处于高围压状态，深部冻土的力学性质与浅部在力学特性上有重大区别，开展深部冻土力学的研究，包括深厚表土层的地压特征和规律、深部人工冻土本构关系、力学行为、破坏准则和强度理论及与其相适应的试验条件、试验方法；在冻土物理学的理论框架下，开展多圈管冻结地层的温度场、水分场、应力场三场融合问题的理论与试验。

（2）深厚复杂地层的钻井法。

表土层钻井法施工井筒在国内外都应用较多。我国的穿过表土层最大厚度是584m，美国的最大钻井深度是 1500m（直径 4m）。我国钻井深度超过 650m，钻井净径也超过 8.0m；由中煤矿山建设集团公司与洛阳矿山机械工程设计研究院联合设计制造的 AD130/1000 型钻机，钻井最大直径仅需两级钻进即可达到 13m，最大钻进深度可提高到 1000m，在 500 m 以上表土段施工立井、大直径井筒的总工期和成本比冻结法有优势。针对深厚复杂地层的钻井法施工还存在较多问题，需要研究。包括：对深部压力下岩土层钻进机理、深部压力下的护壁泥浆性质及护壁效应、深部井壁的受力变形特点、复合井壁材料及结构形式、可悬浮高承载力井壁结构及设计理论、井壁的竖向失稳机理、井壁连接及稳定下沉机制，以及深井壁后充填砂浆加固机理和效应的研究。

（3）复杂含水岩层注浆法凿井。

注浆法凿井分为地面预注浆和掘进工作面预注浆。由于注浆地层的复杂多样性，涉及注浆材料、渗流力学、浆液与岩土层相互作用问题，注浆基础理论研究与工程实际需要有较大距离，需要发展的基础研究包括：适用于岩石孔隙（微裂隙）堵水的注浆新材料，孔隙含水岩层的孔隙水压力、孔隙率和骨架应力间的理论关系，裂隙岩层的浆液运动机理，纳米浆液制备及其在微裂隙岩层中的流动规律与驱水机理，浆液颗粒大小与注浆压力、岩土层孔隙、裂隙的相互作用关系，不同形式孔（裂）隙的浆液注入计算理论。

（4）复杂地层深井掘进的围岩稳定性。

目前，我国各类矿井深度超过 700m 的井筒已占 1/3 以上，新一批超千米大型矿井正在规划和建设中，开凿大直径、深立井井筒，将是我国今后一段时间矿井建设的主要任务。深部矿井建设将面临高地压、高水压、高地温、岩爆和软弱夹层等复杂工程条件，深部不同环境的卸载力学行为对围岩稳定性的影响是深井建设需研究的科学问题，包括多相应力场耦合作用的岩层力学性状、开挖卸载对多相应力场的影响规律、围岩在多应力耦合作用下的卸载稳定性、开挖破岩方式引起围岩的卸载形态及对稳定性的影响。

（5）复杂地层深井支护结构及稳定性。

经过多年的研究发展，我国已应用过单层、双层钢筋混凝土、钢结构与混凝土复合等多种不同材料和结构形式的井壁，但对于深立井的井壁要穿越复杂地层，承受不同地层环境围岩的非均匀压剪作用，同时还要承受大型工作盘和施工设备吊挂载荷，井壁支护结构及稳定性直接关系到立井施工和矿井安全高效生产，是必须研究的科学问题，包括复杂地层的井壁三维力学模型、井壁支护材料和多层可伸缩结构形式、井壁承载变形与围岩相互影响机理、非均匀围岩压力下的井壁破裂失稳机理、深井井壁在围岩非均匀多相复合压力下的整体稳定性。

（6）复杂地层深井深孔钻眼爆破控制。

深立井开挖破岩方式仍以钻爆法为主，提高深井筒施工速度的有效方法是减少工序转换，缩短辅助作业时间。目前，我国立井普遍采用伞形钻架打眼，平均凿岩深度已超过 4m，最大凿岩深度已达 5.5m。但是，在超深立井硬岩条件下，由于受钻具、炮眼布置的限制，有效凿岩深度都不足 4m，特硬岩石的凿岩问题更加突出。因此，高效的深孔光面控制爆破仍是深井施工钻爆技术的发展方向。深井复杂地层多相应力耦合环境下实施深孔光面爆破技术，需要研究的科学问题包括：高地压下高效冲击凿岩机理、硬岩深孔爆破冲击力学效应、高效深孔控制爆破破岩机理、周边孔控制爆破对围岩的损伤规律、深孔爆破震动诱发岩爆及对围岩应力状态的影响规律、爆破震动对支护井壁的影响效应。

（7）深井施工工艺配套与全机械化凿井。

目前我国的普通立井、斜井施工技术和速度处于世界领先水平，已基本形成了以伞形钻架配高频导轨凿岩机打眼，中深孔光面爆破，中心回转式抓岩机装岩，大提升机、大吊桶提升，整体液压模板砌壁的混合作业方式为主的凿井装备配套模式，但在超深立井、斜井条件下，要继续发挥混合作业这一优势，深井凿井工艺配套、井内悬吊方式和安全监控保障系统、全机械化凿井是深井建设需要研究的科学问题，需要进一步发展立井、斜井全机械化凿井技术。

2）煤巷支护

煤巷支护领域研究方向主要包括煤巷围岩地质力学测试与分析、煤巷围岩稳定性分析、煤巷支护理论等。

巷道围岩地质力学测试与分析主要包括地应力、煤岩体强度及结构。现有的地应力测试方法主要包括应力恢复法、应力解除法、水压致裂法、地球物理方法、地质构造信息法、钻孔破坏信息法、井下应力测绘法等。以上地应力测量与分析方法中，应力解除法与水压致裂法是井下实测可行的方法，其他几种主要作为辅助方法。地应力分析方法主要有数值模拟反演分析方法等，通过测点的布置与实测，结合煤岩层性质及地质构造，通过插值等方法由点及面，得出区域的应力分布特征。

煤巷围岩稳定性理论的研究热点包括两个方面，一是围岩稳定性分类，二是围岩稳定性影响因素。对于围岩稳定性分类，现行围岩分类方法有单指标分类法、多指标分类法、多因素综合单一指标分类法和多因素多指标分类等多种。单指标围岩分类法主要有普氏（f）分类法、岩石质量指标（RQD）分类法、以岩体弹性波为基础的综合分类法和岩石结构权值（RSR）分类法等，它们的共同点是未考虑原岩应力的影响，不能全面反映围岩稳定性。多指标分类法，除考虑岩体强度及结构面特征外，还考虑原岩应力的影响。这种分类法主要有岩体质量系数 Q 分类法、围岩稳定性指数分类法、锚喷支护围岩分类法等。巷道围岩稳定性影响因素主要包括地应力、煤岩层的强度、煤岩层结构、巷道埋深、顶板垮落步距、直接顶厚度、煤层采高、护巷煤柱宽度等。随着开采强度和深度的增加，煤巷受采动影响越来越大。采动影响范围内巷道和无采动影响的巷道变形量差别很大，工作面回采是煤巷变形的主要阶段。

国外煤巷围岩支护理论主要包括新奥法支护理论、能量支护理论、应力控制理论、应变控制理论及最大水平应力理论等。我国研究形成的支护理论主要有：围压恢复加固理论、改性理论、联合支护理论、松动圈理论、主次承载区支护理论、软岩工程力学支护理论、高预应力强力锚杆支护理论、NPR（negative poisson's ratio）锚杆/索支护理论等。

3）岩巷支护

作为同一属性的工程，岩巷支护与前述煤巷支护在巷道围岩地质力学测试与分析、巷道围岩支护理论、支护材料及控制技术等方面是相互关联的，且很大一部分支护理论与技术是先从岩巷工程开始应用，然后在煤巷工程中发展和完善起来的。在此过程中，随着开采深度的增加，岩石力学基础理论研究逐渐深入，相关支护理论与支护材料、技术装备也不断完善，岩石巷道工程支护技术发展历程大致可以划分为三个时代。

（1）第一代：被动支护。这一阶段以钢架、木支架支护为代表，主要是在浅部地下工程以及工程地质条件简单、围岩条件较好的较深地下工程中使用。包括钢架支护系列技术、钢筋混凝土支护系列技术、料石碹支护系列技术、注浆加固系列技术等。

（2）第二代：主动支护。这一阶段以锚网、锚索支护为代表。锚杆支护技术作为一种有效的主动支护形式，自1956年锚杆支护技术引入我国以来，在岩石巷道、煤巷以及半煤岩巷道支护中广泛应用。支护形式也由过去单一的支护形式逐步发展为各种多次支护、联合支护形式，并形成了各种系列支护技术，如锚喷、锚网喷、锚喷网架、锚喷网架注系列技术和预应力锚杆（索）支护系列技术。

（3）第三代：耦合支护。进入深部开采以后，巷道工程岩体所具有的大变形工程力学特性，使得单纯的主动支护、高强支护或联合支护已无法适应并保证深部岩石巷道工程围岩的稳定性。为此，提出了耦合支护的思想，针对巷道工程岩体的大变形力学特性，通过各种支护之间的耦合以及支护体与围岩之间的耦合，从而实现对岩石巷道工程稳定性的有效控制。

4）采场支护

我国煤矿采场支护理论技术的发展，可归纳为：20世纪60年代前后进行了以摩擦金属支柱取代传统木支柱的第一次采面支护改革；70年代前后进行的以单体液压支柱取代摩擦金属支柱的第二次支护改革；80年代前后在地质和经济条件都允许的矿区，以综采取代单体液压支柱的第三次支护改革。第一次支护改革很大程度上是从坑木代用的意义出发的，使采面支护材料从依赖匮乏的天然木材采用按采场压力、采高进行设计制造的专用摩擦金属支柱，提高了支护质量与作业效率；以单体液压支柱更替摩擦金属支柱的第二次支护改革，大幅度提高了支柱的初撑力和实际支撑力，确保了支设质量的可靠性；从80年代起的第三次支护改革，在一些条件好的矿井单体支柱逐步由综采液压支架取代，实现了支护机械化。

在综采支护技术的发展中，逐步演化成了支撑式支架、掩护式支架和支撑掩护式支架三大类。研究了掩护式、支撑掩护式、支掩掩护式和支顶掩护式四种典型掩护式支架的力学特性，给出了支架承载力和作用位置的计算方法，并根据液压支架稳定工作的力学平衡条件，引出了反映支架力学特性的力平衡区的概念，给出了液压支架稳定工作的条件。

在抗冲击支护系统方面，一是通过调整液压支架的设计参数，特别是四连杆结构的设计参数，确定双扭线向前凸的一段为支架的工作高度范围，液压支架主要结构件——顶梁、底座、掩护梁、连杆等预留足够大的安全系数及强度和刚性；二是采用立柱双阀或较大流量安全阀，不经过液控单向阀而是直接连接立柱下腔，当支架受到冲击矿压时，立柱大流量安全阀可以快速卸液让压，有效地保护支护系统的安全。

4. 矿山安全

1）学科发展方向与人才培养问题

矿井通风与安全大都改变为安全工程，主要课程是大安全领域，培养出来的人才满足不了矿山安全工程及技术的需求，职业院校对口培养了专门的矿井安全人才，但是层次较低。为了适应矿山安全和高效开采的需要，目前已经有部分原来矿山类高校开始将安全工程专业分为大安全方向和矿山安全方向。

2）矿山安全技术

矿山安全是与矿山开采过程同步形成和发展的一门学科，其在以下方向取得了较好进展：矿山通风方向已形成以流体力学为指导的矿井通风网络理论和通风系统、通风技术与监控技术；矿井瓦斯防治方向已形成矿井瓦斯含量测试技术、矿井瓦斯涌出量预测方法、合理通风方式、瓦斯监测预警、抽放防突技术及瓦斯爆炸火焰和冲击波传播规律、阻隔爆技术，较好地控制了煤矿瓦斯灾害；矿井火灾防治领域已形成矿井煤层自燃理论、火灾预测与防治技术，如灌浆、阻化剂、均压技术等；矿尘防治方面已形成以风、水为主的防尘技术；矿井水害领域已形成构造探测技术、防隔水矿柱、突水监测和应急矿井强排成套技术；监测监控领域方面已形成井下环网系统、传感器技术、井下人员定位技术及灾害监测预警技术；非煤矿山已形成尾矿库、边坡等变形监测技术、采空区监测技术。

矿山安全未来的发展趋势：在瓦斯灾害防治方面，煤与瓦斯突出动力效应及致灾机理是研究重点、难点，从宏观宏细微观角度研究揭示煤与瓦斯的相互作用机制、研究煤与瓦斯突出多参数预警理论与方法、低透气性煤层的增渗机理与技术、多次与连续爆炸的阻隔爆技术将成为主要方向；在通风与火灾方面，灾变通风、多场耦合作用下的煤田火区发展演化机理、宏观、介观、微观相结合的火灾预防理论是研究重点；在水害防治方面，精细构造探测理论与技术、水灾监测理论与技术是研究的重点；随着工业化水平的提高，职业健康越来越受重视，粉尘、噪声等职业危害也将成为研究热点；在监测监控方面，灾害感知理论与技术、灾害自动监测预警理论与技术是研究重点；随着开采深度的增加，矿井热害问题将会日益突出，深井热害的防治需求较为迫切；在非煤矿山方面，矿山动力灾害预测和采空区探测技术是研究重点。

矿山安全领域作为国家安全战略的一个重要组成部分，关系到国家可持续发展战略的有效实施。为此，应深入研究煤岩瓦斯动力灾害防治、矿井通风及火灾、矿井水灾防治、职业危害的预防、深井热害的防治、安全监测监控理论、非煤矿山安全等关系到矿山安全的基础问题。根据目前国内外的现状，确定学科发展方向和优先发展领域，以确保国家"十三五"规划的顺利实施。

5. 矿井新能源

1）页岩气

页岩气的开发是一个综合地质、气藏、工艺、工程、装备及环境保护等方面的系统工程。21 世纪以来，以美国为代表的页岩气开发大国引领了世界页岩气技术的发展方向，形成了许多针对页岩气储层和工艺的新技术。中国近十年来在国家政策的大力支持下，在国土资源部和各个石油公司的努力下，也逐渐形成了适合中国地质背景的页岩气开发理论和技术[5~7]。综合国内外研究现状和发展方向，页岩气的技术发展规律和态势主要表现在以下几方面。

（1）标准化、一体化和配套化的技术体系。

综合各种尺度、来源的数据，为页岩气勘探工程设计提供可靠精细的基础支持，最终形成页岩气储层勘探开发一体化综合工作流程及配套技术，实现降本增效，科学开发。

（2）安全、优质、高效、低成本化开发理念。

"井工厂"概念的提出和实施大大提高了页岩气勘探开发的效率和准确性，其核心思想主要包括三方面：在钻井部署方面，利用最小的丛式井井场，使钻井开发井网覆盖区域最大化；在钻井工程方面，实现设备利用的最大化，多口井依次一开，依次固井，依次二开，再依次固完井，钻井、固井、测井设备无停待；在压裂工程方面，压裂工厂化流程能够在一个丛式井平台上压裂 22 口井，大大提高了效率。

（3）提高压裂的有效性是最核心的思路。

大力发展等通径可开关电控滑套、固井压裂一体化与速钻桥塞等工具与配套技术，实现不限级数分段压裂，并且从单井压裂向多井、整体压裂和规模化（井工厂）压裂发展，尤其是现有压裂方式的改变，进而提高现场施工压裂施工效率与采收率，降低压裂成本。

（4）重视环境保护。

大力培育无水压裂（LPG）技术，发展高性能水基钻井液技术，研发油基钻井液回收再利用技术，攻克新型压裂或储层改造技术，有效降低开发成本，大幅度降低环境污染，实现绿色开发。

2）致密气

中国致密气的研究可以分为三个阶段：

（1）探索起步阶段（1995 年以前）。

该时期主要是按低渗-特低渗气藏进行勘探开发，进展比较缓慢。

（2）发现阶段（1996～2005 年）。

在致密气勘探方面获得突破，2000 年探明了苏里格大型致密气田，2003 年提交探明天然气地质储量 5336.52 亿 m^3。1996～2005 年，全国共新增探明致密气地质储量 1.58 万亿 m^3，年均新增探明地质储量 1580 亿 m^3，占同期天然气新增探明总储量的 44%。

（3）发展阶段（2006 年至今）。

2005 年以来，实现了苏里格气田经济有效开发，从而推动苏里格地区致密气勘探开发进入大发展阶段。截至 2013 年年底，致密气探明可采储量 1.8 万亿 m^3，约占全国天然气探明可采储量的 32%，其中 90%分布在鄂尔多斯盆地和四川盆地；致密气探明未开发可采储量 0.9 万亿 m^3，约占全国天然气探明未开发可采储量的 38%。2015 年全国致密气产量达到 500 亿 m^3，已成为天然气增储上产的重要领域。

由于矿区或矿井范围内致密气的有效开发难度更大，相对而言，我国致密气的勘探开发及相关的研究要滞后得多。由于低渗透气藏具有低丰度、低渗透率、低产量、单井原始产量小、开发难度大的特点，为了经济高效地开发低渗透气藏，在以下几个方面需要加强：①低渗储层特征研究。致密气储层所具有的不同于常规气储层的特点，需加强基础理论研究，包括致密气储层微观孔吼特征、致密气储层损害机理研究、近井带渗流特征与渗流机理研究、具有启动压力的渗流特征及其数学描述等。②致密气储层精细描述技术。致密气储层精细描述和预测，研究气藏砂体展布和含气富集带，包括透镜体砂岩大小、形状、方向和分布的确定，储层物性在空间分布的定量描述，低渗、特低渗岩心物性测定技术，从而对致密气储层进行分级评价，优选相对高渗致密气富集区，提高单井控制储量，科学合理布井。③井间动态监测技术。通过生产测井和压力监测等手段，提高未动用层和较低动用程度层的储量动用程度。④低渗透气层改造技术。开展压前储层评价，使储层描述向精度发展；加强对天然裂缝、岩石力学、油气层保护、地应力测试的研究；发展清洁压裂液、泡沫压裂液等低伤害压裂液体系，提高压裂液的效率，加强压裂液的快速返排技术的研究；在总体压裂的基础上，采用水平井与水力压裂相结合的方法，继续进行水平井与水力压裂配套技术的攻关研究；加强全三维裂缝模拟、裂缝实时监测分析与控制等技术的研究。⑤复杂结构井提高低渗气藏采收率技术。分支井等复杂结构井在开采低渗气藏时有其独特的优势。应加强储层流体渗流机理与理论研究，以及复杂结构井提高低渗气藏采收率配套技术研究。

3）煤层气

煤层气是天然气资源的一种有效补充。我国煤层气资源丰富，但对于煤炭开发来说，高瓦斯矿区较多，瓦斯事故发生频繁，制约了我国的煤矿安全。另外，中国虽然是发展中国家，但却是温室气体排放大国，合理地开发利用煤层气资源，既可以减少煤矿瓦斯灾害，又可使宝贵的资源得到充分的利用，缓解我国能源紧张状况[8,9]。中国煤层气产业经过二十余年的发展，特别是"十一五"和"十二五"期间，国家出台了一系列优惠鼓励政策，煤层气产业经过起步、探索、攻关和发展四个阶段，煤层气综合开发利用的整体科技水平显著提高，初步实现了煤层气开发利用的规模化和商业化，并且通过沁水盆地和鄂尔多斯盆地东缘两个煤层气产业化基地的建设，攻克了多项高煤阶煤层气勘探开发重大核心技术，增加了储量，扩大了产能。同时，通过对煤矿瓦斯井下抽采理论和技术的系统研究，形成了煤矿安全与瓦斯抽采利用一体化的技术体系，为国家能源安全战略和国民经济发展提供了重要支撑。

煤层气产业发展的现状和特点，决定了其发展态势将朝以下方向发展。

（1）提高单井产量，实现煤层气产业的规模化发展。

目前，我国煤层气开发的瓶颈问题之一是单井产量较低，严重制约了煤层气产业的发展。根据煤层气开发机理和特点，形成适合我国煤炭地质特点的高效开发技术及方法，提高煤层气单井产量，是促进煤层气产业发展的前提和基础。

（2）建立针对我国不同地质特征的煤层气开发技术体系。

2015 年，中国煤层气地面开采量为 45.25 亿 m^3，同比增长 24.75%，其中 80% 的产量都来自沁水盆地和鄂尔多斯盆地东缘两个高煤阶煤分布区。我国煤炭地质条件复杂，煤类齐全，但以低煤阶煤炭资源最丰富。"十一五"和"十二五"期间，对高煤阶煤层气形成的勘探开发理论和技术，在其他地区（尤其是低煤阶煤分布区）的推广性较差。因此，要实现我国煤层气产量的持续稳产和增产，就必须针对不同地区的煤炭和煤储层地质特征，开展煤层气相关理论和技术的综合研究和攻关，形成具有针对性的煤层气勘探开发技术和方法。

（3）加大煤矿区采煤–采气一体化开发力度，促进煤矿安全与效益的综合发展。

煤矿区的煤层气（瓦斯）开采不仅能够取得经济效益，更重要的是促进煤矿安全。因此，煤矿区采煤-采气一体化协调发展是煤层气产业发展的重要方向。

4）地热能

我国地热能研究与应用经历了三代：第一代为地热地质研究，即以地热地质勘探研发为主体，以简单的直接利用为标志。第二代为工程热物理研究，以换热器、热泵等地热利用设备的出现为标志。第三代为集约化功能研究，是通过地上地下一体化平台，对各种地热资源、设备、工艺参数进行整体优化组合的现代化地热系统研究。

尽管地热能发展潜力巨大、优势显著，但在我国的可再生能源发展中，地热能的排序比较靠后。这是因为地热能的特点在当今经济与技术条件下没有得到充分发挥所致。矿山地热能的概念最早在 1978 年提出，并逐渐在能源、水文地质、地下水等专业中开展研究。近年来，在矿区里开发利用地热能，用地热能逐步代替传统的化石能源，是我国可再生能源发展的又一个新亮点。一方面，从原矿区开发过程中获取了大量地热资源的信息及数据，节省了地热能勘探与基础研究成本，将原矿井（如资源逐渐减少的油井、煤矿井、金属矿井等）转为地热井，事半功倍。另一方面，可利用其原有的部分设备和设施（或加以适当改造）进行地热开发，从而提高地热资源的采收率。因此，加大地热能的基础科学研究和技术研究力度是十分迫切和必要的。

2.2.2　学科主要基础科学问题

关键科学问题：①开采工程岩体本构关系；②开采条件下多相、多场耦合作用大变形破坏机理；③复杂条件下开采机器人化（机械化、信息化、智能化）的多信息融合分析和决策模型；④极端寒冷或高温等条件下的岩石本构关系与深海采矿机器人化、智能化、多信息融合分析和决策模型。

主要研究方向：①工程岩体力学的理论，包括工程岩体本构关系、平衡方程和工程岩体稳定性评价和设计方法；②高应力岩爆和冲击地压的机理研究、控制、监测及预报方法；③露天开采中滑坡灾害机理、控制、监测及预报理论与方法；④深井开采高温高湿矿井的热害机理与调控技术；⑤千万吨级综采工作面机器人化（自动化、信息化、机械化）；⑥深井开采矿压新理论及切顶卸压自动成巷先进技术；⑦矿山岩体多尺度、多相、多场耦合作用流体运移及瓦斯动力灾害控制、监测和预报技术研究；⑧月球环境下的岩石力学基础理论及基础力学实验研究；⑨近海海域深海采矿自动化、信息化、机械化技术的研究。

1. 采矿工程

采矿工程的本质是大规模的岩体开挖过程与活动，这一开挖过程包含了目的相反的两个行为：一方面是开挖岩体或矿体的破碎过程，另一方面是对开挖空间围岩的稳定与维护过程，使开挖空间围岩稳定，以保障作业安全，由此引出了采矿工程学科的主要基础科学问题。

1）岩石（岩体）基础性质研究

岩石（岩体）基础性质是研究采矿学科的基础。研究岩石（岩体）一些基础的物理、力学、电学、磁学、光学等性质，尤其是采动影响后的性质变化及开采工程扰动后的性质特征，如开挖空间围岩性质、瓦斯抽采（排）后的煤体性质、注浆改造后的矿岩性质。研究矿岩的微观、细观与工程上的宏观尺度的性质，服务于不同的研究阶段和工程。

2）采矿大规模动态开挖引起的围岩体力学响应

矿岩体属于非连续的、各向异性的、非均质的、具有"弹-塑-黏"性质的复杂介质。采矿引起的应力、位移和裂隙分布是采矿科学研究的基础问题，其分布与地壳中的原岩应力分布、矿岩体力学属性、采场与巷道布置、开挖形状与规模、开采与开挖程序、围岩稳定控制方法等有关。研究成果可以用来指导采矿工程布置、开采方法和开采顺序确定、研发有效的围岩控制技术、矿山顶板与冲击地压等灾害防治、地表移动预计与防治、露天矿边坡设计等。

3）矿岩破碎机理

矿岩破碎是采矿工程学科的主要研究方向之一。在采矿生产中的巷道掘进、采矿工作面落矿、露天矿台阶矿岩松碎等都需要大量的矿岩破碎工作，可以说矿岩破碎是采矿的基础工作之一。

矿岩破碎就是要研究对于不同矿种、不同岩种在爆破作业和机械作业等方式下的破碎机理、难易程度、破碎效果和范围、爆破冲击和机械切割等能量与破碎能量的关系，用来指导巷道掘进施工、工作面落矿（煤）方式与爆破工程设计、切割机械设计等。

4）采动覆岩结构

在煤矿开采中，研究覆岩结构是采矿工程学科的基本研究内容之一。当煤层厚度不同、倾角不同、开采方法、开采过程和阶段不同时，形成的覆岩结构及对采矿工程的作用会有所不同。利用覆岩结构研究成果，可以指导工作面与巷道的顶板压力计算、采场支架设计、区段巷道设计、煤柱宽度留设、覆岩与地表移动规律及控制等。

5）采矿系统理论与科学开采

进行采矿工程的系统研究，运用系统工程思想和资源经济学理论，合理开采矿产资源、保护环境、获取最大开采效益是采矿工程学科所要面对的一个基本科学问题。根据开采矿产不同、开采要求不同、矿产资源赋存条件不同等，建立适合各种开采类型的采矿工程系统理论与模型、经济评价理论、环境协调理论等，用来指导矿区开采规划、采矿方法选择、采矿工程布置、采矿工艺优化、矿区环境修复等，促进矿产资源开采的科学化，实现安全、高效、机械化与自动化、高资源回收率、保护环境与修复的科学开采。

6）高强度速凝充填材料研发

充填开采是解决"三下"资源开采的最好方法，也是解决底板带压开采、坚硬顶板条件开采、缓解和避免冲击地压等的好方法。充填开采面临的主要问题是充填开采成本高、开采效率低。研发适合于煤矿、金属矿等大面积充填的低成本、高强度速凝充填材料是解决我国矿山充填开采的核心问题，也是采矿工程学科在新形势下面临的基本科学问题之一。

7）矿山塌陷区与排土场土地等环境治理理论与技术

解决矿山塌陷区和排土场土地治理问题，必须与矿山开采的客观实际相结合，建立适合矿山环境的土地治理理论、植被修复技术、地下矸石山处理技术等，同时要解决矿山废气、废水等排放物治理问题，打造绿色矿山。

2. 矿山压力与开采沉陷

矿山压力与开采沉陷研究主要涉及以下基础科学问题。

1）采场顶板和巷道围岩控制理论

采场支护理论基础，归结于"支架-围岩"关系。为了建立起定量的"支架-围岩"关系，把直接顶按给定载荷处理，把基本顶按"限定变形"考虑，可以建立起支护强度与直接顶、基本顶下沉量之间的关系，称为"位态方程"。如何进行可靠力学表达尚需进行研究。特别是浅埋与深埋煤层开采中，支架工作状况也有很大不同，充分考虑浅部与深部岩层属性及应力环境，如何建立起科学的"支架-围岩"力学关系，仍需要深入探讨。

深部巷道围岩破坏是由帮、底逐步向顶板发展的[10,11]。巷道周围煤体中出现塑性区和片帮会造成巷道跨度增大。当巷道跨度过大时，顶板便有可能沿巷道两侧整体垮落，造成冒顶事故。随着深度的增加，巷道围岩变形和破坏范围都有明显增大。因此，深部巷道围岩控制，不仅要控制顶板，还包括两帮和底板在内的整个围岩，都属于控制的范畴。对围岩进行锚固强力支护是必要的，但锚固支护深部巷道围岩提供的稳定性程度，特别是受到多次采动影响以后，锚固围岩破裂演化及强化加固理论尚需深入研究。

2）矿山地下围岩结构稳定性理论研究

大多数矿山岩体工程是非永久性的，支护成本不能过大。保持围岩与支护结构稳定性是矿山地下工程的最重要任务之一。

矿山岩体通常是赋存有固相、液相和气相（多相）并呈相互作用的三相介质体。在水、气、热等复杂环境因素耦合作用下，矿山岩体的流变、塑性变形、长期强度等时效因素可能更为突出，软岩、节理裂隙或深部高应力、高温条件可能是矿山岩体流变破坏和失稳的最主要原因，这是许多矿山工程设计必须考虑的问题。

随着我国矿山开采向深部发展，浅埋矿区覆岩破裂演化方面的研究需要完善，深部、复杂环境条件下采动围岩破裂演化基本规律和破坏失稳力学判据等更需要进行深入研究[12,13]。

矿山岩体结构失稳破裂灾害（如岩爆、冲击地压）是一个远离平衡态的非线性过程，它具有非线性理论所描述的一些特征。因此，从非线性理论的高层次上研究岩石失稳破裂和它伴随的前兆信息之间的关系，不但有利于从整体上把握岩爆的前兆和失稳之间的关系，而且可以从非线性理论这一侧面重新认识岩爆发生的机理，为预测、预报岩爆等地质灾害提供必要的理论基础[14]。

3）矿山岩体的本构关系

矿山岩体的本构关系就是研究矿山开采条件下岩体的力学响应规律，是矿山岩体工程结构力学分析的核心因素之一。随着矿山开采向深部发展，硬岩矿山围岩在高应力条件下的失稳破坏（如岩爆）和软岩矿山围岩的大变形时效问题受到了广泛关注，硬岩与软岩的本构理论研究已成为矿山岩体力学研究中的热点[15~17]。矿山岩体本构关系研究中应考虑开挖过程，在岩样力学试验中的应力路径应与实际开挖过程相符或相近。同时，针对岩体破坏过程中峰后力学特性有待进一步深入研究。

处于峰后的矿山岩体往往需要保持工作状态。峰后岩体的结构形态、物理特性及长期稳定性、渗流特性等力学特性发生明显改变。因此，研究复杂环境下峰后岩体破坏的力学特性及相应的本构模型极为必要。

矿山地下工程通常是多相介质、多种过程的耦合过程，研究多相、多过程耦合作用中矿山岩体的强度和本构理论是矿山岩体本构理论研究的另一项重要内容。

4）矿山岩体流变力学特性研究

发生于矿山岩体工程中的各类岩石流变，对矿山压力、岩体移动、矿山工程结构稳定性等都有重大影响。蠕变可使得稳定的岩体边坡蠕滑，甚至突然失稳。岩石流变将引起采空区地层结构随时间调整，改变岩体的结构弱面及其空间结构，采动地层可能发生蠕变密实，也可能发生蠕变破裂，从而改变地层的水力学特性和水系流动规律。因此，研究软岩、硬岩和破坏岩石的流变力学特性及其与水力学行为之间的耦合机制是重要的研究方向[18]。

5）矿山压力与岩层移动的数值计算方法

数值计算方法已成为各种采矿工程问题分析的有效手段之一。采矿工程中的数值计算不仅需要考虑岩体结构的多尺度缺陷、裂隙、节理、层理、断层等地质因素和巷道、采场、联络道、通风井、放矿漏斗、井底车场等采掘空间几何结构，而且还需要考虑矿山岩体内受自重应力、构造应力流体压力等复杂应力作用，外部是开挖扰动引起的加载、卸载等应力场调整，初边值条件变化及矿山岩体通常受多相、多过程的耦合作用。应研发我国独立提出的计算力学方法或具有自主知识产权并在国际上有一定影响的数值分析系统。

6）矿山工程中的实验及监测技术

矿山岩体工程的力学实验技术发展需要强调以下几个方面：多相介质、多过程耦合作用下岩石性态的实验技术与试验机的发展，如热、渗流和化学作用下的岩石性态；三轴试验岩石内部结构演化的观测技术；大尺寸试样试验机和尺寸效应实验技术；深部地应力的测试技术；原位岩体特性的试验技术；多尺度岩体微结构破坏及其相互作用过程的实时扫描和影像重构技术；矿山结构的大型物理模型及实验系统等。

岩层运动与矿山压力分布监测需要深入研究不同类型监测物理量与岩层破裂变形之间的对应力学关系、不同监测物理量岩层破裂变形可监测性与可辨识性等科学问题，特别是地球物理监测理论与方法需要进一步深入研究。

7）矿山岩体渗流力学

利用 CT、核磁共振、光学扫描等技术，快速获取矿山岩体微米甚至纳米级孔隙几何拓扑结构、孔隙与裂隙的分布特征、孔隙和裂隙表面的粗糙度、空隙中矿物颗粒、流体在空隙空间与表面的赋存形式、空隙分布与渗透率的关系、多相多组分流体在空隙中的分布形态，实现真实三维岩体空隙结构的快速重构。在此基础上，应用先进的测试方法和高性能的计算、观测、模拟和计算手段，从微细观上研究矿山岩体内渗流的物理、化学、和力学细节、机理和规律，结合室内实验室物理模拟实验和现场工程监测，从多尺度角度，对矿山岩体内流体渗流特性进行研究，建立突破传统观念的新的渗流理论和新的数学模型，是矿山渗流力学研究的重要内容。

应力、温度、化学腐蚀等都会引起岩体空隙（孔隙、裂隙）结构的变化，并影响岩体的渗流场。反过来，渗流场的变化也将引起应力、温度、化学等的变化。不仅如此，矿山岩体内的渗流还存在相态变化，如煤层气开采中存在着瓦斯吸附解吸现象，湖盐、井盐卤水开发中的结晶和反结晶问题，因此揭示多物理场、多过程之间的相互作用机制和规律，将为矿山岩体工程灾害机理研究和防治提供基础。

8）矿山环境灾害及防治

矿山资源开采需要发展与环境协调的绿色开采技术，研究保水开采、无害开采、绿色采矿、注浆加固等技术基础。同时需要研究适合不同地质与采矿条件，矿山压力、围岩控制和地表沉陷有机统一的开采沉陷动静态预测模型和预测方法，深部资源"三下"开采理论，高强度开采对矿区生态环境影响等科学问题与关键技术，资源开采对生态环境的影响机理及减灾理论与技术，矿山环境修复的理论与方法，矿山废弃物减排、处置与资源化技术和矿山环境监测，评价与预警技术等，实现与环境协调的矿山资源开采。

9）极端条件（地震）下矿山采空覆岩与周边工程结构互馈理论

在矿山开采过程中及开采后，形成的大规模采空区及地表沉陷给地表工程结构埋下了隐患。在极端条件（地震）下，采空覆岩与地表再次移动和变形，引发覆岩巷道变形失稳、地表塌陷变形、边坡滑坡与崩塌，对地表工程结构体影响极为严重。因此，深入研究矿山采空覆岩与地表工程结构互馈理论，探讨采空区覆岩稳定性判据和地表变形及预测理论，对覆岩与地表结构工程的保护、实现矿山可持续发展等具有重要的理论与实际意义[19]。

10）矿山多种、多相耦合动力灾害演化理论

随着矿山开采深度的加大和赋存条件的恶化，矿山开采的力学环境、煤/岩体的组织结构、基本力学行为和破坏特征及工程响应发生变化；需要研究多种、多相等多因素耦合致灾特征及冲击地压、顶板大面积来压、矿震等动力灾害演化理论。

11）岩层运动非线性动力学理论

岩层运动灾害孕育是一个典型的非线性的力学系统。现代广义非线性系统科学，如突变理论、分形理论、分叉理论、耗散结构理论、混沌理论、系统稳定性理论等，已用于研究矿山工程岩体结构非线性破坏和失稳问题分析中。结合深部采矿力学灾害共性问题，继续借鉴现代系统科学理论成果，深入探讨深部各类岩层力学灾害孕育机理及预测动力学理论，仍是今后一段时间内需要研究的基础科学问题[20,21]。

3. 矿井建设

矿井建设包括井筒建设、煤巷支护、岩巷支护与采场支护等四个方面的基础科学问题。

1）井筒建设基础理论

研究深厚表土层的高地压、高水压分布规律，深部人工冻土的本构关系、加载与卸载力学行为、破坏准则和强度理论；厚冻结壁的承载强度理论及变形性能、冻结壁的合理结构形式及稳定性；多圈管冻结地层的温度场、水分场、应力场三场融合力学理论模型，深部高压环境下冻结壁的形成机理、承载强度与变形破坏特征；岩层的孔隙水压力、孔隙率和骨架应力间的理论关系，纳米注浆新材料及其浆液制备、注入与加固堵水机理；深井地层变化引起井壁多相应力场非均匀作用规律，井筒围岩非均匀复合压力作用下的稳定性、非均匀压力下井壁围岩变形控制机理；复杂地层的井壁支护结构形式，钢-高强混凝土复合井壁的物理力学特性及其与岩土层间的水、力相互作用规律，井壁承载变形与冻结壁、土层间水、热、力相互作用规律。

2）井筒建设破岩机理

研究深部压力下岩土层钻进大直径钻头破岩机理、护壁泥浆性质及支护机理；深井复杂地层多相应力耦合环境下深孔光面爆破机理，高地压下高效冲击凿岩机理、深孔控制爆破对井壁围岩的损伤规律。

3）煤巷围岩应力场演化及变形破坏机理

研究深部高地应力煤矿井下综合应力场演化规律；高地应力煤岩体损伤破坏特征及煤与瓦斯耦合作用机理；深部煤矿开采顶板垮落及相关岩层灾害成因与致灾机理。

4）煤巷围岩控制方法

研究基于应力控制的深部煤炭开采顶板垮落及相关岩层灾害监测与防治基础；动压影响下高应力巷道围岩应力转移方法；锚杆杆体材料、杆尾配套构件与巷道围岩在受到巷道掘进与工作面回采强烈采动应力作用下的非协调变形规律；高强度可缩性金属支架、架后充填及高预应力锚杆联合支护机理；松软破碎围岩巷道有机、无机注浆加固机理。

5）岩巷围岩破坏机理及控制方法

研究多场耦合作用下岩巷工程围岩的力学响应特性；深部岩巷工程围岩大变形时空演化特征与致灾机理及灾害发生过程中的应力分布和能量场的时空演化特征；适应岩巷大变形特征的岩巷支护新材料及其支护理论；岩巷支护远程智能自动监测系统和设备相关基础理论。

6）采场围岩破坏机理及控制方法

研究复杂采矿扰动条件下采场覆岩结构的形成、承载、垮落或失稳机理；基于宏观动力学响应的采场围岩体细观损伤及变形演化机理；动静载荷综合作用下采场支架-围岩相互作用关系基础理论；基于多重介质属性的采场煤岩体-支护系统-采空区矸石组合承载特性；高强度大扰动开采围岩灾变演化进程及控制基础理论；冲击载荷下重型支架结构件变形和液压系统动力学响应特性基础理论。

4. 矿山安全

矿山安全的基础理论研究是灾害防治工作的源泉和根本。只有揭示事故的孕育条件、灾害的介质属性、事故致因和灾害发生机理，摸清事故发生、发展及演化过程，探索灾害预测预报的敏感性指标或参数，才有可能寻找防止事故发生的途径和方法。

1）煤矿瓦斯灾害预防理论

随着矿井开采深度增加，传统的煤与瓦斯突出矿区突出危险性更加严重。另外，高瓦斯、高地应力、低透气性煤层的瓦斯抽采困难，煤与瓦斯突出的机制及其影响因素的动态耦合性与演化过程不明，瓦斯灾害的实时准确监测预警准确率和有效性有待提高，煤与瓦斯突出机理有待于进一步完善，煤与瓦斯相互作用的细观、微观机制等方面的研究较少。因此，深入研究煤矿瓦斯动力灾害综合防治基础理论，对有效地防治瓦斯灾害，保障突出危险煤层的安全高效开采具有重要的现实意义。

在瓦斯爆炸作用机理方面，对瓦斯多次爆炸、连续爆炸的机理和井下复杂环境对瓦斯爆炸冲击波和火焰传播过程的影响规律及其抑爆新方法进行研究，另外，低浓度瓦斯的安全输运和利用问题，也需进一步研究。

2）通风与火灾防治基础理论

煤自燃是我国煤矿面临的主要自然灾害之一。随着采深加大，地质环境更为复杂，井下作业环境温度越来越高，加上通风路线长、阻力大，使得煤矿开采中面临的煤自燃威胁更大。煤自燃机制体系尚不完善，煤自燃特性的基础研究、煤层自然发火初期的预测理论有待进一步研究。近年来，矿井开采强度加大，采空区范围不断扩大，通风系统相对复杂化，使得煤层自燃危险性有明显增大趋势，有必要研究风机、热力风压、大气压力耦合作用对与地面、其他采空区连通的采空区流场、浓度场和温度场分布的动态影响。

3）矿井水灾防治基础理论

我国煤矿受水害威胁严重，灾害损失大。近年来，水害防治技术得到了较大发展，已成功研究出可以探测采场周围一定范围内的含水、导水构造的防爆直流电法仪等物探技术与装备。但矿井水害致灾机制研究还十分薄弱，矿井水害超前探测、预警等方面还需要进一步研究，提高准确性。尤其是对老采空区积水的分布范围、远距离的超前探测等理论需要进行攻关研究。

4）粉尘、职业危害防治理论

对于我国煤矿来说，粉尘作为煤矿生产的伴生物，如何采取有效防尘措施，降低采煤工作面、掘进工作面等煤矿区域粉尘浓度，已是迫在眉睫的问题。粉尘治理过程中气、液、固多相流扩散、耦合机理；光散射、射线法等不同测尘原理的测量误差生成及控制机理；粉尘、噪声等职业危害的发病机理几方面，"十三五"期间都应加大资助强度，破解我国职业危害防治与监测的薄弱之处，形成粉尘瓦斯复合治理、工作面呼吸性粉尘防治与呼吸性粉尘监测等优势方向，构建我国粉尘、噪声等职业危害的应用基础研究的国际领先地位。

5）矿井热害防治理论

矿井热害问题已经受到国内外学者的高度重视，许多学者对此进行了广泛的研究，提出了一些热害控制对策，如：增加通风量、人工制冷降温等。但是，深部高温矿井由于其埋深大，穿透岩层的数量和种类多，开采系统路线长、热流边界特别复杂，对热害的防治提出了一系列迫切需要解决的问题。如：通风量的增加会引起主扇能耗的增加且降温效果有限；人工制冷降温虽然效果较好，但初始投资和运行成本高，且冷损耗大，寻求经济有效的矿井降温方法已迫在眉睫。

深部采动作用下渗流场与巷道围岩体的温度场耦合作用以及渗流作用下的巷道围岩与风流温度场的热湿传递研究是矿井降温技术的基础问题之一。对此应开展研究，进一步揭示水、岩、风三相耦合作用机理，深部岩体内外热传导、热对流和热辐射等热交换规律及其对岩体内外温度场时空分布的非稳态作用机理。

6）安全监测监控理论

矿井环境及安全监测方向的研究主要集中在环境监测传感原理及传感器的开发、监测数据的深度挖掘与分析利用、安全状态分析等方面；地球物理探测是以介质物理性质差异为基础，通过观测地下物理场的分布及其变化规律来研究是否存在地质异常体等问题的物探技术。国内外主要利用矿井直流电法、矿井地震勘探技术及瞬变电磁勘探技术进行地质构造探测及矿井水防治，已广泛应用于巷道工作面、顶板、底板及工作面富水区及构造探测等。国内外学者研究了基于主动地震勘探技术的煤矿冲击危险区 CT 探测原理及响应规律，近年来又提出了基于被动矿震定位监测技术的煤矿冲击危险区探测原理、方法及响应规律等；针对煤岩动力灾害监测，国内外目前主要采用传统的人工钻孔法及新兴的地球物理方法对上述灾害进行监测预警。"十三五"期间在矿山灾害风险因素感知传播理论，矿山隐蔽灾害区域精细探测、评估理论，矿山重大灾害动态演化及实时自动监测预警理论，矿山灾变环境及灾害致灾过程监测、矿山灾害防治过程及效果探测、监测、评估理论等方面需要进一步研究。

7）非煤矿山安全

目前，非煤矿山安全研究方向主要还集中于应用研究方面，如非煤矿山典型灾害的预防技术、采空区探测及治理技术、尾矿库安全监测技术等方向，多依赖于国外先进技术的引进、消化和吸收，并用于解决某一实际问题。对典型事故的机理、诱发机制、超前预报理论等方面还缺乏系统而全面的研究。基础研究薄弱，非煤矿山安全科研机构与科研人员的装备水平和创新能力较差，一些影响非煤矿山安全生产的本质问题还未准确定位或彻底解决，造成重大事故隐患的一些技术关键长期未得到有效解决。

5. 矿井新能源

矿井新能源的基础科学问题包括以下几方面。

1）页岩气

中国页岩气经过近几年的发展取得了长足的进步，但鉴于页岩气储层（包括泥岩）地质条件复杂，研究程度较低，目前除在涪陵焦石坝等几个区块取得商业化开发外，至今尚未实现页岩气开发产业化。基于这种客观现实，中国页岩气如果要实现大规模产业化开发，必须以中国特殊的地质背景为研究基础，重点解决以下几方面的基础科学问题。

（1）富有机质页岩区域划分及有利富集区预测问题；

（2）不同沉积相（海相、海陆交互相与湖相）、不同构造变形区、不同成熟阶段的页岩气赋存特征及其差异性问题；

（3）页岩储层的岩石力学性质与孔裂隙的耦合关系问题；

（4）页岩气、煤层气和致密砂岩气多气聚集和共采的地质理论与工艺技术问题；

（5）页岩气开发组合井型设计和钻完井问题；

（6）泥页岩层储层改造问题。

2）致密气

中国致密气已取得了飞速的发展，但对于致密气的勘探和开发还有一系列的问题有待研究。基于这种客观现实，我国致密气如果要实现更大规模的有效开发，需重点解决以下几方面的基础科学问题。

（1）致密气储层储气机理；

（2）致密气源、储分级评价问题；

（3）致密气层识别和"甜点"预测方面问题；

（4）致密气储层水平井钻井优化设计和钻完井问题；

（5）大型水力等新型高效压裂理论与技术问题。

3）煤层气

煤炭开采过程中，随着回采和掘进工作面的推进，打破了煤-岩-流体的力学平衡，引起"裂隙场、应力场、压力场、温度场和水动力场"等变化，这些变化引起煤层气赋存条件的改变，导致煤层气发生解吸-扩散-渗流作用。因此，矿井采动区煤层气抽采的主要基础科学问题包括以下几个方面。

（1）揭示采动区"裂隙场、应力场、温度场和水动力场"分布特征、时空演化规律及相互耦合作用；

（2）采动区多场耦合作用对煤层气解吸-扩散-渗流作用机理与影响效应；

（3）采动区多场耦合作用条件下煤层气运移动力学特征及运移规律；

（4）煤与煤层气共采的时空协同作用机制与优化理论；

（5）矿井采动区煤层气安全高效抽采评价理论与方法等。

4）地热能

矿区地热能的研究范围包括矿区天然温泉热能、矿区浅层地热能、矿区深层地热流体、矿区干热岩地热能等，其基础科学问题主要包括以下几方面。

（1）矿区地热能成因与评价方法研究；

（2）矿区天然温泉热能的开发利用及环境保护基础研究；

（3）矿区浅层地热能开采、回灌、储能、发电、热利用及环境保护基础研究；

（4）矿区深层地热流体的开采、回灌、储能、发电、热利用及环境保护基础研究；

（5）矿区干热岩体地热能的高温超深钻探、地热流体输送、温度场特征、发电、热利用、环境保护及恢复周期等基础研究；

（6）废弃老矿井温度场研究，包括废弃老矿井围岩温度场变化特征、影响因素等；

（7）废弃老矿井热质交换基础研究，包括开口热力系统中风-岩热质交换规律、水-岩热质交换规律、残余煤炭、硫化物以及有机物质的氧化放热特征等。

2.3　矿物分离学科

2.3.1　学科发展规律与态势

从远古时代的淘金到现代的各种矿物分离技术，矿物分离学科的发展与矿产资源的开发相辅相成，大致经历了三个阶段：

第一阶段（生长期），从远古至 20 世纪 20 年代前后，从天然矿石中分选出有用矿物的"选矿"技术的起源与形成。

第二阶段（发展期），从 20 世纪 20 年代至 60 年代前后，矿物分离技术、理论与矿物分离学科的形成。

第三阶段（成熟期），从 20 世纪 60 年代至今，随着世界经济的快速发展，一方面，人类对矿物资源的需求不断增加；另一方面，矿物资源中富矿减少、贫细杂矿物资源增加，常规的矿物分离技术与理论已不能完全适应并解决这些问题。

矿物分离学科的发展应着眼于未来矿产资源的开发，并进行前瞻性基础科学问题的研究，同时拓展研究领域。近几十年来，物质分离及相关学科的科技工作者在矿物加工学科及交叉学科领域进行了大量的基础理论与工艺技术研究。同时，由于相邻学科的发展，如岩石力学、化学、电磁学、生物学、计算机科学与技术在矿物分离学科领域的应用，一些新的矿物加工学科领域已初露端倪。研发各种功能性矿物材料、无机非金属材料，与金属材料、有机高分子材料等科学相融合，如超细矿物粉体材料在石油化工行业中的应用，煤炭为化工行业提供气化、液化原料等。

　　未来，矿物分离学科的发展将围绕高效、精细、低耗矿物分离过程及过程强化而展开，并将逐步形成新的学科领域，为建立新的分离学科理论体系提供基础条件，主要体现在以下几方面。

1. 工艺矿物学

　　工艺矿物学的发展是伴随着人类对矿物资源认识水平和利用水平的不断提高而发展起来的。从远古时期，人类只能认识和利用少数几种矿产，如铜、铁、黄金等，发展到目前，已有 170 余种矿物资源得到了大规模开发利用。与此同时，随着人类对矿物种类、成分、结构和性能的认识程度的不断提高，一方面，促使矿物加工技术从早期的人工拣选、手工作坊式生产，发展成为包括众多分选方法的现代矿物加工工业；另一方面，随着对新型矿种和复杂矿物资源的开发利用，矿物分离工业也不断地向工艺矿物学提出新的研究课题。因此，工艺矿物学与矿物分离科学技术的发展是相辅相成、相互渗透、密切相关的。

　　根据矿物分离科学及相关学科的发展战略需求，现代工艺矿物学的主要研究内容为矿物的晶格构造及晶格缺陷及其对矿物物化性质的影响。传统的研究内容一般是指矿物在常温常压条件下的化学组成、晶体结构、形态、物理性质和成因产状，以及它们之间的相互关系等，是矿物学基础的重要组成部分，其相应的分支学科方向已为大家所熟知，如传统矿物学、黏土矿物学、造岩矿物学等，已经形成了传统矿物学的发展规律。

　　由于研究目的和侧重点的不同，地质学中矿物学主要服务于地质成岩成矿等方面的研究，大多未涉及矿物学性质与矿物可选性之间的关系，尤其是矿物晶体结构与表面性质的关系、晶体缺陷与杂质对矿物表面及分选性质的影响等。而有关人工合成矿物学中矿物相变机理及组分迁移机制的基础研究更是鲜有涉及。因此，地质学中的矿物学研究成果对矿物加工领域的贡献有限。矿物的物理化学性质研究是相对空白的领域，研究内容也相当广泛，涉及矿物在一定物理、化学条件（如温度、压力、辐射等）下的化学组成、晶体结构、成因产状等因素对物理化学性质的影响，以及它们之间的相互关系等，尤其是这些性质在一定物理、化学条件下发生变换的过程（矿物变换过程）。迄今为止，这是矿物学发展和应用前景最为广阔的领域，并赋予矿物学更强的生机与活力。如果说，传统矿物学已有较好的基础，那么对于以矿物物理化学性质为研究内容的现代矿物学的研究才刚刚开始，其中矿物变换过程及矿物表面结构与特性是近年来矿物学中最为活跃的研究领域之一，也是把握矿物学与技术制高点的关键。

　　由此可见，现代工艺矿物学是以传统矿物学、黏土矿物学、结构矿物学、系统矿物学、矿物变换过程、矿物表面科学等为基础的学科方向。同时，矿物学的研究对象及其复杂性决定了它是一门交叉学科方向，与天、地、生、数、理、化以及材料科学、环境科学等学科都有密切关系，因此，通过与相关学科知识的运用与融合，来研究矿物的本质，使矿物学的研究与应用领域不断拓展，产生了众多的交叉分支学科，为矿物分离等更多的学科领域服务将成为矿物学未来研究方向的主要发展态势。

2. 矿物分离机制与方法

低品位复杂矿的高效浮选分离及综合利用是矿业领域世界性难题，其核心是矿物-药剂-溶液-气泡相互作用的界面物理化学问题，涉及药剂在矿物表面吸附与界面化学反应；矿浆中各组分与矿物表面间的界面相互作用，矿粒间界面相互作用力与矿粒的聚集和分散，矿物颗粒与气泡的碰撞及黏附等界面综合作用问题。

颗粒与颗粒相互作用分离机制与方法主要是研究颗粒在各种力场，包括磁场、电场、流体场（离心场、特殊重力场）中的运动规律，及其模拟计算优化和调整。同时进行新型分离场的设计及新型设备的研制和工艺应用研究。界面与界面相互作用研究主要包括气泡与颗粒、气泡与气泡间相互作用，界面间润湿性、电性、反应活性、表面形貌及表面产物的变化表征、检测及其应用，界面间的电化学反应与浮选关系，颗粒的聚集分散和调整，多金属氧化矿、硫化矿的浮选分离方法，废水对界面影响及其回用，二次资源和废弃物界面性质及其调控。矿物颗粒与药剂界面相互作用研究主要包括现代浮选药剂的定量构效方法（QSAR）设计技术，高效浮选捕收剂、调整剂、起泡剂的设计开发，药剂分子的设计和界面组装技术，浮选药剂的绿色合成技术，浮选药剂的检测与表征技术。

经典的浮选剂分子设计主要考虑药剂结构本身，建立通过强静电、氢键或化学键作用于矿物表面不同位点的双极性基浮选剂分子组装设计新思路，并借助计算机模拟等手段，探讨矿物不同暴露面与浮选剂的选择性作用差异，通过 QSAR 模型建立浮选剂的结构-性能关系，组装设计具有高选择性的浮选药剂。

矿物颗粒的贫化和风化，会破坏矿物晶体结构，在矿物表面产生位错和缺陷，使得矿物表面反应性增加且矿物间表面性质相似，导致药剂的非选择性吸附增大。通过研究矿物晶体物理化学性质，确认矿物的解理性质和晶体生长习性。研究建立不同矿物常见暴露面上表面活性质点的排布特征和反应活性差异影响矿物与浮选剂作用的微观机制。

随着矿物颗粒的减小，其动量也随之减小，从而导致颗粒与气泡碰撞的概率降低，矿粒与气泡之间的能垒难以克服，致使颗粒不易于被气泡捕捉，降低浮选速度和浮选回收率。针对颗粒间相互作用、颗粒与气泡碰撞与黏附，颗粒-气泡结合体上浮过程中气泡的兼并与破裂及颗粒的脱附等微观机制展开深入研究，对有效改善微细粒矿物的浮选捕收具有重要意义。

3. 矿物分离过程及强化

为了从贫细杂矿物资源中有效地分离、富集有用矿物，充分合理地利用矿产资源，近几十年来矿物分离及相关学科的科技工作者在矿物加工学科及交叉学科领域进行了大量的基础理论与工艺技术研究。同时，由于相邻学科的发展，如岩石力学、化学、电磁学、生物学、计算机科学与技术等在矿物分离学科领域的应用，一些新的矿物加工学科领域已初露端倪。矿物分离发展将围绕高效、低耗矿物分离过程及强化而展开，并将逐步形成以下 6 个研究方向。

（1）基于力学原理的分离过程强化。以岩石力学、断裂力学、晶体化学为学科基础，通过施力方式优化，提高矿石破碎过程中间晶破裂的比例，降低穿晶破裂的比例，从而达到降低粉碎过程能耗、改善矿物解离状态、提高分选指标的目的。

（2）基于化学原理的分离过程强化。以化学基本原理为基础，采用化学方法对难选矿石进行前期预处理以强化后续分选过程。在该过程中，通过矿石中的矿物与介质，或矿石中各种矿物之间发生化学反应，而改变矿石矿物或脉石矿物的性质，从而达到分离过程的强化，改善分选效果的目的。

（3）外场对分离过程的强化作用机制。以电磁学、静电学等为学科基础，采用电脉冲、磁脉冲、微波等外场对矿石进行处理后，弱化矿石中矿物颗粒之间的界面结合力，为后续的高效磨矿及分选奠定坚实基础。

（4）分选工艺优化对分离过程的强化作用。研究选-冶联合、多种分选（重、磁、浮）工艺联合处理技术；通过工艺优化，降低磨矿、选别过程的能耗，改善选别指标。

（5）高效药剂对分离过程强化机理。根据量子化学、有机化学、表面化学原理研究药剂的结构与性能关系，针对特定的用途，设计、研发新型专属性、高效矿物加工用药剂，强化矿物分离过程，提高选别指标。

（6）基于数值模拟的分离过程强化。依托计算机科学与技术的发展，研制选矿厂各工序的单元作业、机组的动态模型及过程模拟，建立矿物加工过程专家控制系统，并将专家控制系统与最优适时控制结合，达到根据矿石性质变化适时调整生产参数，强化分选过程，使选矿生产保持最优状态的目的。

4. 矿物分离的绿色化

我国矿物分离学科依托特有的大体量矿物分离工业，以大型化分离设备研发，精细化分选工艺应用以及高效浮选药剂开发为主，正朝着分选进一步精细化、绿色化方向发展。矿物分离的绿色化涉及矿物加工工程、冶金工程、化学工程和环境工程等学科，需要各学科间的紧密联系与合作，发挥各自学科的优势与多学科的协同发展。近年来，尤其是中煤二次资源资源化加工再利用、矿山固体废弃物处理、矿区水处理等技术领域受到了越来越多的关注。

加强矿物分离绿色化综合利用技术的深入研究，研究矿物绿色分离的大量基础问题，可从根本上提供解决思路和技术原型，实现资源的合理最大化利用和环境友好，也可大幅度提升我国战略性资源开发利用效率，是缓解资源环境瓶颈的战略选择，经济、社会和环境效益显著，对社会的可持续发展具有十分重要的意义。对于提升国家矿物分离领域行业自主创新能力、增强核心竞争力具有重要的引领作用。

从总体来看，矿物分离绿色化研究正由宏观向微观纵深发展。国内中煤二次资源的高效分选的研究主要集中在工程实践方面，但缺乏支撑工程技术的基础研究；矿山固废资源综合利用领域则集中在有益元素的综合回收利用、大宗尾矿无害化处置、尾矿制备相关建筑材料、尾矿污染放置的机制研究、尾矿固废复垦处理等方面；矿区废水循环利用方面，因对矿山废水的循环特性、物理和化学性质认知不清，故我国矿山废水的绿色高效处理受限，未形成基于矿山废水全流程多目标的循环利用及水质调控方法，矿区水循环利用率一直处于较低水平。随着矿物赋存粒度进一步变细，意味着矿物分离尺度的变小，强化矿物分离微观层次的基础理论研究势在必行。矿物绿色分离的发展将围绕高效、精细、低耗矿物分离过程及过程强化而展开，并将逐步形成新的学科领域，为建立新的绿色分离理论体系提供基础条件。

5. 矿物材料

从总体来看，矿物材料领域研究经历了从简单提纯与分级到复杂改性与处理、从简单利用其物化性质到深加工与复合材料的制备的发展过程。

矿物材料不仅是冶金、机械、建筑、轻工、石化、农业、国防工业重要的基本原料，而且非金属矿物晶体材料及矿物制品又是现代计算机、集成电路、核能、激光、宇航等必不可少的新型功能材料。近十多年来，随着世界范围内对矿物材料科学研究的逐步深入，矿物材料也逐渐成为现代材料科学的重要组成部分，成为与材料相关的众多工业领域和相关学科关注的热点。矿物材料所具有的多种多样的优异性能，可以制造出各种功能材料，主要包括节能材料、新能源材料、航天材料、绝热材料、摩擦材料、电子材料等。这些材料在国民经济和科学技术等方面发挥着越来越大的作用。可以说，对实现建成小康社会目标具有重要推动作用的新材料产业发展，已经与矿物材料学的发展息息相关。

国外对于矿物材料的研究及利用兴起时间较早，在基础理论研究和应用研究方面主要有以下特点和动向。

　　（1）重视天然和人工矿物晶体的性能研究及其对矿物材料开发的基础研究。苏联较早成立了研究矿物原材料合成科研机构，并在人工合成矿物及其矿物材料应用方面形成了较大规模；日本在改性、改性矿物材料方面发展较快，其首先进行了蒙脱石/聚合物纳米复合材料基础理论和技术应用研究；欧美地区开发出以人工合成金刚石电子元件的新领域。

　　（2）重视矿物材料的原料及其应用领域的扩展和复合材料在高新技术领域的应用开发。美国将矿物涂层和多功能材料应用于航空航天产业，如具有极好隔热性能的矿物涂层。

　　（3）以矿物材料市场带动单矿物原料的系列矿物材料产品。日本以单矿物沸石为原料已经开发出了十几种在环保、固沙防旱、材料工业、农牧业、食品保鲜、防霉变、卫生、抗菌等领域的矿物材料产品。

　　（4）高科技含量的矿物产业快速发展。综合国外的矿物材料发展的特点，可以看出，欧美发达国家对于矿物材料的应用开发转变为研发和生产。

　　我国矿物材料在建材节能、环保矿物材料、化工矿物材料、矿物填料涂料、废弃矿物岩石再生利用等方面具有相对优势，但与发达国家相比，总体相对落后，集中表现在：①研发条件、科研成果转化为规模生产的不多；②产品少、档次低、质量差、结构乱。

　　开展矿物材料的深入研究和开发，针对目的矿物的晶体化学和结构特征，开发高性能的矿物材料、研制高效环保的选矿药剂和分离提纯工艺、节能降耗的矿物加工设备与技术，拓宽矿物材料的应用领域。

　　今后矿物材料的发展趋势将是交叉、融合相关学科（矿物学、矿物加工、材料、化工、冶金等），采用超细粉碎、精细分级、提纯、改性、改型、复合等深加工或精加工技术，发掘和提升矿物材料或制品的功能与应用性能。矿物材料基础研究是矿物材料功能与应用不断拓展的重要理论和技术基础，根据未来高新技术和新材料的发展趋势及《国家中长期科学和技术发展规划纲要（2006～2020年）》，重要的研究趋势包括：高纯化——提高材料的纯度，以使矿物性能得以更好地发挥；纳米化——获得纳米效应，提高复合材料的强度、凝胶性能等；功能化——获得光电、电磁、热电等效应，如抗菌材料（锐钛矿型 TiO_2）、热电压电材料（电气石晶体和粉体）等；高技术化——矿物材料摆脱传统材料领域，向高技术新材料领域渗透，如光纤材料、芯片包埋材料、屏蔽材料等。此外，随着科技的发展，矿物材料的外延也在不断发展。提取某些矿床或岩石中的特定组分，利用高新技术将其应用于新型材料或制品（包含合金材料），也是今后矿物材料研究的重要方向。

6. 矿物分离工程科学

我国的矿物分离自动化水平低，劳动强度大，技术经济指标低，而且由于矿产资源性质的多样性、生产过程的复杂性、工艺条件的随机性，单靠人工操作、凭借经验来手动调节各选矿变量，对工艺流程的控制既不准确又不及时，很难使生产维持在最优状态，难以达到理想的指标。因此，加强矿物加工工程科学基础研究，发展选矿过程科学理论体系，进行选矿工程的"数字化、最优化、自动化"机制的研究，实现选矿工业生产过程的优化与自动化控制，是解决这些问题的重要途径。

目前矿物处理相关模型大多基于单元操作的工艺指标而建模或用于预测工艺指标，且经验模型较多；而真正涉及过程机理（如不同矿物的破裂机制、破裂速率、颗粒的受力状态、磨矿进程中颗粒尺寸与形状的变化规律、泡沫特征与物料性质之间的量化关系、泡沫与颗粒之间的相互作用等）的模型将是未来矿物处理过程建模研究的主导方向。同时，突破现有模型的应用限制，推广其应用范围，如粗颗粒粒径分布计算模型在全粒径范围内的有效应用，也是建模研究的重要发展趋势。

动态优化控制系统、智能优化控制系统、模糊神经网络控制等控制与优化策略在磨矿分级过程控制与优化上的推广与应用，实现智能化控制，将是磨矿分级过程优化控制的发展方向。

浮选泡沫行为、过程动力学将是浮选领域的研究热点，而如何将不同的控制策略、检测技术相结合来实现对非线性环节、敏感参数的良好控制则是另一个研究趋势。尽管基础控制方面（如矿浆液位、气体流率、药剂用量控制等）已取得较大进步，但是，浮选过程控制与优化的发展目标将是高级优化与控制，即实现浮选回路的持续、稳定运行而不受矿物性质、操作条件的扰动。

此外，加强矿物处理设备性能的模拟与控制等科学问题的研究，进一步阐明分离过程设备性能的主要影响因素、影响机制和优化控制方法，从而实现矿物处理设备自主创新研发，是选矿分离工程科学发展的另一个重要目标。

总之，磨矿中的矿石粒度和硬度、浮选中的矿石可浮性和浮选产品品位、跳汰中的矿石密度差异等，均与矿物的单体解离、混合程度密切相关，突破矿物单体解离研究方面的瓶颈，实现矿物解离与分离过程全流程的优化与集成将是矿物处理过程控制与优化的最终发展目标。

2.3.2　学科主要基础科学问题

1. 工艺矿物学

矿物晶体结构与表面物理化学。主要基础科学问题是研究矿物晶体结构及缺陷对矿物表面性质的影响机制。主要包括：矿物晶体体相与表面原子构型、电子密度与分布规律；矿物晶体缺陷对晶体体相与表面性质的影响机制；矿物晶体体相结构与表面性质的关联性质；矿物表面物理化学特性的检测与分析；矿物表面的吸附特性；人工矿物的相变机制与多组分迁移规律；人工矿物表面原子构型与表面稳定性；人工矿物表面活性与吸附特性。

2. 矿物分离机制与方法

基于颗粒行为及界面调控的矿物分离机制。针对表面性质相似矿物之间的浮选分离，对矿物晶体结构、解理性质与结晶习性与矿物常见暴露面/浮选剂界面选择性作用，及细粒矿物聚集与分散等晶体及界面物理化学性质进行系统研究，探索矿物晶体结构与矿物表面物理化学性质及浮选剂/矿物界面选择性作用的内在关系；针对微细颗粒不易被气泡捕捉及捕捉后不易脱附的难点，研究矿物颗粒物理化学性质、水动力学因素、气泡大小与强度和矿浆溶液化学条件等因素对微细矿物颗粒间凝聚与分散及气泡与颗粒碰撞黏附等过程的影响机制，模型化强湍流状态下颗粒与颗粒、气泡与颗粒作用的过程，强化微细粒矿物的捕收；针对复杂多元氧化矿体系，研究多元矿物浮选行为及交互影响机制，实现多元矿物体系的分离调控。重选过程则针对临近密度难选颗粒在流场中分布状态、颗粒在粒群中受力和速度变化规律以及悬浮液流变特性对细颗粒的影响等运动介质中的颗粒行为研究，降低矿物颗粒形状、杂质嵌布等干扰因素造成的分选错配，实现矿物颗粒的密度分选。磁电选主要是不同磁电性质差异颗粒间的分选行为调控。

3. 矿物分离过程及强化

复杂难选矿物分离的多元外场协同及过程强化。针对我国复杂难选矿物的特性，以多学科交叉、合作的研究模式，系统开展矿物分离过程及强化的基础性研究，通过不同方式的强化，改变矿物化学组成及其结构、构造，增大目的矿物与脉石矿物分离特性的差异，提高矿石的可选性，实现复杂难选矿物的高效开发利用。主要基础科学问题包括：矿物分离强化过程中热力学、动力学研究；矿物分离强化过程中矿物组成、物相及结构的演变规律研究；矿物分离材料与强化机制；矿物分离强化作用过程的模拟与仿真研究。

4. 矿物分离的绿色化

矿物分离过程的能量作用机制与资源高效利用。基于特性特征认知，系统研究微细颗粒分选过程强化的能量作用机制、分离过程的热力学和动力学，并重点聚焦基于胶体表面化学的颗粒间表面力作用机制及基于能量场作用下的颗粒气泡间的液膜薄化破裂、矿化机理，突破微细尺度分离难题，实现矿物分离过程中微细颗粒的界面调控和流体流动过程强化，为矿物的绿色化分离提供理论和技术支撑。

5. 矿物材料

基于微观结构、掺杂矿物材料的物理化学性能调控，主要基础科学问题是研究矿物材料成分、微观结构与宏观物理、化学性能之间的关系，主要包括：矿物材料性能与其化学成分（主要成分、添加成分、杂质成分）、矿物成分等物质组分的关系；矿物材料性能与其所含矿物的晶体结构和晶体化学特征（晶型、位错、缺陷、有序和无序、结晶度）及岩石结构、构造之间的关系；矿物材料性能与其内部显微结构之间的关系（晶相、玻璃相、气相、晶形特征、晶粒大小与晶粒取向、晶界、相变等）。

6. 矿物分离工程科学

矿物分离过程优化与控制。主要基础科学问题包括：矿物处理过程机理（如矿物的破裂机制、泡沫特征与物料性质之间的量化关系等）、多变量理论模型建立；矿物单体解离数学模型建立，以及碎磨过程数学模型与分选过程数学模型之间的结合；自磨与半自磨回路的运行机理，发展适用于 SAG/FAG 过程的控制策略与优化算法；浮选泡沫图像处理、泡沫运动行为及图像表面视觉特征与浮选工艺的量化关系，非线性环节、敏感参数的控制策略，优化算法（如模糊控制、神经网络、遗传算法以及专家系统等）的理论研究；被处理矿物重要理化特征（如矿物嵌布粒度、组成、可磨性、解离度、粒度分布、颗粒的疏水性等）的在线监测原理；矿物处理设备的模拟与优化控制。

2.4　冶金工程学科

2.4.1　学科发展规律与态势

1. 冶金工程学科发展规律

冶金是一项古老的技艺，关于金属材料的使用可追溯到人类文明的早期。20世纪 30 年代，Schenck、Chipman 等学者把化学热力学引入冶金领域，开始用热力学方法研究冶金反应，冶金开始从技艺向科学发展。同一切科学技术的发展规律一样，冶金工程学科的诞生和发展也具有生产和理论两方面的基础。20 世纪初，由于大规模的冶金工业化生产已经形成，为理论认识提供了必要的实践经验和紧迫的要求；同时整个科学理论的发展，为冶金工程问题的理解和定量描述提供了可能。由此冶金工程学科的出现已是历史的必然。尤其是当代科学技术，如当代数学的成就，计算机技术的出现、发展和普及，材料科学的长足进步等都极大地推动了冶金工程学的进步和发展。冶金工程学科自身的发展简况如图 2.2 所示。

通常，我们认为冶金过程是一类特殊的化学工程，这强调了冶金与化工的共性。但从反应温度、反应装置、生产规模等方面看，冶金与化工存在巨大差异，这足以推动冶金作为一门独立学科的诞生和发展。

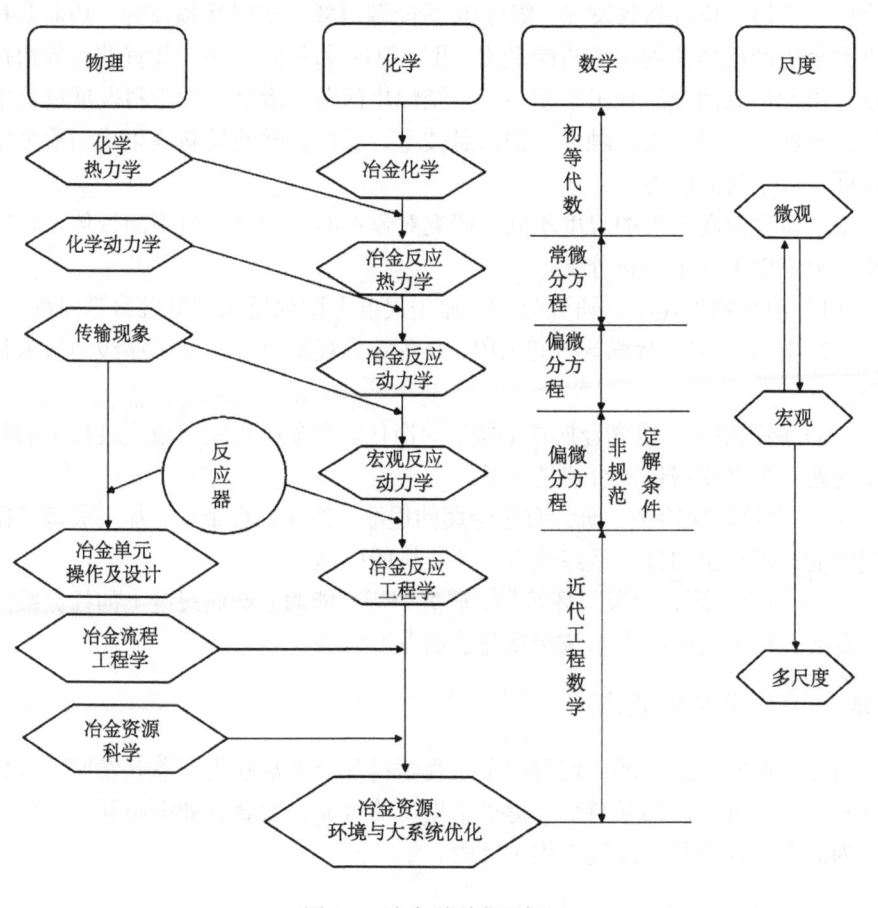

图 2.2   冶金学科发展概况

冶金反应热力学借助化学热力学原理来讨论冶金过程，能明确冶金反应的方向和极限，并在一定程度上指导冶金工艺。但其不考虑物质微观结构，不涉及过程速率和机理，更无法预测实际产量。冶金反应动力学基于化学反应动力学理论，研究纯化学反应的微观机理、步骤和速度，主要涉及均相反应。但冶金过程难以遇到纯粹的化学反应，单独应用较少，后发展形成宏观动力学和冶金反应工程学。宏观反应动力学主要考察传质、流动情况下的化学反应速度及机理。1957 年在阿姆斯特丹召开的第一届欧洲化学反应工程会议，促进了化学反应工程迅速发展，形成了"三传一反"为核心的学科内容。化学反应工程的原理和方法应用于冶金工程问题就形成了冶金反应工程学。它在各类传递过程和冶金反应规律研究的基础上，以反应器和系统操作规律的解析为核心，实现反应器和系统的优化操作、优化设计和放大。如今，冶金工业大规模发展面临新的问题，资源、能源、环保压力巨大，为了获得高效发展、降低资源/能源消耗并实现环境友好，还需要科学解析冶金生产过程的物质流与能量流，并实现各反应器/工序与装置的有效衔接与配合，由此形成冶金流程工程学与大系统优化问题。冶金工程学科发展过程中不断与其他新兴学科交叉、融合，如信息技术、工程数学的最新成果均为冶金学科的发展注入了新的活力。

鉴于研究问题所处的尺度不同、研究对象不同，冶金学科不断延伸、拓展、分化，形成以下 5 个学科分支。

（1）冶金物理化学。研究分子、原子尺度上微观反应的基础科学问题。

（2）冶金反应工程学。研究工序、装备等大尺度上的单元工序级的技术科学问题。

（3）钢铁冶金。研究金属铁的提取、净化、合金化及凝固成型过程中的技术科学问题，最终获得性能合格的产品。

（4）有色金属冶金。研究有色金属的提取、净化、合金化、加工成型及循环过程中的技术科学问题，最终获得性能合格的产品。

（5）冶金资源、能源与环境学。研究资源、能源、产业尺度上的社会级的可持续发展、环境友好等大系统优化与协调发展问题。

2. 冶金工程学科发展态势

冶金工业的快速发展，使得冶金工程学科各分支都获得了蓬勃发展。现代科学技术的飞速进步，为学科交叉提供了更大的可能。冶金行业面临新的问题和挑战，为冶金工程学科的发展提供了动力。

1）冶金物理化学

冶金物理化学学科的诞生是以 1925 年法拉第学会在英国召开的第一届炼钢物理化学会议为标志。此后，许多学者相继发表了开拓性的冶金物理化学学术论文，1932~1934 年德国学者申克（Schenck）出版了《钢铁冶金物理化学导论》，冶金物理化学形成了一门独立学科。我国从 20 世纪 50 年代起，由魏寿昆、邹元曦、陈新民等老一代科学家创立了冶金物理化学学科。魏寿昆先生著《活度在冶金物理化学中的应用》（1964 年出版）和《冶金过程热力学》（1980 年出版）两部专著，对我国冶金物理化学学科的发展起了重要的推动作用。20 世纪 70 年代固体电解质技术在中国冶金中的应用和发展，是冶金工程学科发展中一次里程碑式的事件，极大地促进了冶金物理化学学科的发展。金属氧化物氧化还原过程中的氧势递增原理，选择性氧化还原理论和应用，新一代几何模型应用于多元体系热力学性质的计算，使得我国冶金物理化学学科的研究水平迅速赶上世界先进水平。经过 90 年的发展，冶金物理化学学科的研究已经发生深刻的转变：从宏观到微观、从间接到实时原位、从唯象到本质，为现代冶金和材料制备的发展提供理论支撑。近年来，结合钒钛磁铁矿高炉冶炼工艺和理论等复杂冶金体系的研究，我国学者在冶金熔体结构和复杂体系物理化学性质计算模型、反应动力学模型等方面，取得了世界水平的研究成果。

2）冶金反应工程学

20 世纪六、七十年代，钢铁工业开始普及氧气转炉炼钢、钢包精炼和连铸技术。冶金反应热力学及微观动力学理论无法指导这类新工艺中生产效率的提升。国际冶金学科的研究开始从平衡实验转向了流动、混合、搅拌等反应器内动力行为的研究，并把冶金熔池中的速率与传输现象、单元操作的优化以及反应器的设计等综合起来，形成了冶金动力学研究的一个新领域。日本名古屋大学鞭岩教授的专著《冶金反应工学》（1972 年出版），标志着冶金反应工程学学科的正式形成。同一时期，欧美学者也开始将传输理论、宏观反应动力学及反应工程学的研究方法应用于冶金反应器内部现象的解析。20 世纪 80 年代中国金属学会批准成立冶金反应工程学术委员会。多年来，以反应器优化设计/高效操作及过程强化单元技术开发为核心的冶金反应工程学研究渗透于冶金生产过程的各个方面，极大地促进了冶金工艺技术进步。同时，以过程强化为目的的各种单元操作技术（如真空、喷吹、搅拌、加热、合金化等）不断融入并整合到炼钢及炉外精炼工序中，使生产过程及产品质量控制水平大大提升。特别是随着冶金工艺学、冶金物理化学、传输理论和实验技术、系统工程和控制技术、计算机科学等相关学科的迅速发展和相互融合，冶金反应工程学的理论和方法日趋完善，研究领域进一步拓宽。2014 年中国金属学会及中国有色金属学会相继分别成立了冶金反应工程学二级分会，充分肯定了冶金反应工程学在冶金工业技术发展所起到的积极推动作用。

3）钢铁冶金

近百年来，世界钢铁工业，尤其是中国钢铁工业获得了飞速发展，这无疑得益于学科基础理论的发展和提升。钢铁材料的高强度、耐腐蚀、耐热、功能化等，要求冶炼过程对杂质含量严格控制，对钢中有益化学元素和合金含量的控制范围要求也越来越严格。作为钢铁冶金学的基础冶金热力学数据（包括金属熔体及和熔渣物性数据）不断积累和完善，冶金热力学数据库和计算软件被广泛应用，有效指导了冶金工艺操作。随着对冶金反应过程的深入认识，传统的生产流程已按照冶金反应过程中热力学条件的优劣逐步进行功能分解、优化组合，相应开发出

SCOPE21炼焦、烧结喷吹气体燃料、高炉富氧喷煤、铁水预处理、真空处理、钢包精炼等有效提升产品质量并降低消耗的工艺、工序装置。同时，对冶金反应过程的传质传热和反应动力学的认识也逐步加深，数学模型结构不断完善。这些研究极大地促进了钢铁冶金学科的发展。铁前原燃料处理技术的进步，不仅促进了资源高效利用和节能减排，而且有效提升了烧结矿、焦炭等的冶金性能，为铁水高效冶炼提供了物质基础。而高炉内煤气流分布的有效调控则进一步改善还原和热传递效率，吨铁燃料比大幅度降低，与20世纪40年代相比，降低幅度高达56.8%。现在的二次精炼不仅能够对钢的化学成分进行严格控制，也可以除去钢中大部分有害的夹杂物。20世纪80年代开始研究的氧化物冶金技术已经能够利用钢中细小的高熔点夹杂物抑制高温下钢的奥氏体晶粒长大,促进奥氏体-铁素体转变，改善钢材的力学性能和焊接性能。

4）有色金属冶金

有色金属冶金围绕多种有色金属元素的提取与精炼展开，根据各种有色金属元素的性质不同，开发形成了多种冶炼工艺，相应的基础理论也获得了不断发展和提升。铜、汞、锡、铅等是人类最早由火法冶炼而获得的金属。后来采取金属热还原法来生产钛、锆、铪等金属。现代有色金属火法熔炼方法大致分为闪速熔炼系统和熔池熔炼系统两类。1887年生产氧化铝的拜耳法开了有色金属湿法冶金的先河。1945年比利时Pourbaix创立的金属-水系电位-pH图，奠定了有色金属浸出、精炼的湿法冶金热力学基础。20世纪60年代，国内开展溶液热力学研究，建立了无机热力学数据库，为湿法冶金的发展提供了理论基础。电化学的基本原理与冶金工艺相结合，形成了电化学冶金学科分支，涉及大多数有色金属材料的水溶液电解和熔融盐电解。通过施加非常规外场（如电磁、微波、瞬变温度场或超重力）对冶金过程予以影响，是20世纪后半叶有色金属冶金的一个重要方向。细菌浸出是生物技术应用于有色金属冶金的重要标志。次生硫化铜矿细菌浸出和难处理金矿生物预氧化已进行大规模的工业化生产。冶金与材料制备过程相结合，制备金属及合金形成有色金属冶金学科另一个重要方向，实现了冶金与材料制备一体化的目标。

5）冶金资源、能源与环境

随着矿业开采、加工与利用规模的不断扩大，各国都不同程度地面临着资源与能源短缺以及环境的恶化。因此，自20世纪90年代以来，世界各国都十分重视低品位矿和多金属复杂矿等金属资源中有价金属的高效提取与综合利用问题。美国、日本和欧洲发达国家将资源加工的高效-清洁生产技术研发列入国家战略性高技术发展重要日程，普遍加强了低品位矿、多金属复杂矿、冶金固废等资源高效提取与综合利用的基础理论研究与应用。在冶金工业能耗方面,经历了一个由浅入深,由局部到整体的进化过程。从开始的单体节能到流程优化节能,再到余热余能利用及系统节能与能量流网络优化和建立工业生态链等几个阶段,这些研究极大改善了冶金工业的用能状况。但冶金工业固有的能源结构导致目前的环境问题,成为了冶金工业持续发展的严重制约。冶金资源、能源与环境学科随着冶金产业的发展,不断与其他学科交叉与融合,综合运用资源与材料、能源、环境、生化过程与计算机信息学等多学科知识,研究物质转化过程绿色化的综合性科学与工程,探讨我国冶金工业提高资源利用效率、优化用能及实现污染物减量化的有效措施与途径。绿色过程清洁生产技术的工程化将极大地提高我国工业的总体水平,有力推动我国冶金工业的可持续发展。

2.4.2　学科主要基础科学问题

1. 冶金物理化学

冶金物理化学主要研究从原料中选取、分离和提取金属或目标化合物复杂过程的化学反应、物质转换、能量传递和环境的交互作用。涉及的主要科学问题包括:

(1)反应体系组元的能、势关系及调控机制,是冶金热力学的研究范畴,可指导元素提取分离的可能性,元素选择性提取和分离的条件,以及评估目标元素提取或去除的极限。

(2)冶金过程的反应机理和反应调控,是冶金反应动力学的研究范畴,在掌握反应历程和主要影响因素的基础上,可以强化主要反应的进行,抑制次要反应或副反应的发生。

(3)冶金熔体结构、物质结构及对反应体系物理化学性质和反应动力学的影响,体现了结构及其变化对反应历程的影响。

(4)多元复杂体系中物质的转变、迁移规律与协同机制,是我国复杂矿物资源综合利用的重要理论基础,是实现冶金资源、能源与环境相协调的关键所在。

(5)冶金数据资源的获取与数据发掘,是目前冶金工程学科中最紧迫的基础问题之一,是资源利用、产品开发、工艺创新以及解决能源和污染问题最重要的基础保障。

2. 冶金反应工程学

冶金反应工程学主要基础科学问题包括:

(1)冶金反应器内的传输现象与宏观动力学。包括反应器内的多相流动及流场分布,多颗粒体系填充床、流化床、多孔体内的质量与热量传递;反应器内传递现象的物理模拟，反应过程的数值模拟。

（2）冶金反应器数学模型和操作解析。结合传输现象和宏观动力学研究结果，对反应器内发生的各种现象和子过程及其相互关系进行综合分析，建立反应器操作过程数学模型。

（3）冶金反应器的设计与比例放大。将反应器过程分解为化学反应和各类子过程，分别研究其规律并建立相应的数学方程，联立求解获得不同尺寸条件下的结果。化学反应本身的规律不受尺寸影响，而传输过程则依据物理相似条件，通过冷态模拟实验探讨冶金反应器内传递过程规律。

（4）冶金过程优化与控制。建立在冶金反应宏观动力学，冶金多相流动、传热、传质，以及冶金体系传输动力学参数的测定及计算等研究的基础上，运用现代计算流体力学、数值计算理论知识对冶金过程进行模拟与仿真是实现冶金过程优化与控制的重要手段。

3. 钢铁冶金

钢铁冶金主要基础科学问题包括：

（1）铁矿石在高温冶金过程中的物相演变行为及其矿物重构规律，通过明晰复杂铁矿资源的矿物赋存状态，探索矿物及有价元素的转变行为，建立反应过程中多相界面的调控机制。

（2）多工艺高效融合炼铁新流程的开发，根据不同炼铁反应器的"三传"特点，优化原燃料资源配置以实现资源高效使用，并通过各工艺煤气、预还原炉料等的交互增值利用，提升炼铁反应效率，大幅度减少炼铁过程污染物排放。

（3）冶金过程能源的梯级转化与利用，通过掌握碳素能源在冶金反应过程中的作用机制和利用效率，优化能源结构和操作工艺，大幅度降低对碳素能源的依赖。

（4）"渣-金-耐材"三元界面反应的多元、多相平衡及耦合规律，通过研究渣-金界面反应，研究钢液中第二相粒子在"渣-金-耐材"界面的行为，从而强化反应过程，开发新型冶炼工艺，促进高端炼钢用耐火材料的研发。

（5）钢中元素去除极限，结合冶金热力学和反应动力学，以及特殊冶金手段，确定钢中有害元素脱除的极限水平及影响因素，这是洁净钢或超洁净钢冶炼的基础。

（6）钢中夹杂物的形核、长大的机理及与钢液的相互作用，这是与钢质量密切相关的基础问题，涉及热力学、形核动力学及金属微观结构等相关内容，是目前钢铁冶金研究的热点之一。

（7）以高锰、高铝钢为代表的新一代高强度、高延展性钢的热力学数据获取，以及相关冶金理论基础的完善。

（8）高效连铸过程的均质化和细晶化，保护渣，初始凝固坯壳的行为和控制，枝晶前沿元素的偏析与控制，钢中夹杂物在凝固前沿的行为等基础研究。

（9）特种冶金的相关基础研究，如针对高端铁基合金材料的电渣重熔技术等。

（10）废钢残余元素的去除机理。不久的将来，废钢在钢铁冶金生产过程中必将得到大量的循环利用，残余元素的去除或如何避免其对钢的性能产生危害，是迫切需要解决的问题。

4. 有色金属冶金

有色金属冶金学科的基础科学问题包括：

（1）火法冶金过程中复杂高温熔体的热力学性质，极端条件下热力学性质变化规律；复杂体系中不同熔体间界面的传质、传热规律；复杂矿物在高温熔炼过程中多相反应体系物质转化机理、矿相转变规律、界面迁移机制和高效分离理论等。

（2）湿法冶金过程中复杂溶液体系中离子溶液的热力学及动力学，极端压力条件下溶液离子热力学及动力学变化规律；复杂多相水溶液体系中界面冶金物理化学及传质、传热规律；不同组元在预处理、浸出、净化、萃取等过程中矿相转变规律、界面迁移机制和高效分离理论。

（3）电化学冶金新方法、新理论；氧化物直接电解的电化学理论基础；离子液体的电化学冶金新方法、新技术及理论基础；新型阳极材料、阴极材料开发及性能表征；复杂原料体系下新型电解质结构及电解工艺理论。

（4）非常规外场作用下有色冶金过程的热力学和动力学变化规律；非常规外场对传统冶金过程中界面冶金行为、界面传质和传热规律的影响机理；非常规外场作用下矿物中不同组元在冶炼过程中矿相转变规律、界面迁移规律和高效分离理论等。

5. 冶金资源、能源与环境学科

冶金资源、能源与环境学科主要基础科学问题包括：

（1）复杂多金属资源高效分离提取与产品转化新理论、新方法。以我国特色资源和难利用矿产资源为对象，综合冶金、化工、环境、能源等多学科知识，以资源、能源、环境多因素为综合评价目标，综合回收金属及伴生有价元素，提高资源综合利用率。

（2）能源与资源相互作用及耦合利用。冶金过程中产生的高温炉渣，目前基本集中在资源利用部分，大量余热浪费，亟须研究高温炉渣能、质协同利用过程中的科学问题。

（3）有毒有害（共伴生）元素的迁移转化规律及调控机制，可为调控有毒有害元素进入废气、废水和固体废物的去向和污染特征提供基础借鉴。

（4）二次资源物相重构与元素赋存调控转化规律。粉尘、炉渣、废金属等二次资源中富含多种有价金属元素，其赋存状态及含量不适合用传统方法提取，通过物相重构改性，可望实现有效的转化和利用。

（5）全生命周期的资源、能源与环境的系统集成与优化，明晰冶金行业对我国资源、能源、环境造成压力的主体和难点，建立全生命周期系统评价理论和方法，利用大数据收集、管理协同和系统工程理论，改善我国的资源、能源和环境压力。

2.5　材料工程学科

2.5.1　学科发展规律与态势

1. 粉末冶金

粉末冶金属于工程科学，其发展与生产实践和社会需求密切相关。粉末冶金学科的显著特征之一是多学科交叉，其发展水平和研究内容随着冶金学、材料科学、机械制造等学科的发展而不断拓展和深化。粉末冶金材料对航空航天、核工业、重大军事工程、机械制造、交通运输等工业的可持续发展至关重要[22]。

粉末冶金的研究方向包括粉体工程、粉末成型、烧结和致密化、粉末冶金材料设计、微观组织和性能评价、粉末冶金过程及产品质量监控技术；研究内容主要包括粉末的制备原理、特性及其表征和控制，粉末体、粉末增塑体或多孔预成型坯在成型过程中的流动变形规律，粉末体、多孔预成型坯在外场（温度场、电场、磁场、力场等）作用下物质的迁移机制与致密化规律，粉末冶金材料组成、微观组织和性能的关系，粉末、粉末冶金制品在制备过程中的形状、尺寸、状态、密度分布及工艺条件的在线检测技术、诊断和反馈控制技术等[23~25]。粉末冶金领域的发展与粉末制取、成型、烧结和致密化技术的发展紧密相关，表现在以下几个方面：

（1）在粉末制备方面，重点朝制备微细、纳米和纯净/超细/球形活性金属粉末方向发展，快速凝固雾化制粉、机械合金化制粉、超细粉末制备与处理等技术受到广泛重视。

（2）在成型技术方面，更加关注高性能、高效率和低成本。多场作用和短流程近净成型是成型过程中的重要特点，涉及的技术有粉末温压成型、注射成型、准热等静压、粉末热锻、喷射成型、高能成型等。

（3）在烧结技术方面，注重低温短时、高致密化、环境友好。主要的技术有超固相线烧结、瞬时液相烧结、微波烧结、场活化烧结等。注重开发成型烧结一体化技术，如热压烧结、放电等离子体烧结等。

（4）在制备过程控制方面，重点发展模具设计与快速制造、过程模拟、智能控制技术以及相关模型、数据库及专家系统的建立等。

2. 金属凝固

围绕金属凝固过程研究，国内外特别关注以下几个方面：金属凝固过程中的传热传质规律，金属的异质形核及枝晶生长机制，近终成型产品（铸件、型材等）的凝固技术，利用凝固技术制备具有复杂组织和相变过程的新材料，通过新的物理、化学方法对合金液进行预处理以达到控制凝固组织的目的，外场下的凝固组织与过程控制，远平衡条件下亚稳相的凝固，新的加热和制冷方法对凝固过程的热平衡条件进行有效控制，化合物晶体材料凝固界面过程，凝固过程晶体结构缺陷的形成与演变，多尺度、多学科的凝固过程建模与仿真及其控制，通过对熔化过程基本原理的研究发展新的材料制备、加工、合成及组织控制技术。

我国在凝固过程与控制方面具有以下优势：利用凝固技术制备具有复杂组织和相变过程的新材料；外场下凝固组织与过程控制；直接获得近终型产品的凝固技术，多尺度、多学科的凝固过程建模与仿真及其控制等。

3. 材料成型

材料成型加工技术直接影响材料的组织结构、性质和使用性能，是材料发展的关键环节。材料成型加工技术的工业化使人类大规模地使用材料成为现实，是须臾不可或缺的、决定人类发展的重要支柱产业。随着经济和社会的不断发展，人类对材料成型加工新技术和新工艺的需求与日俱增，对材料成型加工技术快速发展的要求更加迫切。

特别是进入 21 世纪以来，环境恶化、资源与能源短缺的现状向制造业提出了新的挑战，要求材料的成型加工朝高效率、低成本、节能降耗与成型加工一体化的方向发展。发展先进短流程、近终成型、高效成型加工技术，是实现上述发展目标的必由之路。同时，近年来，材料成型与加工技术又迎来了新的发展时期。例如，材料智能化成型加工技术的提出和发展，为成型加工与组织性能精确控制开辟了新的方向，被认为是 21 世纪前期材料成型加工最重要的新技术之一[26]。

轧钢正成为钢铁产业实现循环经济、进而迈向低碳经济转型发展中的重要组成部分。国际上著名钢铁企业的年度报告中经常出现的资源环境友好、生态工艺（eco-processing）、生态产品（eco-product）和生态解决方案（eco-solution）概念，极大地改变了钢铁产业以及轧钢领域的面貌。显然，可持续发展是轧钢领域技术发展最高层次的驱动因素。为此，低成本、高效率生产与可持续发展原则的统一是轧钢领域发展的大方向。轧钢领域诸多生产与产品技术的研发与应用都是在这一背景下进行的。

有色金属及其层状复合材料品种多、结构与功能兼顾、材料外形尺度跨度大，如挠性印刷电路板用压延铜箔的厚度以微米计，大型飞机的铝合金机翼板材长度达 40m、重量超过 15t，对航空航天、电子信息、交通运输等战略新兴产业和国防军工的发展具有不可替代的作用。高性能化、大规格化、高均匀化、材料/结构一体化、低密度化是当今有色金属及其层状复合材料发展的总体趋势。既需要探索极端尺寸规格材料纯净化、细晶化、均匀化与残余应力极小化的成型科学原理与创新方法，又需要深入认识材料尺寸规格极端化后，由多种外场非均匀作用所引发的成分与微纳结构及各类冶金缺陷的形成机理。

例如，21 世纪初美铝公司与波音提出的《航空 20/20 创议》、欧洲的《机身整体制造计划》等，针对大规格、高性能铝合金材料与构件的跨部门、跨学科的大型研究项目，明确提出了材料/结构一体化的发展目标，向大规格、高性能铝合金材料制备研究提出了更高的目标要求，其基础研究成果已被现代大飞机（B-777、B-787、A380、A350、C919 等）、高速铁路及舰船所应用。

4. 界面结合冶金过程

基于界面结合冶金过程研究的内涵，这一方向的研究一般首先针对同质和异质界面元素的行为展开，进而研究同质和异质界面结合的冶金原理，寻求实现同质和异质界面可靠结合的连接材料和连接工艺技术，表征和调控界面组织和性能，评定界面连接结构的完整性和使用寿命。随着对界面结合冶金过程的深入研究，目前这一方向的研究除注重界面的冶金结合外，研究的重点还有界面冶金结合过程的可控理论与方法。

2.5.2 学科主要基础科学问题

1. 粉末冶金

粉末冶金涉及的主要基础科学问题是：

（1）多场作用下非晶/纳米晶粉末制备、组织和性能评价的基础理论；

（2）多场作用下高性能粉末冶金材料制备、组织和性能评价的基础理论；

（3）多场作用下高性能粉末冶金零件的近净成型技术基础研究；

（4）多场作用下粉末近净成型装备设计、模拟、制造的基础理论；

（5）新型成分和结构设计原理；

（6）近净成型制备过程粉末与成型剂的相互作用规律；

（7）固结过程超精细结构演变规律与控制原理。

2. 凝固

凝固涉及的主要基础科学问题是：

（1）金属材料凝固组织演变、缺陷形成、组织与性能控制方法；

（2）金属材料在极端条件多场耦作用下的凝固组织和性能演化；

（3）利用夹杂物促进金属形核的基础理论与技术；

（4）夹杂物与金属熔体的相互作用；

（5）夹杂物弥散强化的机制和条件等；

（6）凝固过程中合金组元的相互作用和相形成；

（7）外场对合金组元和相的作用机理；

（8）复合外场作用的调控机制；

（9）凝固路径选择的微、宏观表达与调控；

（10）跨尺度表征与计算；

（11）异质形核的微观界面与熔体状态的相关性；

（12）凝固过程的实时成像表征等。

3. 成形

成形涉及的主要基础科学问题是：

（1）材料成型加工先进工艺与精确控制；

（2）短流程近终成型高效成型加工原理与方法；

（3）非线性理论在材料成型加工中的应用基础；

（4）成型过程的多尺度模拟仿真方法；

（5）基于多外场跨尺度模拟的材料成型加工基础与技术；

（6）非约束或半约束塑性成型理论与技术；

（7）材料成型与加工的一体化理论及方法；

（8）成型加工过程中的组织演变与性能控制；

（9）集成计算材料工程理论与应用基础；

（10）外场作用下的成型加工过程在线测控新技术；

（11）外场对成型加工过程的影响规律及机理；

（12）材料智能化成型加工理论与技术。

4. 界面结合冶金过程

界面结合冶金过程涉及的主要基础科学问题是：

（1）界面连接材料的微合金化强化原理；

（2）极端非平衡条件下界面结合冶金过程的热力学与动力学；

（3）界面结合冶金过程中的缺陷萌生及演变理论；

（4）严酷条件下结合界面的寿命表达方法与评定理论。

5. 表面工程

表面工程涉及的主要基础科学问题是：

（1）极端环境下涂层材料演变规律及表面退化行为；

（2）纳米材料和亚稳材料的移植沉积技术的研究和开发；

（3）多能量场耦合作用下金属玻璃材料动态沉积成层组织演化研究；

（4）纳米改性中间层对新型先进材料厚涂层的影响机制；

（5）新一代超音速火焰喷涂涂层的结合机理及其制备理论；

（6）从界面反应热力学和动力学设计金属基复合材料中的扩散障涂层；

（7）新型"环保""智能"型防护涂层的设计与制备。

2.6　安全工程学科

2.6.1　学科发展规律与态势

安全科学与工程学科是从新中国成立后的劳动保护等学科基础上逐渐发展起来的。1981 年开始了安全类硕士学位研究生教育，1986 年以来实现了安全类本、硕、博三级学位教育。在 1992 年 11 月 1 日国家技术监督局颁布的国家标准《学科分类与代码》中，"安全科学技术"被列为一级学科，1997 年国家人事部确立了安全工程师职称制度，2002 年建立了注册安全工程师执业资格制度，2006 年安全工程获批成为工程硕士培养的一个新领域，2011 年安全科学与工程获批增设为一级学科。

安全科学与工程学科既不单纯属于自然科学领域，也不单纯属于社会科学领域，其具有很强的学科综合交叉性，是一个综合学科。安全科学与工程的应用领域涉及社会文化、公共卫生、行政管理、检验检疫、能源、消防、冶金、矿业、土木、交通、运输、航空、机电、食品、生物、农业、林业等多个行业乃至人类生产和生活的各个领域，并且与上述各学科相互交叉。具体单从自然科学范畴来看，本学科应归属于冶金矿业与安全领域，和其他与安全相关的学科之间亦存在明显的相互交叉、相互支撑和促进特征。如"系统科学与系统工程"为"自动化科学"学科下的二级学科，其成果积累和发展经验可直接或间接地为"安全科学与工程"学科的建设和发展提供支持，同时"安全科学与工程"学科在理论、方法、技术等方面的相关创新成果又可为"系统科学与系统工程"学科的发展提供支撑等。

2.6.2　学科主要基础科学问题

基础科学问题的提出、分析和解决，是本学科发展的基本途径。因此，下面将通过主要学科方向的基础科学问题研究，分述本学科的发展态势。

1. 安全科学学科

（1）各类事故、灾难的形成机理及演化规律。研究各类事故、灾难形成演化的物理和化学机理，探索其诱发和传导机制和规律，建立相应的基础理论。研究多因素耦合条件下复杂工程装备早期/隐含故障形成与演化机理，建立故障定量表征基础理论。

（2）多灾种耦合作用致灾机理分析理论与方法。研究多灾种耦合成灾的演化机理及其影响机制，建立我国安全事故、灾难多灾种耦合作用致灾理论体系。

（3）各类事故、灾难的监测监控和预警理论。发展各类事故、灾难的监测监控方法和识别模型，建立事故、灾难监测监控数据共享平台，构建时间和空间上的大尺度危险源辨识和预警理论体系。

（4）各类事故、灾难防控技术原理及多技术协同作用机制。研究各类事故、灾难的清洁、高效防控方法，揭示多参数耦合影响下的防控机理及多技术协同作用机制，发展事故、灾难多技术协同防控的优化方法。

（5）生产安全系统的安全结构形态产生、演化及其危险度的度量、预测、控制的具有普适性的状态空间分析方法；分析生产活动、环境条件、安全类型的因素空间映射关系，以及生产策略、成本及外部扰动等因素对安全结构形态的作用机理，建立生产安全结构理论及综合管控系统。

2. 安全技术学科

（1）事故、灾难的监测探测和动态预测技术基础。确定事故、灾难监测和探测的关键致灾指标，研究安全、高效、可靠的事故、灾难监测探测方法；基于安全预测基础理论和事故、灾难的动力学演化规律，研究事故、灾难的动态预测方法和模型。研究超高压、深层、深水、低温等极端条件下复杂工程装备智能故障诊断及预警方法与关键技术。

（2）事故、灾难的多元协同防控技术。研究针对多灾种防治的多元协同技术，揭示多灾种、多参数耦合作用对多技术协同机制的影响，发展各类事故、灾难的多技术协同防控系统。

（3）多维事故、灾难风险评估关键技术。开展多空间和多时间尺度的事故、灾难风险评估技术研究，发展不同时空尺度下事故、灾难风险评估模型和综合评估方法。研究基于大数据的复杂系统动态安全性与可靠性评估方法，发展极端条件下生产作业异常工况/事故的超早期预防与风险控制技术。

（4）事故、灾难应急救援关键技术。研究遇险遇难人员定位与搜救、事故处置实时监控及信息传输等技术，提出灾后应急救援实时监测和指挥调度系统的优化布局方案，发展和完善应急救援分级准则，重点研发针对重大事故、灾难应急救援的技术装备和辅助决策系统。

3. 安全系统工程学科

（1）安全系统工程的系统性。从系统整体出发，综合考虑人、设备、物料、管理等系统的要素，研究其相关性和环境适应性等特性。

（2）安全系统工程的预测性。研究事故、灾难过程中安全信息的搜集、提取、传输和处理分析理论，发展基于事故、灾难演化规律和现场时空参数的系统预测方法等。

（3）安全系统工程的层序性和择优性。基于系统的时空两个维度，有层次有序列地研究系统风险控制、安全模拟与仿真、系统预测与决策等。

4. 安全与应急管理学科

（1）安全与应急管理基础理论与方法。研究多灾种、多参数耦合作用等复杂条件下的应急管理和决策理论与方法。安全与应急管理的社会科学问题等。

（2）应急救援基础理论和方法。重点研究事故、灾难应急救援信息处理的大数据分析方法，研发应急救援技术及其系统，以及灾后恢复与重建的关键技术等。

（3）灾害环境下人群的心理及行为规律。研究工业系统和灾害环境中人员的心理与行为规律，以及事故、灾难中人员应急的心理与行为特征，发展事故、灾难时人员疏散模型和诱导技术等。

5. 职业安全健康学科

（1）人的心理和生理安全负荷。研究不同行业归属条件下不同人群的安全心理和生理特征，以及影响人的行为安全的心理和生理因素指标；研究环境噪声、温度、湿度等对人的心理和生理的影响机制；发展心理和生理负荷的定量预测方法和理论。

（2）人的不安全行为产生机制。研究不同工作环境下人的不安全行为的种类及特征，以及产生不安全行为的心理、生理和社会机制；揭示高危环境中人的不安全行为产生的心理、生理机制及其形式、种类等。

（3）人机匹配理论。研究人机优化组合形式、人机功能的合理分配和安全技术的有效性；发展机械的本质安全设计理论与方法；揭示人体在各种工作方式及环境条件下的机体行为特征等。

（4）安全健康毒理学。研究有害化学、粉尘、高温、高湿、高压等环境条件对职业安全健康的影响机制，发展职业安全健康危害因素的辨识、评价、防控技术，结合毒理学的理论和技术基础，建立安全健康毒理学。

参 考 文 献

[1]　胡文瑞.中国低渗透油气的现状与未来.中国工程科学, 11(8): 29-37.

[2]　吕建中. 国外石油科技发展报告(2015). 北京: 石油工业出版社, 2015.

[3]　钱鸣高.岩层控制与煤炭科学开采文集——岩石力学基础.徐州: 中国矿业大学出版社, 2011.

[4]　宋振骐.实用矿山压力控制.徐州: 中国矿业大学出版社, 1988.

[5]　江怀友, 宋新民, 安晓璇, 等. 世界页岩气资源与勘探开发技术综述. 天然气技术, 2008, 2(6): 26-30.

[6]　李建忠, 董大忠, 陈更生, 等. 中国页岩气资源前景与战略地位. 天然气工业, 2009, 29(5): 11-16.

[7]　Ju Y, Wang G, Bu H, et al. China organic-rich shale geologic features and special shale gas production issues. Journal of Rock Mechanics and Geotechnical Engineering, 2014, 6(3): 196-207.

[8]　Ju Y W, Jiang B, Hou Q L, et al. Behavior and mechanism of the adsorption/desorption of tectonically deformed coals. Chinese Science Bulletin, 2009, 54(1): 88-94.

[9]　黄盛初, 刘文革, 赵国泉. 中国煤层气开发利用现状及发展趋势. 中国煤炭, 2009, 35(1): 5-10.

[10]　Brady G H G, Brown E T. Rock Mechanics.Netherlands: Springer, 2006.

[11]　谢和平.深部高应力下的资源开采——现状、基础科学问题与展望//香山科学会议编. 科学前沿与未来(第六集). 北京: 中国环境科学出版社, 2002: 179-191.

[12]　姜耀东, 赵毅鑫, 刘文岗, 等. 煤岩冲击失稳的机理和实验研究.北京: 科学出版社, 2009.

[13]　王来贵, 黄润秋, 王泳嘉, 等. 岩石力学系统运动稳定性及其应用.北京: 地质出版社, 1998.

[14]　谭云亮, 刘传孝, 赵同彬. 非线性岩石力学初论.北京: 煤炭工业出版社, 2008.

[15]　谢和平.分形-岩石力学导论.北京: 科学出版社, 1996.

[16]　Salamon M D G. Rockburst hazard and the fight for its alleviation in South African gold mines. Rockbursts: Prediction and Control. IMM, London, 1983: 11-36.

[17]　谭云亮.矿山压力与岩层控制(修订本).北京: 煤炭工业出版社, 2011.

[18]　孙钧.世纪之交的岩石力学研究//中国岩石力学与工程学会第五次学术大会论文集.北京: 中国科学技术出版社, 1998.

[19]　黄润秋, 许强.工程地质广义系统科学分析原理及应用.北京: 地质出版社, 1997.

[20]　蔡美峰.岩石力学基础.北京: 科学出版社, 2000.

[21]　周维垣.高等岩石力学.北京: 水利电力出版社, 1990.

[22]　师昌绪, 仲增墉. 我国高温合金的发展与创新. 金属学报, 2010, 46(11): 1281-1288.

[23] 曲选辉, 尹海清. 粉末高速压制技术的发展现状. 中国材料进展, 2010, 29(2): 45-49.

[24] 李元元, 肖志瑜, 刘允中, 等. 粉末短流程成形固结技术的研究及展望. 中国材料进展, 2011, 30(7): 1-9.

[25] 王瑶, 刘雪梅, 宋晓艳, 等. 高性能再生硬质合金的短流程回收制备. 金属学报, 2014, 50(5): 633-640.

[26] 谢建新. 难加工金属材料短流程高效制备加工技术研究进展. 中国材料进展, 2010, 29(11): 1-7.

第3章 学科发展现状与发展布局

3.1 石油工程学科

3.1.1 学科发展现状

油气井类型已从浅井、中深井发展到深井、超深井,同时由直井发展到定向井、丛式井、水平井、大位移井及复杂结构井等;油气开采方式已从单纯依靠天然能量和人工补充能量开采方式,发展到利用物理、化学和生物等综合方法,以更加经济有效地提高油气田单井产量及最终采收率;油气储运已经从孤立的管道、铁路油罐车、油库发展到遍布油气工业上、中、下游的综合网络体系,已从小口径、短距离、低压力、人工操作的小型、地区性管道发展到大口径、超长距离、高压力、全自动远程控制的大型跨国管网,处理的油气介质及相应的工艺技术也日趋多样化和复杂化(图3.1)。

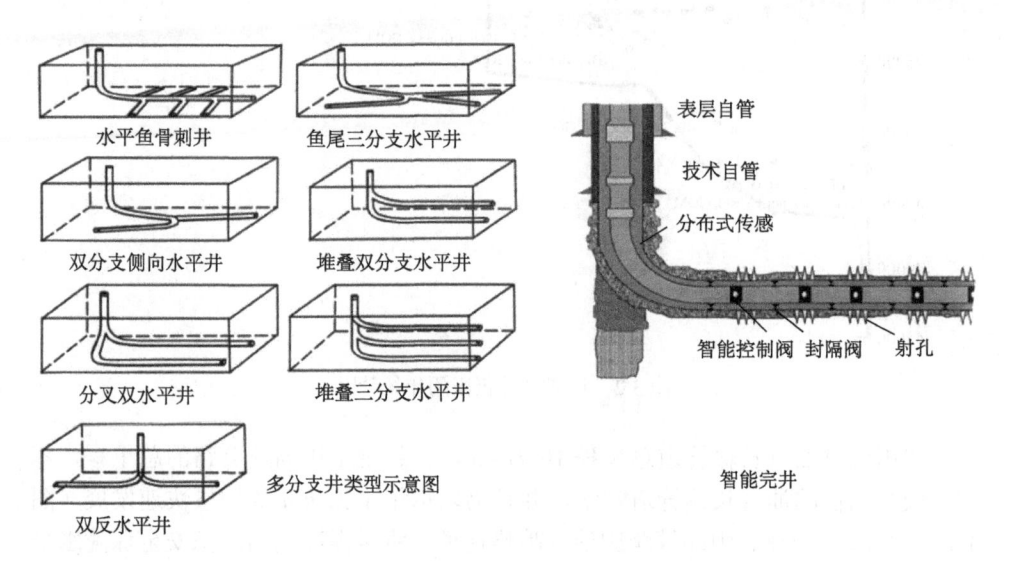

水平鱼骨刺井　　　　鱼尾三分支水平井

双分支侧向水平井　　堆叠双分支水平井

分叉双水平井　　　　堆叠三分支水平井

双反水平井

多分支井类型示意图

表层自管

技术自管

分布式传感

智能控制阀　封隔阀　射孔

智能完井

图 3.1　多分支井和水平井的完井方法[1]

　　迄今为止，全球油气工程理论与技术的综合发展现状可使油田最终平均采收率达到 35%左右。未来老油田挖潜的提升空间仍然很大，我国在化学驱提高采收率方面具有一定的综合技术优势。在国际上，垂直钻探的最大垂深为 12289m（俄罗斯克拉半岛），大位移钻井的最大水平位移为 11739m（俄罗斯萨哈林岛），海洋钻探的最大水深超过了 3000m，不同垂深和水平位移的钻井世界纪录大多保持在美国墨西哥的海洋钻井纪录中。在我国，垂直钻探的最大垂深为 8418m（川东北地区马深 1 井），大位移钻井的最大水平位移为 8222m（南海西江 24-1 油田），海洋钻探的最大水深约为 2451m（南海荔湾 21-1-1 井）（图 3.2）。

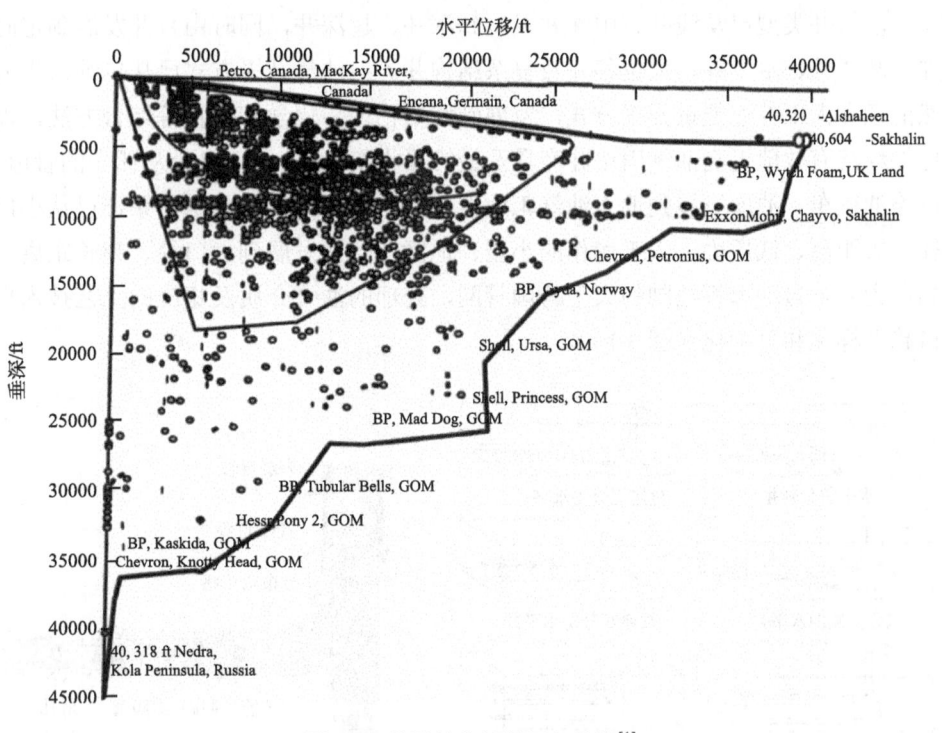

图 3.2　世界钻井极限历年统计[1]

　　我国现有油气长输管道总里程 10 万 km，已超过全国高速公路的总里程，基本形成全国性的油气长输管道网络，并且仍以每年 1 万 km 的增量快速发展（图 3.3）。中俄、中亚、中缅等跨国油气战略通道，将对提高我国能源安全保障水平发挥重要作用。目前，我国油气储运科技总体上处于国际先进水平，其中在 X80 高强度管线钢断裂控制理论及应用技术、易凝高黏原油流变性理论及改性方法与输送技术等领域占有国际领先地位。然而，在高压大口径油气管网安全高效运行、深水和非常规油气田的集输与处理等领域还迫切需要强化。

　　需要特别指出，在世界范围内，随着经济和社会的发展，陆地资源的开发利用日趋枯竭，从而使海洋矿产资源的开发利用受到广泛关注，尤其是海洋油气资源的勘探开发更是如此。目前已从近海浅水区发展到远海深水区，如墨西哥湾、西非、巴西、澳大利亚及南中国海等海域。在海洋油气工程方面，我国的技术装备水平在近海浅水区已接近国际先进水平，但在深水区仍存在较大差距，今后既要进一步加大相关技术装备的研发力度，更要重视加强相关的基础理论研究。

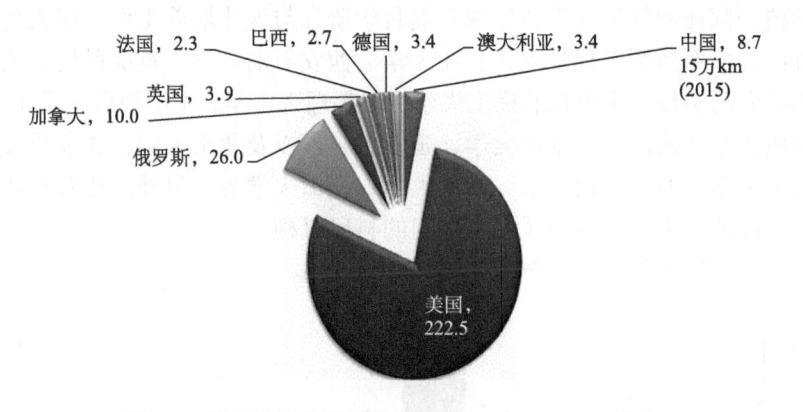

图 3.3　世界油气管道里程（单位：万 km，2013 年）

　　我国在剩余的油气资源中，难动用储量的比例不断增加，包括低（特低）渗透、非常规、深层、深水等油气储量。同时，还面临山前构造、高温高压、岩膏地层、酸性气层、页岩和致密砂岩地层以及深水、山地、沙漠等复杂地层和环境的严峻挑战，对油气工程科技创新和人才培养不断提出新的更高要求。

3.1.2　学科发展布局

　　在油气工程专业教育方面，美国等西方发达国家已有较长的发展历史。1912年美国首先在大学里开设油气工程专业课程，1916 年美国第一次授予油气工程专业的学士学位，油气工程开始作为一门独立的新兴学科正式发展起来，其科学体系也开始形成。目前，在欧美国家等的一些名牌大学里都设置了油气工程系（Department of Petroleum Engineering），如美国的 Stanford University、University of Texas at Austin、Texas A&M University、University of Tulsa、等，专门培养油气工程领域的学士、硕士和博士等高层次人才，同时开展相关科学研究。我国的油气工程高等教育，以 1953 年成立的北京石油学院为主要标志，已有 60 余年的发展历程，为国家培养了一大批油气工程学科领域的高层次专业人才，基本满足了不同时期我国油气工业对该学科专业人才的迫切需求，同时在科学研究方面也取得了丰硕的创新成果（图 3.4、图 3.5）。目前，依托中国石油大学（北京）、中国石油大学（华东）、西南石油大学、东北石油大学等设置的 3 个油气工程学科点均被评选为一级国家重点学科（2007 年），而中国石油大学石油与天然气工程学科点还被纳入国家"优势学科创新平台项目"重点建设（2006 年），标志着我国在油气工程学科领域的发展水平不仅达到国内一流，而且已迈入争创世界一流的国家优势学科行列。

除了上述三所大学以外，还有中国石油勘探开发研究院研究生部及多所相关高等学校，都在油气工程学科领域开展科学研究与人才培养工作。相关高等学校主要有：解放军后勤工程学院、长江大学、西安石油大学、重庆科技学院、承德石油高等专科学校、辽宁石油化工大学、成都理工大学、中国地质大学（北京）、中国地质大学（武汉）、常州大学、延安大学，以及北京大学、北京科技大学、北京师范大学、西安交通大学、西北大学、燕山大学等。另外，还有其他一些学术单位，在油气工程学科领域设有专门的科研机构。

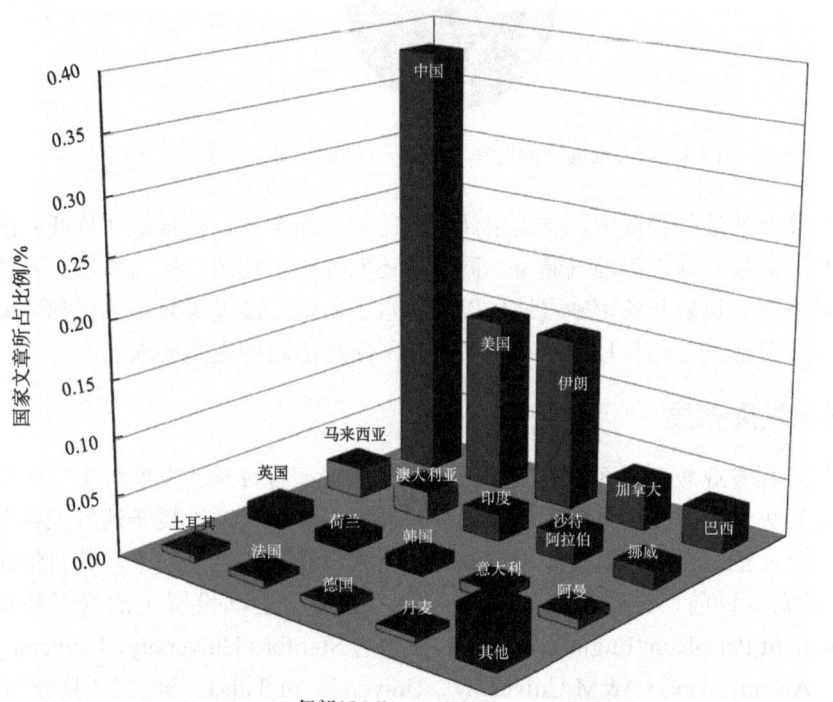

● 中国38.02%　● 美国15.17%　● 伊朗15.06%　● 加拿大3.94%　● 巴西3.34%　● 马来西亚2.63%　● 澳大利亚2.43%

● 印度2.32%　● 沙特阿拉伯2.32%　● 挪威1.62%　● 英国1.52%　● 荷兰1.11%　● 韩国1.01%　● 意大利0.81%

● 阿曼0.81%　● 土耳其0.61%　● 法国0.61%　● 德国0.61%　● 丹麦0.51%　● 其他4.55%

图 3.4　TOP20 国家石油工程（不包括管道）2015 年国际高水平论文发表数量的占比情况

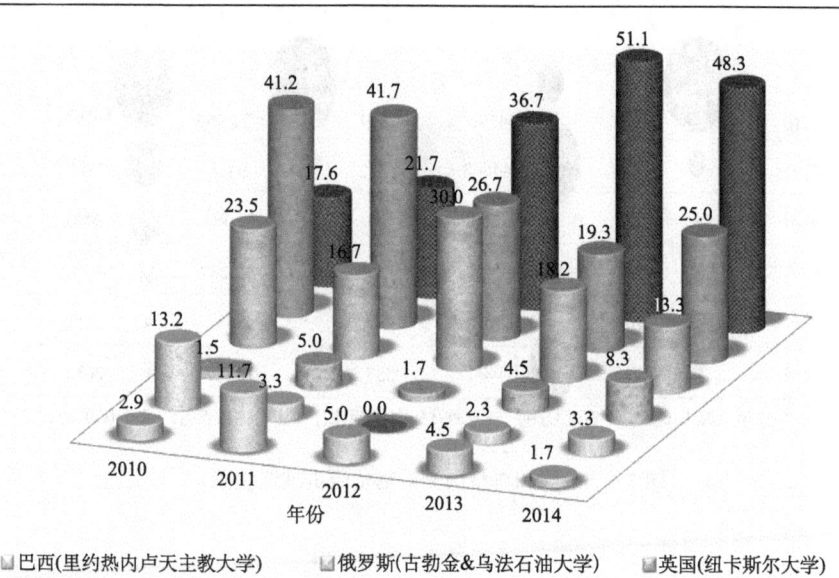

图 3.5　2015 年储运工程国际高水平论文发表数量（单位：篇）

　　未来应以国家重点学科、国家重点实验室等国家级创新平台为中心，动员全国的油气工程学科队伍，充分发挥各有关单位在本学科领域业已形成的特色和优势，积极开展协同创新研究，重点解决国内及海外合作区块复杂油气田（难动用油气储量）的钻探、开采及储运等工程科技难题，为我国油气"增储上产"提供理论指导及核心技术支撑。

3.2　矿业工程学科

3.2.1　学科发展现状

　　图 3.6 为 2013 年中国与 5 个典型国家的矿物资源贡献地貌图。在煤炭、金属矿物与非金属矿物三个方面，中国贡献最大，分别占 53.1%、77.32% 和 40%；在石油与天然气方面，中国的贡献处于中等水平，分别占 15.45% 和 11%。

　　图 3.7 为中国与典型国家对能源贡献的地貌图。中国的总发电量贡献最大，煤电占主体地位；在石油、天然气与核电方面，达到了同美国、加拿大相当的规模。

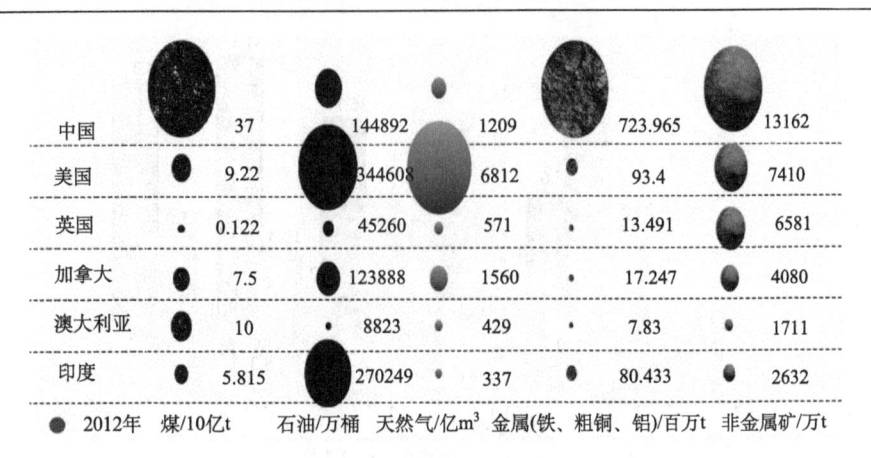

图 3.6　中国和典型国家矿物资源贡献地貌图

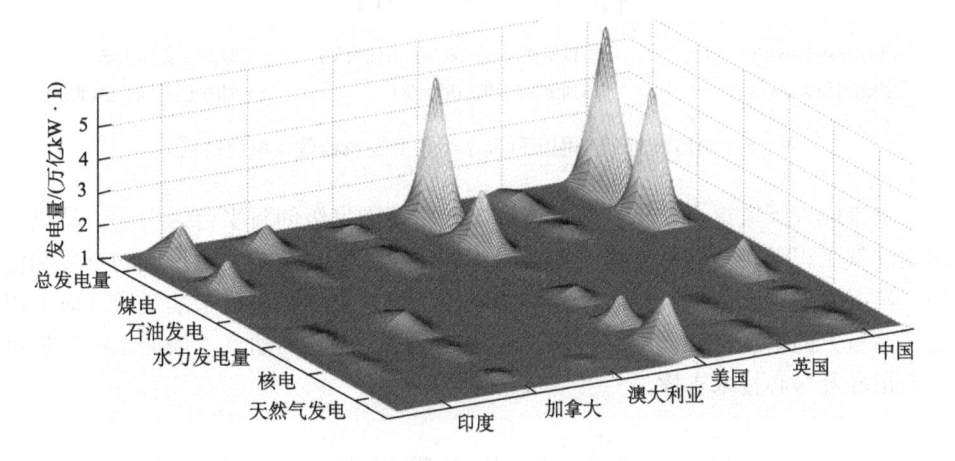

图 3.7　中国和典型国家能源（发电量）贡献地貌图

在矿业工程领域，世界前 20 名国家的国际高水平学术论文（SCI 为主，包括高水平的定期国际学术会议论文）在 2007～2013 年发表的数量如图 3.8 所示。中国排在第 1 位（24.00%），美国位居中国之后（15.34%），印度排在第 9 位（4.40%）。由此可见，仅从论文发表总量上来说，中国已经是在矿业工程领域的研究大国，但不是强国，研究内容跟踪多，创新少，原始创新更少。

世界性研究热点如图 3.9 所示。地下开采是世界范围内的第一研究热点，其后依次是岩石力学、矿山安全、露天开采、实验力学、采矿废弃物、高应力岩爆、尾矿处理及高温矿井等研究热点。

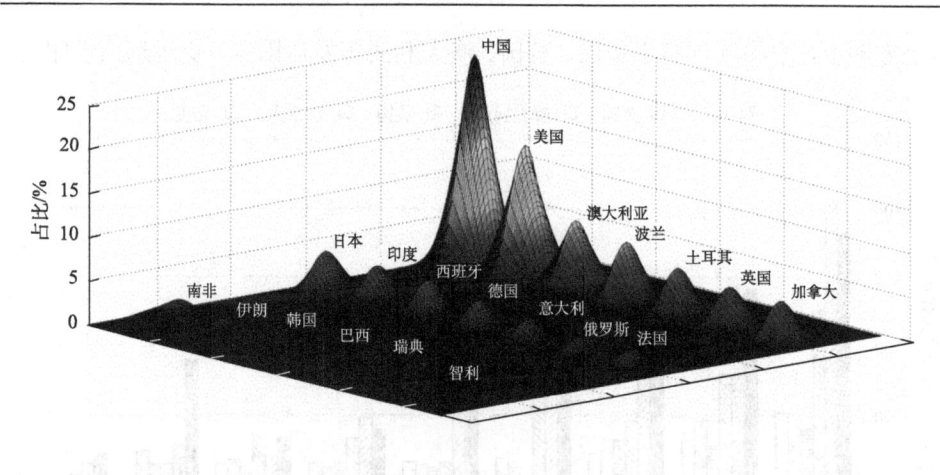

●中国占24.00%	●美国占15.34%	●澳大利亚占8.08%	●波兰占6.98%	●土耳其占5.48%	●英国占4.75%	●加拿大占4.65%
●日本占4.57%	●印度占4.40%	●西班牙占4.24%	●德国占3.40%	●意大利占2.91%	●俄罗斯占2.25%	●法国占2.21%
●南非占2.15%	●伊朗占1.74%	●韩国占1.69%	●巴西占1.43%	●瑞典占1.32%	●智利占0.18%	●其他占17.82%

图 3.8　TOP20 国家在 2007～2013 年国际高水平论文发表数量（占比）地貌图

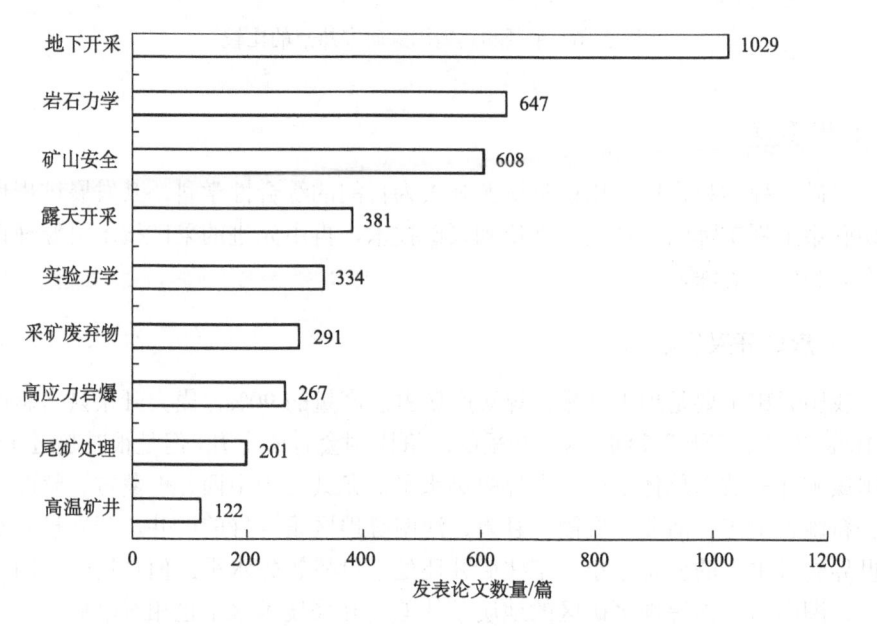

图 3.9　全球前 20 名国家近 10 年在矿业工程领域的研究热点

　　典型国家研究热点如图 3.10 所示，以美国、英国、加拿大、澳大利亚为代表，在矿业工程领域的优势序列为地下开采、矿山安全、岩石力学、实验力学、露天开采等。我国的研究动态与优势序列为地下开采、岩石力学、矿山安全、高应力岩爆、实验力学等。在岩石力学、露天开采、高应力岩爆以及矿山安全等五个研究方向上，中国的研究集中度均高于其他国家。特别是在岩石力学与高应力岩爆两个方向上，中国远远高于美国、英国、澳大利亚等发达国家，更远远高于印度。

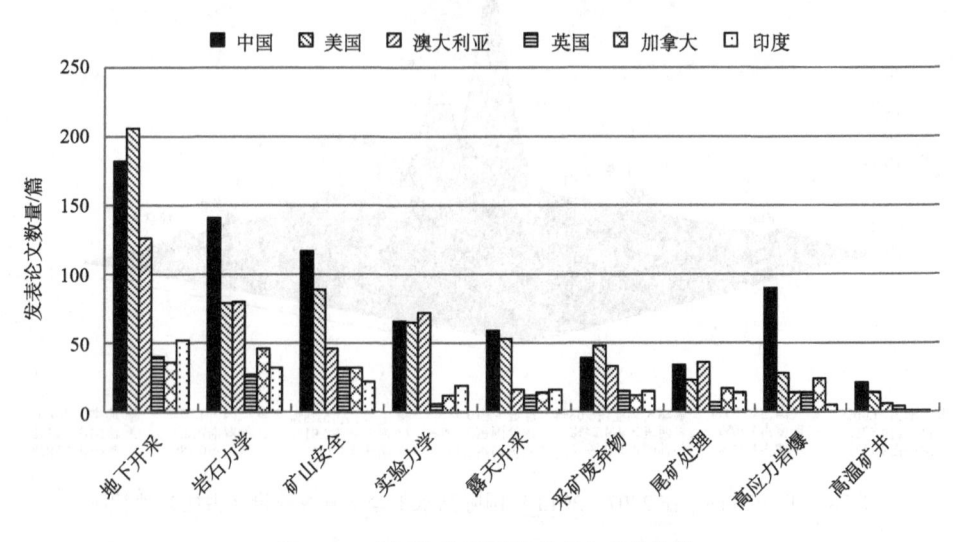

图 3.10　中国和典型国家研究热点的比较

1. 采矿工程

采矿工程学科是以有用矿物资源开采为目的的综合性学科，其发展过程也是密切联系工程实际的，从采矿理论到采矿技术，再由先进的采矿技术引导理论研究方向和研究的深入。

1）煤矿开采现状

我国煤矿主要是地下开采，煤炭产量占总产量的 90%，露天开采只占总产量的 10%。在"十三五"期间，露天开采的产量比例会有所上升，但是很难超过 15%。我国煤矿开采技术总体上处于世界先进水平，尤其位于山西、内蒙古、陕西、山东、新疆、山东、河北、安徽、甘肃、河南等地区条件好的矿井，开采技术水平与世界先进水平的差距很小，某些矿井还处于世界领先水平。但是贵州、四川、重庆、湖南、云南等地区矿区的地质条件差，开采技术水平也相对落后，矿井灾害威胁严重。

我国煤矿开采学科多年来一直围绕安全、高效、高回收率、与环境协调的开采目标进行研究和科技攻关，已经形成了具有我国特色的科学和技术成果有：

（1）厚（>3.5m）及特厚煤层（>12m）开采理论与技术。在 20 世纪 80 年代以前，我国厚煤层开采主要是分层开采，产量和效率相对较低，工作面年产煤炭在 100 万 t 以下。1984 年我国开始研发放顶煤开采技术，经过数十年的努力，我国的放顶煤开采技术达到了世界领先水平，工作面年产量也位于世界前列（1500万 t）。形成了特厚煤层放顶煤开采技术、条件简单厚煤层高效放顶煤开采技术、条件复杂厚煤层放顶煤开采技术、大倾角厚煤层放顶煤开采技术等。放顶煤开采技术已经成为我国煤矿开采在世界上的主要标志性技术。国家自然科学基金委冶金与矿业学科也早在 1998 年资助了"厚煤层开采基础理论研究"的重点项目[中国矿业大学（北京）吴健教授主持]；提出了散体顶煤放出的散体介质流理论、中硬顶煤破碎的节理控制与渐进损伤理论、发明了顶煤回收率观测仪器等。与此同时，在放顶煤开采的支架与围岩关系、放顶煤支架设计、大断面全煤巷道支护、放顶煤工作面瓦斯运移规律与防治技术等方面也取得了重要进展，但是在放顶煤开采的顶煤回收率、无煤柱开采等方面还需进一步研究。

大采高开采是解决厚煤层高效、高回收率开采问题的有效方法。我国从 20世纪 80 年代开始采用这项技术，但是真正发展起来是在 20 世纪后期，首先是在神华神东集团、晋城煤业集团、邢台矿业集团等采用大采高开采技术。目前，最大支架高度为 8.2m，采高可达 8m，属于世界上最大采高的采煤工作面。在大采高开采的支架设计、顶板控制、煤壁稳定、巷道支护等方面取得了重要进展，工作面年产量可达 1500 万 t。但是，随着我国西部煤炭资源大量开采，一些厚度更大的煤层储量占有相当比重，这类煤层的高效开采方法问题目前还没有解决。

（2）中厚以下煤层开采理论与技术。我国的中厚（≤3.5m）以下煤层开采技术取得了长足进展，综合机械化开采已经成为我国这类煤层开采的主体技术，其中很多工作面都通过电液控制系统实现了工作面自动移架和推移刮板输送机。在工作面年产煤炭一般为 100 万～500 万 t。在峰峰矿业集团和中煤能源集团的一些薄煤层工作面实现了开采自动化、远程遥控采煤，做到了煤炭开采时无人在工作面操作，极大改善了作业条件，工作面年产达到 100 万 t 的水平。在电液控制系统和自动化工作面建设上，关键设备和控制系统实现了全部国产化。我国中厚以下煤层的开采技术与国际先进国家开采技术处于同一水平，但是年产煤炭量指标略低，如我国 3m 厚煤层的工作面年产煤炭量一般为 500 万 t，美国一般为 600 万 t。这主要是由于我国开采的辅助作业时间长，生产系统的可靠性低一些。

我国中厚以下煤层的开采理论与技术相对成熟，在开采方法、岩层控制、灾害防治、设备配套和矿井设计等方面都形成了相对成熟的理论与技术。但是，在该类煤层的无煤柱开采、近距离煤层群开采、急倾斜煤层长壁开采等方面需要加强研究和解决，相应的开采顶底板扰动、大倾角支架与设备稳定的理论等需要加强研究。

（3）煤与瓦斯共采理论与技术。煤与瓦斯共采是指利用采煤过程中形成的卸压场和裂隙场，加速瓦斯气体的解吸和增加煤岩透气性，进行瓦斯井下抽采的技术。该项理论是 20 世纪末由我国学者钱鸣高和袁亮院士提出来的，后来由袁亮院士于 21 世纪初在淮南矿区首先实施的，形成了煤层群、沿空留巷等煤与瓦斯共采的关键技术，目前逐渐在全国条件适宜矿区进行推广。该项理论和技术的实施初步解决了困扰我国的高瓦斯煤层透气性差、瓦斯解吸速率低、地面抽采效果不理想的难题，通过该项技术实施可以收到减缓矿井瓦斯灾害、利用瓦斯资源、减少大气排放的多重效果。

　　煤与瓦斯共采的理论与技术是我国 21 世纪煤矿开采的重要学术成果，是将采矿引起的岩层运动与瓦斯气体流动和抽采相结合的科学范例。在相关的理论、实验与工程研究方面，进行了瓦斯卸压解吸规律、含瓦斯煤岩破裂特征、采空区与裂隙区的瓦斯分布规律、水压致裂增透等方面的研究与实践，形成了一些重要学术成果。但是，在单一煤层、深部高应力的煤与瓦斯共采技术、煤与瓦斯共采的实验设备研制、卸压瓦斯在裂隙岩体里运移规律的理论描述等方面需要进一步研究。

　　（4）"三下"采煤与充填开采。我国近水平煤层开采的地表移动规律预计、观测与条带开采理论基本成熟。近年来，在急倾斜煤层的地表移动规律、协调开采等方面也取得了重要进展。

　　我国矿山充填开采技术经历了以处理固体废物为目的的废石干式充填技术、水砂充填技术、尾矿胶结充填技术、高浓度充填技术和膏体充填技术等发展阶段。目前，煤矿常用的充填开采技术有矸石充填、高水材料充填、膏体材料充填、似膏体材料充填、高浓度胶结材料充填技术等。制约充填开采进一步推广的瓶颈是充填成本高、工作面生产能力低、大面积充填的充填材料匮乏，以及在地面保护要求高的地方如何进一步减小地面变形。

　　（5）岩层控制。岩层控制的核心就是以少的人力、物力、资金等的投入，研究和利用采矿和矿山压力科学规律，控制采矿开挖空间及上覆岩层的变形、移动与破坏等，保证采矿作业人员、设备等的安全，减少对地面的沉降与损害。

　　无论是地下开采还是露天开采，都可以归结为大规模开挖岩体活动，这必然涉及开挖空洞的围岩及上覆岩体活动规律与有效控制问题。一般意义上，人们通常将涉及采矿开挖空间周围的、对开挖空间围岩变形等有直接影响的岩层控制问题称为采矿围岩控制，而对于开挖空间上面的、且对开挖空间直接影响较小的、直至地表的岩层控制问题称为岩层控制。这里的岩层控制是指围岩与上覆岩层控制的统称。

　　岩层控制涉及采场、巷道、硐室及井筒的顶底板及四周的围岩控制，以及采空区上覆岩层和地表的变形控制问题。岩层控制研究必然涉及工程地质与水文地质学、岩体力学、采矿学、弹性力学、材料力学、结构力学等众多基础和工程学科，以此来进行采矿引起的岩层活动理论分析、工程分析等。同时保证采矿工程活动有效进行是岩层控制的主要目的，因此岩层控制的装备与技术也是岩层控制的主要研究对象。

老顶结构模型的提出与建立。20 世纪 70 年代，钱鸣高院士提出了上覆岩层开采后呈"砌体梁"式平衡的结构力学模型，给出了"砌体梁"滑落失稳和转动变形失稳条件，对采场顶板压力计算给出了具体边界，也为采场矿山压力控制参数确定奠定了基础。在此基础上，提出岩层断裂前后的弹性基础梁力学模型及各种不同支撑条件下板的力学模型，为老顶来压预报提供了理论依据。20 世纪 90 年代中期，随着对岩层控制研究的不断深入和为了解决采动对环境的影响问题，提出了"关键层"理论。宋振骐院士提出了"传递岩梁"理论，认为支架阻力大小与所控岩梁的位态有关，支架作用可以改变岩梁位态，据此提出了"给定变形"和"限定变形"岩梁运动形态。

巷道围岩控制理论与技术。掌握了巷道从开挖到开采结束全过程围岩变形、破坏随时间、空间的变化规律，根据中国巷道围岩地质条件，深入研究了围岩与支护相互作用关系，提出多个采准巷道围岩控制理论，形成比较完善的巷道合理布置系统，沿空留巷、沿空掘巷理论与技术得到发展和广泛应用。在深入研究锚杆支护作用的基础上，逐步形成了中国煤矿巷道锚杆支护的基础理论，如锚杆支护围岩强度强化理论、高预应力锚杆支护理论等。

巷道围岩控制方面研发了高强度锚杆和锚索，高伸长率大变形锚杆、可接长锚杆、桁架锚杆、桁架锚索、NPR 锚杆/索等，水泥类、高分子类注浆材料及多种形式的 U 型钢、钢管混凝土支架等。

围岩控制的装备与技术。近年来中国的液压支架研制有了很大进步，在支架的能力和尺寸方面发展很快。2000 年，最大支架阻力为 10000kN 左右，目前中国最大支架工作阻力达到 21000kN，平均每年以 1000kN 的速度增加。支架的高度也达到了 7.2m，中心距 2.05m，目前在力图开发 8.8m 高度的支架。

在覆岩变形控制方面，除了充填开采技术外，也形成了离层注浆、条带注浆、条带开采等技术。在缓倾斜和极倾斜煤层的地表移动规律及预测、地表变形控制等方面都取得了很大进展。

2）金属矿开采现状

近年来，我国金属矿床采矿得到了长足的发展和进步。通过引进、消化和吸收国外先进设备与工艺，以及国内技术攻关及基础研究的投入，一大批难采矿山实现了开发利用，并使许多矿山的实际生产能力超过设计能力。然而，由于设备配套与采矿技术落后，我国装备较好的矿山还只是少数，生产效率还比较低，尤其是地下矿山的大结构参数开采、大规模充填开采、智能采矿等，与国际先进水平相比还有较大的差距。

随着浅部高品位易采选储量的消耗殆尽，目前国内主要的地下金属矿山都已进入深部开采，新增储量大多为低品位、难采选或深部矿量。另外，目前获得的和今后可能获得的国际金属矿产资源绝大多数也将是低品位或难采选资源。

深、贫矿体比例的增大和开采效率低的矛盾，严重制约着采矿经济的进一步发展；地表需要保护矿山的增多与绿色开采技术落后、开采成本高的矛盾，在很大程度上制约着一批矿产资源的合理开发；低价位复杂破碎矿体的投入开发和目前采用的方法不相适应的矛盾，造成工程投资与矿产资源的双重浪费。"十三五"期间，采矿技术领域应以提高采矿效率、实现深部开采、发展绿色开采技术、研发高度难采矿体的实用采矿方法及实现智能采矿作为重点发展方向。

（1）大规模崩落采矿。崩落采矿法是一种工艺简单、作业安全、低成本、高效率的采矿方法。该采矿方法在国内外应用占有重要地位。我国自20世纪60年代以来，在地下金属矿山逐步得到推广应用，在理论研究和生产实践中都积累了较为丰富的经验。自从80年代以来，崩落采矿法已进入了一个新的发展阶段，其主要技术特征是：增大结构参数、提高矿块生产能力、采用深孔落矿技术和电动、液压无轨采矿设备，以及操作过程的自动化和遥控化。

我国金属矿山在崩落采矿技术方面的发展，主要体现在高分段大、间距的无底柱分段崩落法和无轨出矿的高阶段自然崩落法。分段高度和阶段高度不断加大，不仅提高了采矿的强度、降低了成本，而且获得了可观的经济效益。随着崩落采矿法的矿块结构逐渐简化，大型无轨采矿设备的进步，机械化和自动化开采的实现，崩落采矿法将得以更加完善和成熟。在未来的一段时间，无底柱分段崩落法仍将在地下矿山开采中占有相当大的比例，阶段自然崩落法和阶段强制崩落法所占的比例将有所增加，崩落采矿法今后的总趋势将朝大分段、高阶段和大孔径深孔采矿技术方向发展，大结构参数的崩落采矿法将得到推广应用，成为今后大规模采矿技术的核心力量。

（2）深井大规模充填开采。提高充填浓度是改善充填体质量的根本所在。在大规模、安全、高效开采需求的引导下，充填开采技术处于快速发展的阶段，基础理论、设备设施及其生产工艺逐渐完善。特别是在尾矿高浓度、膏体及混凝土充填方面，采场充填含水率持续下降，充填体质量得到提升，充填成本也得到控制，大大提高了充填开采技术在金属矿大规模开发过程中的普及率。

深井大规模充填开采还存在着许多亟待解决的基础理论问题，难以满足深井大规模开采的技术需求。未来5年，随着充填基础理论的进一步发展，必将促进胶结高质量充填技术的成熟，使得充填开采技术成为深井大规模开采的首选方案。

（3）低品位矿床溶浸采矿。溶浸采矿为新型采矿方法，将传统矿业中的采矿、选矿、冶金简化为一体，能有效地回收传统方法难处理的矿石乃至废石及尾矿中的有用成分，拓宽了地下矿产资源的利用范围，增加了工业矿石储量，为满足矿石产品的需求开辟了新的途径，而且环境友好，将会成为国际研究的热点。目前，溶浸采矿研究主要集中在三个方面：有色金属溶浸开采、铀矿床原地溶浸、离子型稀土矿溶浸开采。

从 20 世纪 60 年代开始，溶浸采铀在我国铀矿开始试验研究，理论研究起步相对较早，经过多年实践，技术日趋完善，其研究进入了较为成熟的阶段，其主要工艺技术水平和指标已达到或接近国际先进水平。目前，我国 30%～40% 的铀来自溶浸开采。未来 5 年内，溶浸采铀的研究将进于更为深入的阶段，理论与技术研究系统性增强，趋于完善。

我国对有色金属的溶浸开采研究落后于国外。目前处于起步和发展阶段，经多年的现场试验与室内研究，有色金属溶浸开采有了一定的应用，但仍存在应用范围不广，一些关键理论和技术仍没有解决、理论研究落后于实践等一系列问题。未来 5 年，有色金属溶浸开采有望取得长足进展，部分关键技术有望得以突破，进而使溶浸采矿在有色金属矿山中广泛推广。

南方离子型稀土矿是我国特有的、世界罕见的稀土资源种类，具有巨大的经济价值与战略价值。20 世纪 70 年代，我国开始进行离子型稀土的溶浸开采，经历了池浸、堆浸和原地浸矿发展阶段，已取得了显著成果，我国 90% 以上的离子型稀土矿采用溶浸法开采。目前理论研究环节相对薄弱，实现稀土矿的短流程、高效、低污染提取是研究的重要方向。未来 5 年理论研究将会有快速的发展，对原地浸矿机理等一系列问题的研究逐步深入，为溶浸实践提供理论支撑。

（4）安全高效智能采矿。随着矿产资源的不断消耗，矿山的开采对象正逐步向深部、难采矿床发展，作业环境的恶劣及高危险性等问题凸显。现代信息技术的应用与发展使矿山的自动化开采成为可能。芬兰、加拿大、瑞典等矿业发达国家在实现矿业信息化、数字化的同时，从 20 世纪 90 年代开始进行采矿生产过程自动化的技术研究。我国金属矿山的自动化、信息化建设经过多年的研究与开发，特别是 21 世纪初开始的"数字矿山"建设，我国金属矿山的自动化、信息化水平有了很大的提高，部分矿山已经达到或接近矿业发达国家的水平，但发展很不平衡，装备水平差距很大。在自动化、信息化方面，我国还明显落后于矿业发达国家。

未来 5 年，地下智能开采方面的整体趋势是在改善矿山装备水平的同时，提高矿山的自动化、信息化水平，实现生产过程的自动化、智能化，逐步减少井下作业人员，向无人采矿过渡，彻底改善矿工的劳动条件，实现矿山的本质安全。

（5）露天转地下开采。我国已发现的浅部资源和较富资源已消耗大部分，为了弥补资源不足和缓解铁矿资源的不足，冶金矿山必然要开采矿体厚大、储量较多的低品位矿。由于冶金矿山 80% 以上的矿石量来自露天开采。年生产能力在300 万 t 以上的冶金露天矿山有 16 座，其中有 10 座设计凹陷开采深度达到 200m以上，最大凹陷开采深度为 400～500m。凹陷开采深度超过 400m 后，继续进行露天扩帮开采，经济上不合理，同时造成土地的大量占用，剥离的大量废石进一步恶化矿山及周边的生态环境和地质环境，资源却得不到有效利用。这就需要寻求深部资源采用地下开采的方式。即露天转地下开采。另一种情况是对在过去技术经条件不具有开采价值的矿体厚大、储量较多、低品位矿的开采，由于技术的进步和经济条件的变化，采用大规模、高效的露天与地下联合开采的方式成为可能。

目前，国内已有部分矿山进入露天转地下开采或采用露天与地下联合开采，并取得了一定的经验。但从总的情况看，存在的问题主要有：①联合开采引发的地压活动规律和单一开采模式有很大不同，露天开挖和地下开采的共同作用和相互影响规律与机理，尚没有掌握和认识清楚；②两种开采系统的科学有机结合对降低矿山基建工程投资具有重要意义，而目前露天和地下联合开采还缺少统一的全面整体优化设计理论；③露天和地下联合开采，两种开采系统过渡带的资源回收问题有待深入研究；④露天转地下开采的高陡边坡稳定性问题。

3）露天开采

露天开采具有安全、高效、作业条件好等优点，但是对矿产资源的埋藏条件要求较高。我国金属矿山露天开采的比例大，如铁矿达85%，但是煤矿的露天开采产量目前只有12%左右。我国露天开采的整体理论研究和技术处于国际先进水平，主要差距在于露天开采的大型设备研制和设备的可靠性方面。从总体上看，露天开采设备大型化、生产规模大型化是其主要趋势，目前单坑采剥总量过亿吨。露天开采通常面临四个主要问题：一是矿岩松碎；二是边坡与排土场的稳定；三是生产调度组织；四是大面积排土场的复垦与治理。矿岩爆破松碎是主要作业方式，单次爆破量在百万吨以上；生产调度组织广泛采用了GPS定位的自动调度系统；排土场土地复垦都纳入了矿区修复规划，并进行了实施。

露天矿边坡稳定问题是露天矿最重要的研究课题，近年来在金属露天矿的节理岩体边坡研究方面取得了重要进展。从早期的利用罗盘接触式测量节理到目前的利用3GSM不接触测量、通过钻孔电视进行边坡内部结构面观测等。在大量节理数据观测分析的基础上，确定边坡破坏模式，进行多种方法的计算分析，成果显著。在节理描述、节理岩体边坡的可靠性分析、空间变异分析、边坡稳定的无人机测量、GPS检测、雷达扫描、破碎岩体地段加固等方面也有很大进展。可以说，现在在理论、技术和设备层面上可以实现对露天矿边坡的全方位精确监测，做到准确预警。

在露天煤矿边坡方面，最近几年提出了"时效边坡"的概念。由于煤层倾角小，露天煤矿采场占地面积大，四周边坡长度大，但是不同边坡段服务的时间不同，因此在边坡设计中要考虑露天煤矿边坡的时效性。在"时效边坡"理论指导下，形成了靠帮开采、易滑区煤炭开采、横采内排等相关技术，但并没有形成相应的规范和标准并从设计上指导矿山生产实践。

我国的矿山边坡研究领域的不同方向，发展水平不一，其重要的研究方向及其学科水平如下：

（1）在矿山边坡灾变模式与机理研究方面，大多从工程地质角度出发，详细研究其形成灾变的工程地质条件、水文地质条件和各类影响因素。缺乏与力学（如土力学、岩石力学、地下水动力学）的密切结合，缺少考虑多介质、多相、复杂边界条件、复杂影响因素的综合分析与研究。因此，在矿山边坡灾变模式与机理研究方面加强地质与力学的密切结合，是矿山边坡稳定性评价的一个重要的学科突破点和创新领域。

（2）在矿区边坡灾变时空演化规律研究方面，以广域滑坡灾害评价为主体，具有较高学术水平的团队包括：美国加州伯克利分校团队、北京科技大学与日本九州大学联合团队、中科院地理所及地质所团队。在利用雷达遥感及激光扫描等非接触面状技术研究广域边坡灾害早期信息获得与识别领域，有代表性的主要团队包括：意大利佛罗伦萨大学学术团队、日本土木研究所联合团队、加拿大部分学者、法国部分学者、武汉大学遥感学院团队、成都理工大学部分学者、北京科技大学及长崎大学九州大学联合团队等。

（3）在岩质边坡稳定分析的数值分析方法方面，流形元法综合了有限元法与DDA 法的优点，可有效地计算连续体的小变形到不连续体大变形的发展过程。滑坡演化是一个从联系变形到非联系破坏乃至分离的过程，把有限元法等连续介质方法和离散单元法等不连续介质方法结合起来，是数值计算方法的发展趋势。在这方面，英国、美国、新加坡等国的学者比较活跃，研究水平处于国际领先水平，我国在这方面仍需继续努力。

（4）在可靠性分析方面，露天矿边坡通常是具有多级多层结构的复杂边坡，边坡失效的模式既包含滑坡方量较小的局部破坏，也包括能引发矿帮边坡整体失稳的控制性失效模式。因此，在露天矿边坡可靠度分析中如何合理考虑多个失效模式，是以后继续研究的热点之一。在这方面，美国、西班牙等国的学者比较活跃，我国在这方面仍需继续努力。

（5）在边坡稳定性三维计算方面，由于三维极限分析上限法在构建三维滑动体时仍采用了逐段面进行的方式，即在某段面上为圆弧，各段面之间用椭圆连接，可尝试利用非均匀有理 B 样条来模拟任意滑动体，并结合三维极限分析方法来求解其相应的安全系数，因此基于三维极限分析上限法的岩质边坡稳定分析方法也是继续研究的重点。在这方面，中国、英国的研究水平处于世界领先水平。

（6）在矿山边坡灾变信息采集与预警方面，我国已经与世界同步，处于世界先进水平。针对一个边坡产生灾变的实时准确预报，已经不是困难的工作。具有挑战性的课题是在复杂（或极端恶劣）的条件下开展远程实时监控技术研究。因此，利用现代物联网技术、大数据技术，综合考虑暴雨、雷电、地震、高温、潮湿等恶劣条件，以及无通信信号等复杂情况，采用多路通信手段、多道传感技术、多层次监测部位的远程实时监控技术研发工作，是今后一个发展方向。

2. 矿山压力与开采沉陷

矿山压力与开采沉陷学科的发展是矿山压力与岩层控制、矿山岩体力学及矿山岩层移动与地表沉陷理论的协同发展过程。该学科的形成过程是与采矿业的发展和需求相联系的。矿山的开采深度大、地质条件及地下岩体结构复杂，经常受复杂、恶劣的地质环境因素的影响，这些是其他工程学科难以比拟的[2]。矿山压力与开采沉陷学科的发展现状，可以从以下几个方面加以阐述。

1）矿山岩石力学基本性质的试验研究

矿山压力与开采沉陷学科的发展过程，始终伴随着岩石力学试验机与试验技术的发展。20 世纪 60 年代，Cook 研制了世界上第一台刚性试验机，并获得了世界上第一条大理岩完整的全过程应力应变曲线，以后逐步发展成为今天的伺服控制的刚性试验机（如 MTS 和 INSTRON 型）。1911 年，Karman 研制了第一台围岩三轴试验机。1958 年陈宗基主持研制了长江-500 型围压三轴试验机。1965 年，Buchheim 研制了真三轴仪。1970 年张金铸研制了 330 型真三轴试验机，由此发现了各向异性及屈服准则等一系列岩石力学的基本特性。高温高压试验机的研制，揭示了温压作用下的岩石特性。大试件试验机的发展，揭示了岩石的尺寸效应等。

目前我国在开展非常规岩石力学特性试验研究方面取得了明显进展。其中包括：高围压、高温的岩石力学特性试验，多相介质耦合试验，岩石的细观时效损伤特性试验，岩石损伤力学特性的 CT 扫描试验，复杂应力条件下岩石在开挖卸荷情况下的多轴卸荷破坏试验，岩石抗拉全过程的单轴破坏试验，饱水岩样劈裂拉伸强度时效特性试验及长期拉伸强度试验等。

2）矿山岩体强度和本构理论研究

矿山岩体的强度和本构理论是矿山岩体工程结构变形、破坏和稳定性分析的核心。从岩体介质非均匀性的统计特征出发，结合细观损伤力学理论研究岩体的非线性变形、破裂和失稳过程，也取得了较多成果。将矿山岩体的岩石和结构弱面分开处理，利用连续介质力学框架下的岩石本构理论与结构弱面的本构理论，形成非连续介质力学的分析方法，也已应用于岩体工程结构的变形、破坏和稳定性分析中。先后提出了用应变空间表述的岩石本构关系、多重屈服面理论、双剪强度理论，统一强度理论等，并初步研究了峰后破坏岩体力学特性。

3）矿山地下结构稳定性理论

矿山地下结构稳定性是研究矿山岩体及其工程结构在外界扰动下能否保持原来平衡状态。20 世纪 80 年代，先后提出冲击地压失稳理论、冲击地压-瓦斯突出统一失稳理论、岩石失稳的突变理论；20 世纪 90 年代中期，相继提出了岩石力学系统稳定性理论、滑动系统稳定性理论和蠕变稳定性判据。近年来，随着矿山工程向深部发展，多因素、多相介质和多过程共同作用使得矿山岩体结构成为某些状态下极为敏感而又具有诸多不确定性的强非线性动力学问题[3]。许多新兴非线性科学理论，如分形、混沌、分叉、突变、耗散、协同学、系统理论和人工智能等，已初步引入到矿山地下工程稳定性研究。

4）矿山岩体力学数值计算方法研究

目前常用的数值方法除有限差分产生于 20 世纪 40 年代外，其他数值方法均是在近 40 年内出现并发展的。在我国，有限元数值计算方法已不仅由线性发展到高度非线性和大变形问题，由二维发展到三维，同时，还可以考虑黏性流变、渗流、温度、热导与应力场耦合、损伤、断裂以及波动和动力效应。

在矿山工程分析中通常遇到节理、层理及断层面或矿山岩体裂隙扩张等不连续的问题，有限元法在处理这些问题时常面临困难，于是出现了离散单元法和非连续变形分析法等数值方法。1971 年，Cundall 提出了离散单元法的概念，1986 年，王泳嘉教授首次将离散单元法的基本原理引入我国并加以推广，适用于研究在准静力或动力条件下的节理系统或块体集合的力学问题，现已逐渐应用于矿山岩体结构力学分析中。从 20 世纪 70 年代起，岩石力学已开始研究岩土体介质应力（变形）、渗流及温度等多场耦合问题，特别是 20 世纪 80 年代中期开始的裂隙岩体热-水-力-化学（THMC）耦合问题的研究，极大地丰富了岩石力学数值理论。

目前现代岩石力学数值分析方法已发展成为以连续介质力学为基础，运用连续和非连续介质力学的基本概念、模型和方法，研究岩体的应力、强度、变形、破坏及流体-热-化学传输等物理力学特性，并解决工程岩体稳定性问题的一门应用力学学科。现今这些研究成果都已在矿山岩体工程结构分析中得到了应用，为解决复杂环境下矿山岩体结构变形、破坏和稳定性分析问题提供了基础。

流形方法以拓扑流形和微分流形为基础，利用有限覆盖技术把连续和非连续变形的计算统一到流形方法中，成为当前岩土工程力学数值方法研究的热点之一。

5）矿山岩体流变力学研究

岩体的流变和黏性变形时效是与其力学效应相辅相成作用的。对软岩和极软岩、节理裂隙发育或高地应力条件下，这种黏性变形时效特征就更为明显，成为工程设计计算中必须考虑的主要因素。矿山岩体流变包括蠕变、应力松弛和长期强度三个方面的研究问题。我国学者陈宗基最早认识到岩石存在流变性，并最早提出了岩石流变学的模型，这一开创性工作对国际岩石流变力学的发展作出了重要贡献。随后在大规模岩石工程建设需要的促进下，在岩石流变实验研究和本构模型研究方面都取得了大量成果。

6）矿山岩层损伤、断裂力学研究

矿山岩层是一种天然地质体，其内部存在各种节理、裂隙和微缺陷。损伤力学的发展为合理考虑矿山岩层内各种分布缺陷的研究提供了有力的手段。损伤力学研究的重点是建立损伤变量（张量）和损伤扩展本构关系。这就涉及岩石材料的损伤检测与识别问题。自从 Sprunt 和 Brace（1974 年）将扫描电镜技术引入岩石破裂研究以来，我国学者在这方面进行了大量的研究工作，不仅采用带有加载装置的光学显微镜进行了砂岩在不同加载阶段的损伤裂纹分析，而且对岩石在各种加载条件下破坏后断口进行系统性研究，有力地推动了岩石损伤力学的发展，特别是在岩石损伤机理解释方面起到了积极作用。近年来，我国学者在岩石损伤的 CT、声发射、电阻率等识别方面进行了较多研究，建立了不同的岩石损伤变量和损伤演化方程，这不仅为建立岩石损伤扩展本构关系奠定了基础，而且也为矿山岩体工程结构损伤断裂分析提供了理论基础。

7）矿山压力与围岩破裂

从 19 世纪末开始，国外先后提出了"掩护拱"理论和"掩护梁"理论，较好地解释了开采过程中的矿压现象。澳大利亚 Kelly 等曾研究了沿着采空区边缘支承压力分布，但未给出压力分布随着岩层运动变化的基本规律和"岩层结构-应力变化-岩层力学灾害"之间的力学对应规律。Brady 和 Brown、Salamon 等从能量角度研究了采动诱发岩层灾害的机理。

与国外相比，我国矿压理论的形成比较晚。先后提出了"砌体梁"理论和"传递岩梁"理论。目前我国研究者提出的关键层理论和岩层运动与应力场演化理论受到了国内外研究者的关注。深部巷道围岩的分区破裂化现象也得到了很多关注。

8）岩层移动与地表沉陷

第二次世界大战后，苏联学者对覆岩活动进行了细致的研究工作，并给出了下沉盆地剖面方程及数学塑性理论。波兰学者提出了几何理论，解决了下沉盆地中的水平移动及水平变形的分析问题。1954 年波兰学者将岩层移动过程作为一个随机过程，推证下沉服从柯尔莫哥罗夫方程，这一理论被称为随机介质理论。依据这一理论发展了至今在我国广泛应用的概率积分方法。

与波兰、俄罗斯等国相比，虽然我国岩层移动的研究起步较晚，但成绩斐然。1963 年，唐山煤炭研究所根据实测资料分析，建立了地表下沉盆地的负指数形式的剖面函数；1965 年，我国学者编著了《煤矿地表移动的基本规律》，提出了地表移动预测的概率积分法，该方法在我国采矿行业中现在仍广泛应用。此外，我国学者还提出了保安煤柱开采方法，研究了采动覆岩破坏的基本规律，针对水体下采煤提出了一些经验性的成果和方法。

20 世纪 80~90 年代，学者提出了以研究采场上覆岩层运动为中心的矿山压力和岩层控制理论、岩层二次压缩理论等，特别是钱鸣高院士等提出的关键层理论，推动了岩层移动理论的发展。

近年来，我国学者利用大变形理论、蠕变理论、砌体梁理论及数值方法等探讨了地表沉陷机理，并在矿山采取了条带开采、离层注浆、采空区充填等措施，减缓地面沉陷。特别在地表沉陷监测与数据处理、地表沉陷预测预报、开采沉陷控制、"三下"开采、矿区土地复垦与生态重建等领域取得了大量研究成果，在国际上产生了一定的影响。

9）矿山岩体渗流力学与流固耦合理论研究

天然岩体实际上是固相、液相和气相并存的、相互作用的三相介质体。我国学者建立了煤体-瓦斯耦合作用的力学模型，并对冲击地压与瓦斯突出的统一失稳理论进行研究，在矿业工程中取得了初步成功；提出了岩石破裂过程中的渗流、应力和损伤耦合模型；对矿山岩体内的多相态、非平衡、非等温、非线性渗流开展了初步的研究，受到国际岩石力学界的关注。

10）矿山多种、多相耦合动力灾害演化理论

矿山动力灾害是一种能量释放在时间上非稳定、在空间上非均匀的过程。在复杂的开采条件下，仅仅某一种因素诱发矿井动力灾害是非常难的，多相、多因素耦合型诱因分析逐渐成为深入认识矿井动力灾害机理和发生条件的主要手段之一。因此，国际上相关研究主要围绕着在高应力和强扰动的开采环境中，采动空间中多相、多种能量场的时空演化过程及其决定的动力灾害发生特点和孕育条件开展研究。

11）矿山岩体非线性系统科学理论及应用

我国在现代系统科学应用于岩石力学研究方面取得了可喜的成绩。尽管由数学家 Thom（1972 年）创立的突变理论已在许多领域得到应用，但在解决岩石力学特别是岩爆等岩石破裂失稳问题中的应用，则主要是由我国岩石力学工作者所

做的贡献，如突变理论、分形几何、岩石力学系统稳定性理论、分叉理论、耗散结构理论、混沌理论等非线性科学理论研究等。

12）矿山岩体工程结构软科学分析方法

矿山岩体的力学性质复杂，在实际的矿山岩体工程中依靠经验进行技术决策仍然起到相当重要的作用，在我国习惯地称为软科学方法。

为解决矿业工程中的随机性、模糊性等不确定性问题，先后引入了人工神经网络（artificial neural network）模拟人脑学习功能的智能方法、模糊数学、概率统计、灰色系统等理论。1981 年，模糊数学即用来解决岩石分类问题。此外，岩体节理的模糊抗剪强度、岩层质量控制的模糊表达和地下工程支护方案模糊决策研究等都取得了阶段性成果。概率统计除用于岩石工程可靠度分析外，用 Markov 过程进行地质预报和利用时间序列分析预报岩体力学行为的研究都有重要进展。

3. 矿井建设

1）井筒建设

矿井建设，无论是复杂表土段的立井、斜井特殊施工技术，还是复杂岩土层的立井施工技术、支护工艺都随着科学技术的发展而不断改进。国外最早采用的立井冻结法、钻井法、沉井法穿过复杂表土层技术在 20 世纪 50 年代引入我国，经过几十年来的不断研究发展，已在深厚表土层冻结凿井设计理论与技术、大直径钻井理论与技术、立井快速施工技术等方面处于国际领先水平。

超千米深立井要穿过各类复杂地层，支护井壁要受不同地层的多相压力非均匀作用，井筒支护结构的合理选择，不仅与其直径和深度有关，还与井筒所穿岩性、涌水量、地压、地温等工程条件有关。深井井壁的合理设计理论、纵向和横向结构形式及稳定性是尚未解决的科学问题。深厚表土层的地压规律和作用机理缺乏实际监测资料，厚冻结壁的承载破坏机理不清，设计理论计算与实际偏差较大；目前的冻结壁厚度设计随深度增加而增大，按照现有设计理论计算，冻结壁厚度已达十余米，需要多圈冻结孔才可实现，需要研究发展深井岩土层冻结壁的合理设计计算理论。

2）煤巷支护

煤巷围岩地质力学环境是巷道支护形式与参数确定的基础依据，地应力、煤岩体强度与围岩结构是影响煤矿支护、开采与安全的三大地质力学要素。现有的地应力测试方法包括应力恢复法、应力解除法、水压致裂法、地球物理法、地质测绘法等。上述地应力测量与分析方法中，目前应用较为广泛的是应力解除法与水压致裂法。巷道围岩强度测量方法主要有两种类型：一种是钻取岩心，在实验室进行煤岩体强度的测试；另外一种是煤矿井下巷道围岩强度原位测量。由于巷道围岩中存在许多不连续结构面，控制着岩体变形、破坏及其力学性质。目前煤岩体结构测量通常采用钻孔窥视的方法进行。相对而言，煤巷围岩地质力学测试理论与技术近年来发展很快，获得了大量地质力学测试数据[4,5]，但地应力、煤岩体强度与结构之间的相互关系还没弄清楚，地质力学环境评估理论还没有完全建立。

煤巷围岩稳定性理论一直是巷道围岩控制的核心问题，巷道围岩稳定性影响因素一直是巷道围岩稳定性研究的重点[6,7]，主要包括煤岩层所处的地质力学环境、煤岩层的性质、煤岩层的倾角、地下水的影响、工作面回采采动应力影响、巷道断面形状和尺寸以及巷道支护与施工方法等。根据这些因素，通过对岩体工程地质特性和力学特性分析，提出了巷道围岩稳定性分类方法。现行围岩分类方法有单指标分类法、多指标分类法、多因素综合单一指标分类法和多因素多指标分类法等。

煤巷支护理论方面，目前国内存在两种支护理论：一种是二次支护理论，即第一次支护时允许巷道产生变形，采用"让"的办法，等巷道变形后再进行二次支护补强；另一种是高预应力一次支护理论，即采用高强度锚杆并施加较高的预紧力，实现巷道服务期间内的一次支护。传统的锚杆支护理论有悬吊理论、组合梁理论、组合拱理论等。这些理论都是在一定假说的基础上，针对不同围岩条件提出的。由于理论简明易懂、设计计算简单，因此得到广泛应用，在生产实践中起到了积极作用。随着我国煤矿锚杆支护理论与技术的快速发展，逐步认识到预应力在锚杆支护中的决定性作用[8,9]，锚杆对围岩强度的强化作用，锚杆对围岩结构面离层、滑动、节理裂隙张开等扩容变形的约束作用，以及保持围岩完整性的重要性。

支护材料性能研究方面，由于支护材料主要由支护方式决定，针对锚杆支护，支护材料主要包括锚杆、锚索支护材料及配套构件的研究；对于金属支架支护，支护材料主要包括支架材料、支架结构及连接件等。锚杆材料经过长期的发展，已由原来的低强度发展到现在的高强度锚杆，开发出 500~830MPa 级高强度、高冲击韧性系列左旋无纵筋螺纹钢锚杆，伸长率大于 15%，冲击吸收功大于 50J[10]。对锚杆本身的研究，已经由初期的研究杆体材料性能，逐渐深入到对锚杆杆体结构、杆尾螺纹及配套构件力学性能及其匹配性进行精细化的研究[11]。经过长期发展，目前锚杆支护材料的类型包括玻璃钢锚杆、圆钢树脂锚杆、涨壳式机械锚固锚杆、摩擦锚固锚杆、高强度树脂锚固锚杆、钻锚注一体化锚杆、NPR 锚杆等。

由于煤巷工程量巨大，煤巷支护的科学合理，将显著影响矿井的生产成本，影响工作面的正常快速推进，影响煤矿的安全生产，因此有必要针对煤巷支护开展更为深入细致的基础研究。

3）岩巷支护

（1）岩巷变形和致灾机理研究，在围岩吸水软化、结构破坏以及岩爆、冲击地压等大变形灾害的致灾机理等方面的理论和实验研究，取得了突破性进展，为进一步研究岩巷的控制对策和支护技术奠定了理论基础。主要包括：

①煤矿岩体中的黏土矿物成分吸水膨胀大变形机理[12~20]。针对煤矿岩体中的黏土矿物成分吸水膨胀大变形导致的巷道塌方灾害，首先利用软岩吸附超级计算系统，进行了软岩吸附量子力学研究。结果表明，软岩组分中蒙脱石、高岭石等黏土矿物的内部结构（电子结构、能带结构）缺陷，导致替代元素与被替代元素之间出现价电子数目的差异，使其产生负电性，具有较强的水分子吸附能量。巷道开挖后，由于力学和物化条件改变，引发了围岩内部产生巨大的膨胀能，从而具有很强的破坏性。在此基础上，进行了岩石与水吸附相互作用实验研究，揭示了工程岩体吸水量随时间增加、强度随时间衰减而导致大变形塌方的规律，为巷道支护设计提供了依据。

②结构面的层状结构岩体引起的非对称大变形机理[21~27]。针对含结构面的层状碎裂结构岩体大变形破坏导致的巷道塌方灾害，研发了软岩巷道破坏结构效应物理模型实验系统，进行了不同工程地质条件下的巷道开挖破坏过程模拟实验。实验结果表明，岩体及岩层结构面是引起巷道围岩强度降低、产生非对称大变性破坏的主要原因，对结构面的控制是非对称支护设计的关键，为控制软岩巷道结构大变形破坏提供了设计依据。

③岩爆大变形机理[28~34]。针对高应力作用下巷道围岩中的一些泥质砂岩、煤系地层等出现的岩爆大变形灾害现象，利用自主研发的岩爆力学实验系统，设计了不同类型岩爆实验方法，实验室再现了岩爆全过程这一复杂的力学现象。通过实验研究，得到了岩爆动力发展过程及其裂纹扩展与能量变化规律，提出了煤矿岩爆的强度决定于黏土矿物成分含量、岩爆的模式受层面产状影响的重要结论，为岩爆引起的瞬间冲击大变形灾害控制提供了理论基础。

④深井高温高湿环境引起围岩软化大变形机理。针对深井开采高温高湿环境引起围岩软化大变形导致的巷道塌方灾害，采用深部高温岩体力学特性实验系统，对围岩在常温低湿到高温高湿环境下的力学特性进行了实验研究，揭示了高温高湿环境易导致围岩软化大变形、强度衰减而发生破坏的规律，得出了深井高温高湿环境的控制是深部环境效应引起围岩软化大变形控制的关键的重要结论。

（2）岩巷工程控制对策。

随着开采深度的增加，巷道支护技术已从被动支护（以钢架、木支架支护为代表）发展到主动支护（以锚网、锚索支护为代表）。针对深部巷道围岩由于塑性大变形而产生的变形不协调部位，通过不同支护之间的耦合以及支护体与围岩之间的耦合而使其变形协调，从而限制围岩产生有害的变形损伤，同时最大限度地发挥围岩的自承能力，实现支护一体化、荷载均匀化，达到巷道稳定的目的。

工程围岩变形破坏超过支护技术所能控制的限度，就可能发生工程灾害。因此，必须从工程作用力（包括破坏的始动力和破坏发展过程中的驱动力）和支护在围岩大变形过程中的控制作用两方面着手，控制围岩大变形灾害。

以耦合支护理论为基础，以软岩大变形机理为突破点，研发了适合于巷道大变形特点的"NPR 锚杆/索"、NPR 锚杆/索新型支护材料，具有拉不断、高恒定工作阻力、抗强冲击的超常性能[35~39]。以此为基础，建立了在关键部位加强支护的软岩巷道非对称大变形控制设计方法，提出并建立了深部巷道耦合控制理论与系列支护技术。

4）采场支护

近年来，分别对"串行"力系（基本顶-直接顶-控顶区支架-底板）和"并行"力系（下位直接顶、煤壁、控顶区支撑力系、采空区垮落矸石）构成支撑体系对基本顶围岩的作用及其各自力学属性进行了深入研究。根据长壁工作面开采的地质和技术条件的不同，将采场围岩运动和支撑力系归入相关的力学模型中，得到不同的围岩-支撑体系相互作用关系和平衡条件，代表性的模型有：

（1）弹性基础连续板力学模型，如充填法开采和薄煤层开采；

（2）裂隙板（梁）-弹性基础板力学模型，如一般厚煤层和中厚煤层开采；

（3）弹塑性悬板体力学模型，如直接顶厚度很大或坚硬难垮落以及放顶煤开采。

在围岩控制理论研究领域，国内外侧重于上覆岩层结构形态的研究，在"砌体梁"式平衡的结构力学模型基础上提出了岩层断裂前后的弹性基础梁力学模型及各种不同支撑条件下的 Winkler 弹性基础上的 Kichhoff 板力学模型；"传递岩梁"理论揭示了岩层运动与采动支承压力的关系，提出了内外应力场的观点。在"砌体梁"和"传递岩梁"理论的基础上，相关研究得出了老顶存在类拱、拱梁和梁式三种基本结构形式的拱梁结构理论[40,41]。关键层理论将对上覆岩层活动全部或局部起控制作用的岩层称为关键层，一般为厚度较大的硬岩层，其实质是进一步研究硬岩层所受的载荷及其变形规律，进而研究影响工作面及地表沉陷的主要岩层及其变形形态。

在综采支架-围岩关系理论研究领域，相关研究侧重于顶板围岩介质属性分类及其冒顶机理研究，分析了直接顶块裂结构和碎裂散体结构的稳定性及发生冒顶的机理。认为块裂结构直接顶岩体自身稳定性取决于直接顶岩体力学性质和载荷场，不同上部开采边界的综采工作面具有不同的矿山压力显现规律和不同的直接顶板破坏模式，与综采端面漏冒关系密切的边界条件有集中载荷、散体和老顶边界三种类型。在支架工作状态与控顶效果方面，认为支架的位态对直接顶的稳定性有重要的影响；支架过大的抬头会使端面顶板难以形成冒落平衡拱，既造成支架对顶板支撑力的减小，又造成顶梁平衡千斤顶耳座的大量损坏。

4. 矿山安全

1）煤矿瓦斯灾害预防理论与方法

目前，国内外学者针对煤矿煤矿瓦斯灾害预防做了大量工作。

在含瓦斯煤体基本特性研究方面，由于煤是一种有机岩石，它除具有一般岩石的所有性质外，还具有对瓦斯的吸附特性。为此，国内外学者对瓦斯煤体基本特性开展了较为全面的研究。国外学者研究了瓦斯对煤的微观结构的影响，测定了井下和实验室常压下的不同瓦斯成分介质中煤体的硬度、用 X 射线测定了在瓦斯介质中煤分子之间的间距、用落锤法在密封缸内常压瓦斯介质下测定煤的硬度变化等。国内学者在实验室测定过含瓦斯煤的硬度、体积和强度性质的变化，提出了关于岩石变形强度方面的 Coulomb-Mohr、Drucker-Prager、Griffith、幂函数型、双剪型和统计型等强度准则，建立了弹塑性损伤、连续统损伤、蠕变损伤、细观损伤等损伤模型以及滑移开裂、预存缺陷扩展、晶粒间弹性位错、孔洞应力集中等裂纹扩展模型，研究了含瓦斯煤的变形特性、含瓦斯煤体的力学性质等[42~44]。

在煤与瓦斯突出机理与预防理论研究方面，近几十年来，世界上一些瓦斯突出严重的国家对煤与瓦斯突出的机理都做了深入的研究，提出了各种关于突出机理的假说[45~48]。目前，人们普遍认识到：煤与瓦斯突出是地应力、瓦斯压力及煤的力学性质三者综合作用的结果，但是对这些因素的作用过程及机理的认识还很不完全。近年来，有学者对煤与瓦斯突出机理进行了进一步的研究，有了一些认识，比如通过量纲分析和能量对比的方法对瓦斯突出过程进行了分析，指出煤层中的瓦斯能比煤体的弹性潜能要大 1～3 个数量级，发生突出的能量主要来自煤体中的瓦斯能；通过对一维突出模拟试验的结果分析，认为煤的破碎与瓦斯渗流的耦合是煤与瓦斯突出的内在因素；提出了煤与瓦斯突出、冲击地压统一失稳理论、流变假说等机理。在防突方面，提出了"四位一体"综合防突技术，采取了保护层开采、钻孔预抽、超前排放、深孔松动和预裂爆破、水力冲孔、水力割缝、水力掏槽、水力扩孔、水力挤出、高压注水等不同的区域和工作面局部突出防治技术并进行工程应用，还针对不同矿井和煤层实际条件研究了上述方法的技术原理和工程参数。

在低渗透性煤层抽采及增渗机理方面[49~52]，研究了煤体瓦斯解吸、扩散和渗流规律及温度场、静电场、电磁场、声震场等外场对其影响的特征，建立了应力、温度、裂隙等多场耦合煤层瓦斯扩散-渗流理论，并研究了非达西渗流规律，为本煤层瓦斯抽采奠定了理论基础。煤层瓦斯增渗方面，在传统的密集钻孔、网格式抽采、交叉、迎面斜交、大直径钻孔、卸压抽采等钻孔布置方法和参数优化基础上，提出了利用水力压裂、水力割缝、炸药或者二氧化碳相变爆破等本煤层增渗技术方法和高位、低位裂隙带钻孔和高低位巷道抽放的技术方法。

在瓦斯爆炸防治理论方面[53~75]，国内外学者开展了瓦斯爆炸事故的基础理论研究、实验研究和数值模拟研究。迄今为止，各主要产煤国家如波兰、日本、英国、美国、法国、德国等，都相继建立了大型瓦斯煤尘爆炸试验巷道。我国煤炭科学研究总院重庆分院也于 1981 年建成巷道全长 896m、截面面积为 $7.2m^2$ 的半圆拱形巷道。德国特雷毛尼阿试验巷道是世界上最长的爆炸试验巷道（长 1200m）。这些建立的巷道尺寸与真实矿井接近，但实验耗资大，得到的数据少，且适用性差。大多数的研究者采用实验室小型瓦斯爆炸实验管道，更加详细地研究瓦斯及其他可燃气体的爆炸现象。目前煤矿井下主要采用主动式抑爆和被动式抑爆两大类。但是，瓦斯煤尘爆炸事故并没有得到有效控制。近年来中国、俄罗斯、乌克兰等世界主要产煤国家都发生了多起死亡数十人的瓦斯煤尘爆炸事故，就证明了这一点。单一煤尘爆炸近年来也多次发生，需要引起研究人员的关注。

在其他有害气体研究方面，主要表现在硫化氢气体致灾。硫化氢作为一种主要的有害气体，对工作人员的健康造成威胁。煤岩层中硫化氢的涌出是防治硫化氢的重点。前苏联顿巴斯矿区、中国新疆、鹤壁、皖北、晋城、内蒙古西部、宁夏等矿区都出现了煤层中蕴含的硫化氢。国内外目前的主要防治措施有增加风量和喷洒碱性溶液。喷洒碱性溶液用于吸收煤层中的硫化氢，以减少采掘和运输过程中的硫化氢涌出量，这是一种效果明显的措施。目前，对于硫化氢的赋存机理、规律以及治理技术整体研究较少，还需要做大量的理论、实验、防治技术的研究工作。

2）通风与火灾防治基础理论与技术

针对煤自燃的问题，近几十年来，国内外相关学者和工程技术人员进行了研究与攻关，逐步形成了以煤自燃机理、自燃倾向性测试、大型煤自然发火过程实验模拟、煤自然发火数值模拟、自燃危险区域判定等为主体的煤自燃发火预测预报研究体系，并从微观分子动力学、细观煤岩体裂隙状态和宏观防治工程方面取得了研究成果[76~86]。自燃指标气体及其判定方法也是该领域研究的重点。对本煤层自燃，国内外广泛采用注水、灌浆、喷洒阻化剂等技术。采空区煤层自燃是防火的重点研究领域，提出了黄泥灌浆、注凝胶、注氮、注二氧化碳、注三相泡沫等灭火材料进行防灭火的技术手段，研究揭示了防灭火技术原理和规律。自燃火区封闭和启封长期以来是火区防治的关键。在通风方面，近年来开发的通风模拟仿真技术得到了较广泛应用，瓦斯突出、冲击地压、火灾、大面积顶板垮落、高寒气候等其他灾害对通风风流的影响及其防治方法是目前研究的重点。密闭巷道的恢复通风方法采用了多种通风技术和设备。未来要解决的通风问题是多灾种耦合效应对通风风流及设施的影响、危害及快速应对的技术原理。

3）矿井水灾防治基础理论与技术

我国学者在煤矿灾害机理、预测探测、危险性评估、防治技术和装备、矿井水利用等方面取得了进展。在突水机理的研究方面，曾先后提出了突水系数、等效隔水层、三带理论、关键层、脆弱性指数等概念，并对底板突水机理进行了定性总结。

目前，突水及预测研究朝定量、非线性、准确等的方向发展。在上述理论指导下，矿井水灾监测预警技术及装备也有了良好开端。同时，在水文地质条件探测方面已积累了一定的经验，形成了一些成熟的探测技术和方法。物探技术大量应用于充水水源和充水通道探测，如高密度电法、瞬变电磁探测技术（TEM 法）、磁共振探测技术、地震 CT、井下电法、氡气测定法、坑道透视法、音频电穿透技术、三维地震技术、槽波及瑞雷波勘探技术、电磁法勘探技术、地质雷达探测技术、钻孔窥视技术以及原位应力测试等。在矿井涌（突）水量研究与预测方面，水文地质以及水化学的技术手段有较大进展，尤其是在钻孔间透视、钻孔水流向测定、井液和水温测定、水电阻率测定、水同位素测定、常规水化学分析、水化学快速分析、地下水系统数学模型模拟等方面。未来将建立集合矿井水害致灾机理、探测理论、预警方法和防治原理于一体的矿井水灾监测预警及治理技术体系作为研究重点和发展趋势。

4）粉尘、职业危害防治理论与方法

近年来，国内外学者对矿井粉尘产生机理、运动规律进行了大量的研究[86~92]，为综采工作面粉尘治理中确定合理有效的防尘措施和防尘设备的合理布置提供依据。并针对现有的除尘措施（包括供风控尘、雾化降尘、涡流控尘、除尘器抽尘等）在工作面粉尘的控制问题，提出了一些新的喷水装置及工艺技术。但是多尘源煤层的降尘和防治工作是一个复杂的多输入、多输出系统，有必要从综合降尘工艺的优化方面开展理论研究，以提高整体的降尘效率。

目前，我国粉尘浓度的实际在线连续监测多为全尘浓度监测。在各类监测仪器和手段中，各煤矿普遍使用的都是呼吸性粉尘采样器。虽然呼吸性粉尘采样器被列入我国粉尘排放测试方法国家标准，但操作烦琐，人为因素影响大。其余方法的仪器在稳定性、精度方面都存在一定的局限。由于呼吸粉尘不能实现在线连续监测，无法给后续煤尘的防治工艺以正确的指导，导致智能化降尘大多在总粉尘浓度超限时才开始采取降尘措施，无法进一步提高喷雾降尘效率和降低尘肺病

的发生概率。

5）矿井热害防治基础理论与技术

矿井热害问题已经受到国内外学者的高度重视，许多学者针对深部采动作用下渗流场与巷道围岩体的温度场耦合作用以及渗流作用下的巷道围岩与风流温度场的热湿传递等基础问题进行了广泛的研究，提出了一些热害控制对策[93~101]（如增加通风量、人工制冷降温等）。但是，深部高温矿井由于其埋深大，穿透岩层的数量和种类多，开采系统路线长、热流边界特别复杂，对热害的防治提出了一系列迫切需要解决的问题。例如，通风量的增加会引起主扇能耗的增加且降温效果有限；人工制冷降温虽然效果较好，但初始投资和运行成本高，且冷损耗大。寻求经济有效的矿井降温方法已迫在眉睫。

6）安全监测监控理论与方法

近年来，煤矿安全监测工作主要围绕矿井环境及安全监测、地球物理探测、煤岩动力灾害监测等三个方面展开。

在矿井环境及安全监测方面[102,103]，由于矿井中涌出的 CH_4、CO 等气体是矿井发生灾害的前兆，可直接或间接对人体造成伤害，煤尘可使人患职业病并可引起粉尘爆炸，金属与非金属矿山也存在大量有毒有害气体，如 CO，NO_x，SO_2，H_2S 等。

在矿井地球物理探测方面[104,105]，近年来，在物探技术原理、方法、技术装备等方面取得了长足的进步。地球物理探测是以介质物理性质差异为基础，通过观测地下物理场的分布及其变化规律来研究是否存在地质异常体等问题的物探技术。将其应用于地下井巷、隧道、采场中，可以有效探测工作面前方和巷（隧）道两侧的地质异常体。目前，国内外主要利用矿井直流电法、矿井地震勘探技术及瞬变电磁勘探技术进行地质构造探测及矿井水防治，已广泛应用于巷道工作面、顶板、底板及工作面富水区及构造探测等。

在矿井煤岩动力灾害监测方面[106~111]，在传统预测基础上，研究揭示了煤岩破裂和灾害发生过程的多种物理效应。目前，国内外主要采用传统的人工钻孔法及新兴的地球物理方法对上述灾害进行监测预警。前者主要有用钻屑量法预测煤与瓦斯突出和冲击地压，用钻孔瓦斯涌出初速度和钻屑瓦斯解吸指标等预测煤与瓦斯突出等，后者主要包括微震法（声发射法）、电磁辐射法及采动应力实时监测法。随着采深增加，瓦斯突出和冲击地压复合灾害日趋严重，未来两种灾害的统一预警问题将是研究重点。

7）非煤矿山安全

目前，我国非煤矿山领域在"非煤矿山典型灾害预测控制技术""矿井老空区探测与水害防治技术及装备""矿井重大灾害应急救援关键技术研究"等研究方向取得较多成果，并形成一批安全生产先进适用技术，如尾矿库风险分级与在线监测和预警装置、矿井灾害监测与预警信息系统、高含硫气田勘探开发安全关键技术等。发展并装备了一批先进安全生产装备，如地质雷达等物探设备、声发射及电磁辐射探测设备、大吨位装运车辆、通风自动化和智能化系统、GPS 监测设备、两级高比转速深模型泵等。

5. 矿井新能源

1）页岩气发展现状

依据地质历史及其变化特点，可将我国的页岩气发育区划分为大致与板块对应的四大区域，即南方、华北—东北、西北及青藏等四大地区。在四大地区里页岩气沉积环境包括陆相、海相和海陆过渡相共计三大相、八大层系，即南方古生界（下寒武统、上奥陶统—下志流统）的海相地层；东部断陷盆地古近系、四川盆地及周缘上三叠统—下侏罗统、鄂尔多斯三叠系、西北地区侏罗系及东北地区白垩系的陆相地层；华北地区石炭系—二叠系和南方二叠系的海陆过渡相地层。对于页岩气的分布盆地，主要有四川盆地、鄂尔多斯盆地、渤海湾盆地、松辽盆地、塔里木盆地以及准噶尔盆地等，估计资源量 10 万亿～30 万亿 m^3，页岩气资源丰富。中国页岩气勘探可能取得突破性进展的地区有三个，包括南方地区下古生界海相、四川盆地侏罗系陆相和鄂尔多斯盆地三叠系陆相[112~117]。

目前，中国页岩气的开发还面临着许多政策和技术问题，可归纳为理论、技术、环境和成本四个方面，即基础研究滞后、技术"水土不服"、共采矿权不清及环境关注不够等[118]。要实现中国页岩气的高效、可持续、产业化、低成本开发，必须以国家优惠政策为基础，集中各方面的科研力量，群策群力、优势互补、相互支撑，重点解决和突破制约页岩气发展的关键技术，形成相应的技术体系，支持页岩气的有效开发。对于中国页岩气产业技术的研究，没有最好的技术，适合的技术就是最好的，不在于技术本身的先进性，而在于技术和中国气藏特性的有效结合。

2）致密气发展现状

在致密气的勘探开发方面，美国率先取得重大突破并迅速进入快速发展阶段。1990 年，美国致密气产量就已达 600 亿 m^3，2010 年致密气产量达到 1754 亿 m^3

（远高于我国天然气的总产量），约占美国天然气总产量的 29%，成为美国天然气产量构成中重要的组成部分。2013 年的统计数据显示，世界致密气藏资源量高达 114 万亿 m^3，仅次于天然气水合物，主要集中在北美、亚洲及独联体地区，是未来重要的勘探增储领域。以现今技术可开采的非常规天然气而论，致密气藏居首位，储量为 10.5 万亿～24.0 万亿 $m^{3[119,120]}$。

在勘探开发常规油气的过程中，我国鄂尔多斯、四川、松辽、渤海湾、柴达木、吐哈等盆地早就发现了致密气的大量存在，但当时主要是按低渗-特低渗油气藏进行勘探开发，受制于技术和效益，大多没有引起足够的重视，进展比较缓慢。2005 年以来，实现了苏里格气田经济有效开发，从而推动苏里格地区致密气勘探开发进入大发展阶段。截至 2013 年年底，致密气探明可采储量 1.8 万亿 m^3，约占全国天然气探明可采储量的 32%，其中 90%分布在鄂尔多斯盆地和四川盆地；致密气探明未开发可采储量 0.9 万亿 m^3，约占全国天然气探明未开发可采储量的 38%。2015 年全国致密气产量达到 500 亿 m^3，已成为天然气增储上产的重要领域。

3）煤层气发展现状

我国一次能源结构中煤炭所占比例高达 67%。由于大量煤炭资源的开采和煤矿安全生产的需要，矿井开采过程中伴生的煤层气资源抽采也越来越受重视。"十二五"期间，我国煤层气累计新增探明地质储量 3504.89 亿 m^3。2015 年全国煤层气勘查新增探明地质储量 26.34 亿 m^3。截至 2015 年年底，全国煤层气剩余技术可采储量 3063.41 亿 m^3。2015 年，煤层气产量 180 亿 m^3，其中，井下瓦斯抽采量 136 亿 m^3、地面煤层气开采量 44.25 亿 m^3。不仅大大缓解了煤矿安全生产的压力，提升了煤炭企业的经济效益，也为国家提供了急需的高效洁净能源。同时，还围绕矿井煤层气安全高效抽采的理论问题开展了系统研究。近年来，在分析煤层采动影响的时空规律的基础上，指出了岩层移动规律对煤层气抽采钻井（孔）布设的影响；构建了煤炭与煤层气协调开发模式和评价指标体系，建立了协调开发评价模型，实现煤炭和煤层气资源的安全、高效开采与有效利用。并在矿井采动区多场变化耦合作用下煤层气解吸-扩散机理及运移动力学特征、多场变化耦合作用对高地应力-低渗透率煤储层的改造机理及效应、固-流耦合作用对不同属性煤储层影响特征及效应、不同开采技术和开采方式条件下煤层气安全高效抽采评价理论等方面取得了丰硕成果[121~125]。

4）地热能发展现状

目前，世界上有 78 个国家在利用地热能[128]，其中 27 个国家拥有地热发电站。据 2010 年在印度尼西亚召开的世界地热大会统计，利用热能量排行榜前十名的国家分别是：中国、美国、瑞典、土耳其、日本、挪威、冰岛、法国、德国和荷兰。近年来，我国浅层地热能的热利用发展迅猛，主要是水源热泵和地源热泵的供暖及热水供应等。全国地热可采储量是已探明煤炭可采储量的 2.5 倍，其中距地表 2000 m 内储藏的地热能为 2500 亿 t 标准煤。全国地热可开采资源量为每年 68 亿 m³，所含地热量为 973 万亿 kJ。在地热利用规模上，我国近年来一直居世界首位，并以每年 10%的速度稳步增长。2015 年，我国浅层地热能供暖面积达 3.92 亿 m²，中深层地热供暖面积达 1.02 亿 m²，合计 4.94 亿 m²，全国地热能供暖实现替代标煤 1450 万 t；同期，地热发电约 135GWh，实现替代标煤 4.13 万 t，加上用于种植、养殖及洗浴等共实现替代标煤 2000 万 t。我国已建成的地热发电厂主要集中在西南地区。但由于当地水能资源丰富，地热发电竞争力不强，加之地质条件、设备、环境等方面的原因，一些地热发电厂先后停产，目前装机容量约 27.3 MW，20 余年没有大的进展，没有形成规模。另外，我国的干热岩开发利用还刚刚起步，属于探索阶段。

3.2.2　学科发展布局

我国矿业工程领域的杰出人才主要分布在中国矿业大学、中国矿业大学（北京）、中南大学、东北大学、北京科技大学、中国地质大学、中国科学院、清华大学及重庆大学等单位，如图 3.11 所示。截至 2015 年，矿业工程学科共有院士 35 人，长江学者 23 人，杰出青年学者 22 人。到 2020 年，将有十几位在国际上成为有影响力的科学家，主要分布在中国矿业大学、中国矿业大学（北京）、中南大学、中国科学院、中国地质大学、北京科技大学、煤炭科学研究总院等教学与科研单位。

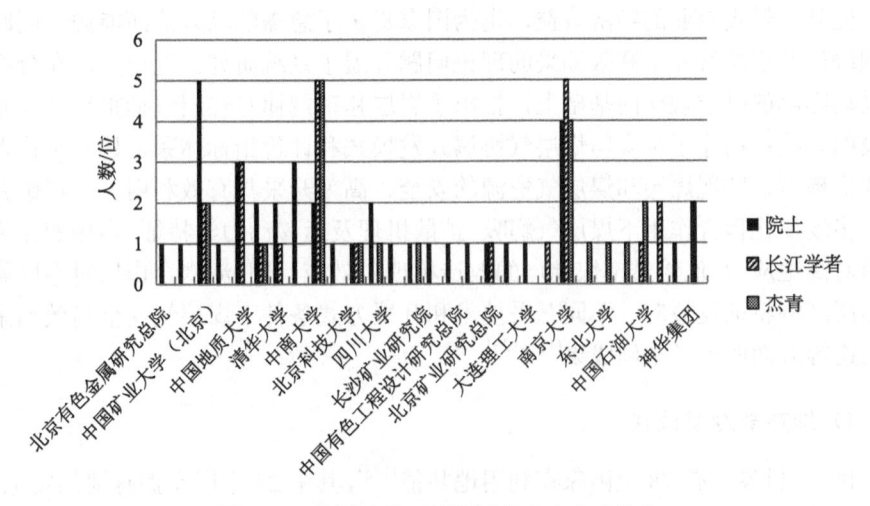

图 3.11　我国矿业工程领域的杰出人才分布

目前，我国矿业工程领域的国家重点实验室有 9 个，其分布如表 3.1 所示。据 2003～2015 年统计，国家科技进步二等奖的分布如图 3.12 所示。另外，在矿业工程领域我国还有 16 个研究中心，分别设立在企业或研究院所。

表 3.1　矿业工程领域国家重点实验室分布

编号	重点实验室	依托单位	部门
1	深部岩土力学与地下工程国家重点实验室	中国矿业大学（徐州、北京）	教育部
2	煤炭资源与安全开采国家重点实验室	中国矿业大学（徐州、北京）	教育部
3	煤矿灾害动力学与控制国家重点实验室	重庆大学	教育部
4	煤燃烧国家重点实验室	华中科技大学	教育部
5	能源清洁利用国家重点实验室	浙江大学	教育部
6	岩土力学与工程国家重点实验室	中国科学院武汉岩土力学研究所	中国科学院
7	煤炭资源高效开采与洁净利用国家重点实验室	煤炭科学研究总院	科技部
8	煤矿采掘机械装备国家工程实验室	煤炭科学研究总院	国家发改委
9	安全生产技术支撑体系国家级中心实验室	煤炭科学研究总院	国家安监总局

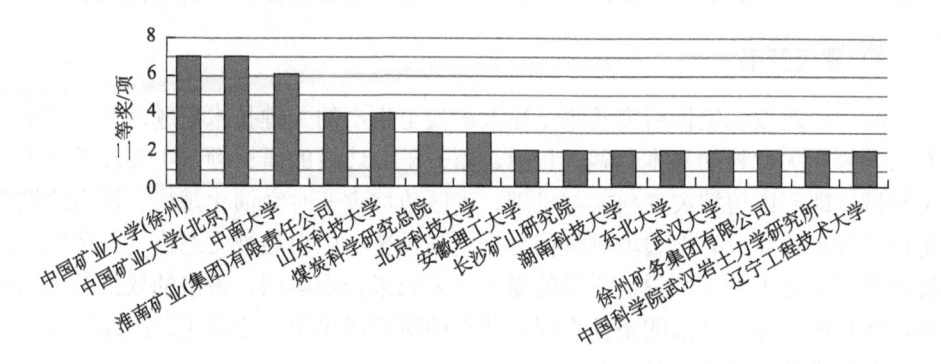

图 3.12　矿业工程领域国家科技进步二等奖分布（2003～2015 年）

1. 采矿工程

采矿工程学科是一个综合性学科，涉及的矿山资源种类繁多，在学科发展布局上可以按开采的矿产资源种类划分，也可以按研究的科学问题进行划分。不同矿产资源开采的科学问题有其共同点，这种划分可以参照前面的主要基础科学问题，这里仅按 76 种矿产资源种类划分与布局进行说明。

1）煤炭开采

我国煤炭资源赋存条件复杂，埋藏深、高瓦斯和瓦斯突出的煤炭的储量比例大，地质构造复杂，煤层厚度和倾角变化大，地下开采比例大和方法多，目前煤矿安全生产状况依然严峻，事故起数和死亡率高。与此同时，煤炭开采的基础理论研究滞后于生产实践，导致煤炭开采技术发展中走了许多弯路。因此在未来一段时间内，加强煤炭开采的基础理论研究是采矿工程学科发展规划的首选。在进行煤炭开采及相关矿产开采的基础理论研究时，注重理论模型与开采实际相吻合是非常重要的。同时基础理论研究要满足煤炭安全、高效、高回收率与环境协调开采的需要。

2）金属矿开采

金属矿包含的矿产种类很多，如铁矿、铜矿、金矿、镍矿、铅锌矿等。我国金属矿山采矿发展至今，处于理论研究的上升期，理论研究稍落后于工程实践，亟须理论研究的突破以支持采矿实践，突破瓶颈。金属矿开采面临着新的挑战与机遇，未来5年的总体发展布局为：以科技进步为先导，坚持矿产利用与生态环境保护，金属矿产资源保护与大规模开发并举，促进社会、经济、环境等效益的和谐发展。金属矿产开采的基础理论研究要面向地下开采的大型化、露天转地下、溶浸采矿等，提高矿产资源回收率、保护环境、提高机械化和自动化水平。

3）露天开采

露天矿边坡稳定性研究历来是露天矿安全生产的关键技术问题，并一直是岩石力学等相关学科的基本命题。目前，露天矿山边坡的研究领域主要涉及以下5个领域，即矿山边坡灾变模式与机理、矿区边坡灾变时空演化规律、矿山边坡稳定性评价与计算、矿山边坡灾变信息采集与预警、矿山边坡生态恢复与环境保护等。相对于地下开采来说，科学的露天开采成果合理运用，带来的效果会更加明显，而且由于露天开采的条件直观，获得的研究成果更易于应用，因此加强露天开采的基础理论研究十分重要。

4）深部开采

深部开采存在于各种矿产资源开采中，但是为了强调深部开采的特殊性，作为学科布局单列出来。深部开采主要是指深部地下开采，也包括深部露天开采。深部开采主要面临的问题是：高应力、多层矿体（煤层）联合或顺序开采，导致采动应力集中和叠加，需要高效安全的开采方法；高应力诱发冲击地压、采场与巷道难以支护问题；高温导致矿石、煤炭自燃、炸药自爆、高温作业问题；高井深导致提升、通风、排水、充填等作业困难，效率降低、费用增大问题；以及大采深露天矿边坡稳定、矿岩运输、矿坑通风与防尘、矿坑排水等问题。

5）海洋采矿

海洋采矿是从海水、海底表层沉积物和基岩中获取有用矿物的过程。海洋采矿是人类未来采矿活动的必然选择。海洋的矿产资源分布在海水中、大陆架和深海底部。可分为三类：海水中的溶解矿产资源、海底表面矿床和海底基岩内矿床。除伸入海上石油开采及天然气开采外，海洋采矿主要研究对海底表面矿床的开采，其矿产资源主要有大洋多金属结核矿和富钴结壳。海洋采矿涉及海洋资源的勘探、采矿、选矿与冶炼方面的一系列复杂的理论与技术问题。首先要研究资源勘探，在深达五六千米的海底，使用先进的勘察手段查明海底资源的分布及品位、资源数量、资源环境；保护海洋生态环境是海洋采矿必须重视的问题。深海采矿对海洋环境造成的影响主要包括海底地貌的改变，生物群落及其栖息环境的破坏，同时还有维持生态环境所必需的物理过程损害等；海洋采矿生产是以海洋采矿的综合成本（勘察、采矿、选矿、冶炼成本的总和）低于陆地采矿成本为前提，需要研究海洋采矿的成本与可持续发展。近年来，天然气水合物开采的基础理论与技术开发研究是海洋采矿的热点之一。

2. 矿山压力与开采沉陷

矿山压力与开采沉陷方向与矿山工程地质、采矿工程、岩体力学等学科关系密切相关。随着科学研究的不断深入和学科门类的细化，矿山压力与开采沉陷方向与力学、工程地质、地球物理、计算机、测试技术等学科交叉与融合，这是矿山压力与开采沉陷学科发展的必然趋势。

近年来，矿山压力与开采沉陷领域研究呈现出传承与创新并重的发展趋势，学科发展布局体现在以下几个方面。

1）复杂岩层结构的矿压理论研究

继续结合岩体破坏理论、模型实验与现场测试等最新科研成果，深入研究复杂煤体赋存条件下的"砌体梁"与"关键层"理论（钱鸣高院士提出的）及"传递岩梁"理论（宋振骐院士提出的），并进行应用。

2）复杂结构、恶劣环境条件下的围岩支护与监测研究

继续深入研究在复杂围岩结构、恶劣围岩环境条件下，围岩特别是松散、破碎软岩岩层结构演化与应力场分析，支护理论与支护技术，冲击地压孕育过程和防治机理与监测技术基础等。

3）复杂围岩结构复合动力灾害演化机理与灾害预警研究

继续深入研究深部、复合软岩等复杂地质构造围岩结构在水、气、高围压等耦合恶劣围岩环境条件下，冲击地压、瓦斯突出等复合动力灾害发生机理、控制原理、监测技术基础等。

4）矿山岩体结构稳定性研究

继续深入研究在复杂围岩结构与恶劣围岩环境条件相互作用下，围岩的非线性时、空演化过程及其稳定性与控制原理。包括复杂岩体结构的突变失稳理论、岩石力学系统稳定性理论、岩体滑动系统的负阻尼现象和蠕变稳定性理论等。

5）岩层结构演化与应力场动态响应机制研究

继续深入研究采掘过程中岩层结构演化与应力场动态响应机制，特别是岩体峰（破裂）后力学特性与承载性能。

6）矿山多场耦合致灾机制与灾害预测、防治与监测研究

继续深入研究采、掘过程中，水-气-应力-化学-温度等多场耦合致灾机制、动力灾害预测理论、控制原理与监测手段。

7）矿山地表沉陷矿山环境灾害演化与防治机理研究

继续深入研究急倾斜、多断层、多褶皱等复杂地质环境下的矿体开采过程中矿山地表沉陷、塌陷、地裂缝等矿山环境灾害的发生机制、防治原理与控制方法。

8）多场耦合作用下复杂矿山岩体结构数值分析

继续深入研究可以描述岩体结构的非均质、非连续、非线性、动态特性及采掘过程中水-气-应力-化学-温度等多场耦合作用致灾的力学模型、数学模型与数值方法。

9）岩体力学非线性理论研究

从近年发展起来的广义系统科学基本原理出发，继续深入研究矿山岩体的微观结构构成、描述方法、裂隙岩体微观损伤与宏观特性、演化过程及其响应的非线性特性、岩石力学参数智能辨识方法、系统运动稳定性理论等。

3. 矿井建设

1）井筒建设

建井工程学科经过多年的建设和发展，已形成以中国矿业大学（徐州、北京）、煤炭科学研究总院建井分院为龙头，北京科技大学、东北大学、安徽理工大学、山东科技大学、河南理工大学等广泛参与的基础理论研究基地，可以承担深部建井工程领域的重大基础理论和应用技术理论的研究工作。煤炭科学研究总院建井分院拥有复杂地层的大型冻结法、钻井法、注浆法的模拟试验设施，设计并成功推广应用了多项深厚表土冻结、钻井和立井快速施工技术。中国矿业大学（徐州、北京）是矿井建设工程高素质人才培养基地和基础理论研究基地，已建设有大型立井冻结模型试验系统、矿井建设三维模型试验系统、冻土与冻结壁力学性能检测系统、冲击破岩试验检测系统等，可在此基础上发展大型立井、斜井掘进机模拟试验系统、复杂地层的立井、斜井井壁整体稳定性模型试验系统等。

2）煤巷支护

煤巷支护学科经过几十年的发展，目前已形成以煤炭科学研究总院、中国矿业大学（徐州、北京）为龙头，山东科技大学、河南理工大学、西安科技大学、北京科技大学、辽宁工程技术大学等共同参与的基础理论研究基地。煤炭科学研究总院开采设计研究分院长期致力于煤巷锚杆支护理论的研究，目前已经形成了集地质力学测试、高预应力强力锚杆、工艺、材料及机具于一体的成套支护理论与技术。中国矿业大学（北京）经过长期研究，已经形成了 NPR 锚杆/索支护理论与成套技术、无煤柱自成巷技术。未来可以此为基础，进一步开展锚杆支护理论、NPR 锚杆/索支护系统动力学响应特性、破碎围岩注浆加固理论、综合应力场演化规律等方面的研究，以及新一代无煤柱自留巷自动化开采技术的研究。中国矿业大学（徐州、北京）、煤炭科学研究总院、西安科技大学等也对沿空留巷技术、金属支架支护技术等进行了大量的研究与实践，并建设了各类大型相似模型试验装置及相关试验设备，未来可在煤巷围岩稳定性分类、沿空留巷、切顶卸压、金属支架支护理论、煤岩体与瓦斯两相耦合作用规律等方面进一步开展深入研究。

3）岩巷支护

岩巷支护学科经过几十年的建设和发展，已形成以中国矿业大学（徐州、北京）为龙头，煤炭科学研究总院开采设计研究分院、山东科技大学、河南理工大学、辽宁工程技术大学、黑龙江科技大学等广泛参与的基础理论研究基地，可以承担岩巷支护工程领域的重大基础理论和应用技术理论的研究工作。中国矿业大学（徐州、北京）作为岩巷支护工程高素质人才培养基地和基础理论研究基地，已建设有自主研发的深部岩体力学、深部巷道工程破坏模式、深部巷道控制技术等方面的大型实验装备 20 余台（套），研发形成了具有 NPR 锚杆/索支护理念、大变形灾害控制、监测与预警系列技术。未来可在多场耦合深部岩体力学响应特性、NPR 锚杆/索支护理论与 NPR 岩石力学、深部岩体动力学响应、大变形灾害控制、监测与预警理论与一体化技术等方面开展进一步的研究。

4）采场支护

采场支护是采场围岩控制的核心，是衡量开采技术水平先进性的重要标志。目前我国已经形成了以煤科总院开采设计研究分院、中国矿业大学（徐州、北京）为依托的工作面支护领域理论创新研究基地，取得了丰硕成果。煤炭科学研究总院开采设计研究分院是中国煤炭学会岩石力学与支护专业委员会、煤炭工业开采信息中心站、煤炭工业矿山压力信息中心站综采矿压分站的挂靠单位，提出了工作面底板的"三带"理论和大采高综放覆岩结构模型，开发设计了包括支撑掩护式支架、掩护式支架、放顶煤支架等 20 余类近 400 种工作面新架型，近 70 项课题获得国家或省部级科技进步奖。中国矿业大学（徐州、北京）拥有煤炭资源与安全开采国家重点实验室，在综采（放）支架-围岩关系研究领域做了大量理论创新，许多研究成果达到国际先进水平。此外，北京科技大学、中南大学、东北大学等资源类高校的非煤采场支护领域研究也取得了长足进步。未来，工作面支护学科将进一步加强和矿压、开采方法等其他学科的交叉与融合，从大的应力环境和覆岩结构等宏观层面深入研究支架-围岩关系和采场围岩控制理论。

4. 矿山安全

1）煤矿瓦斯灾害防治

随着我国煤炭行业的快速发展，煤矿的开采深度在增加，瓦斯压力和瓦斯含量在增大，瓦斯灾害日趋严重。近年来，我国在瓦斯灾害防治方面取得了较大的进步，但仍有许多问题需要解决。特别是在煤与瓦斯的相互作用机制及参数测量原理，瓦斯灾害预警及煤与瓦斯突出多参数预警理论与方法，大尺度煤与瓦斯突出模拟实验及致灾、防控机理，含瓦斯煤层改性机理，煤层增渗机理及动压瓦斯抽采，采动压力下煤岩体应力场、裂隙场、渗流场耦合规律及瓦斯人工导流方法，瓦斯、煤尘爆炸预防理论与技术，煤层 H_2S 气体赋存及防治技术原理等方面需要开展深入研究。

2）通风及火灾防治

矿井火灾是煤矿安全生产的重大灾害之一。我国学者对其关键科学问题如火灾发生机理、火灾探测及防治、灾害通风等进行了多年的研究，取得了很多对现场有重要意义的科研成果。未来在深部开采煤自燃基础理论，模型及反演和数值模拟方法，复杂采空区下开采煤自燃防治基础理论，多场耦合作用下的煤田火区发展演化机理，通风系统仿真与灾变通风理论等方面需要进一步研究。

3）矿井水灾防治

矿井水灾防治，近年来经过我国科研工作者的努力，取得了很大的进步，为矿井水灾防治工作提供了保障。未来在矿井水灾孕育机制及监测预警理论及技术、矿井水回灌调蓄及水生态修复基础理论、构造及富水性精细探测基础理论、华北型煤田岩溶及陷落柱预测理论、深部矿井突水预测理论与模型等方面需要进一步研究。

4）粉尘、职业危害防治

矿井粉尘一直是困扰矿井工作环境和危害职工健康的老问题，而且随着机械化程度的增强，矿井的产尘量也在增大。近年来我国科研工作者在矿井粉尘的基础理论及预防措施等方面研究取得了较多的成果，但在粉尘治理方面仍有较多难题需要破解。未来在煤层注水，煤层赋存条件等因素的相互影响规律，超细粉尘产生机理及运动沉降规律，杂采掘工作面的粉尘噪声等危害产生机理及防治，采区大功率设备噪声频谱特性分析及控制方法研究，粉尘、噪声等职业危害的发病机理及流行趋势分析、影响因素分析等方面需要进一步研究。

5）矿井热害防治

从我国目前开采深度来看，东部大部分矿井开采较深，热害非常严重。近年来，热害问题已逐渐受到重视并加大了科研投入力度。未来在矿井地层热力学参数及固-流-热多场耦合作用机理，矿井微环境评价，矿井制冷装备技术原理，人工制冷冷能长距离输送保冷及带污空冷器强化传热的基础研究，矿井热能利用技术基础等方面需要进一步研究。

6）安全监测监控

矿山安全监测监控工作，近年来在矿井环境及安全监测、地球物理探测、煤岩动力灾害监测等方面取得了一些非常有价值的科研成果，但在灾害演化、防治等基础理论研究方面仍有欠缺。未来在矿山灾害风险因素感知传播理论、技术及方法，矿山隐蔽灾害区域精细探测、评估理论与方法，矿山重大灾害动态演化及实时自动监测预警理论与方法，矿山灾变环境及灾害致灾过程监测方法，矿山灾害防治过程及效果探测、监测、评估理论与方法等方面需要进一步研究。

7）非煤矿山安全

非煤矿山安全经过多年的发展，在尾矿库安全监测技术和方法、矿井多级站通风安全技术、爆破烟尘治理技术等方面取得了很多成果，这些研究方向具有一定的优势。但是，我国非煤矿山学科的发展目前还偏重于应用方向，对基础研究的投入和支持力度严重不足。未来在非煤矿山动力灾害防治基础理论，采空区探测及监测及炮烟防控和个体防护领域，非煤矿山水害防治技术和火灾防治技术，高效地下开采方法和开采工艺，边坡坝体稳定性监测和失稳超前预报技术及精细化爆破技术等方面需要进一步研究。

5. 矿井新能源

1）页岩气发展布局

中国页岩气发展在取得初步成功的同时，还必须明确页岩气长期发展所面临的问题，比如页岩储层精细评价的技术还不是很完善，页岩的岩石力学特性与压裂裂缝的关系还不是很清楚，页岩气的渗流机理以及影响渗流的控制因素还不是很确定，钻完井和多分支水平井技术还不是很成熟，先进压裂液和无水等新型压裂技术的研发还处于起步阶段等。这些关键的核心问题都会制约页岩气的发展。因此，页岩气的发展布局必须整体规划，科学布局，认清问题，逐个突破，这样才能保证中国页岩气产业的可持续发展。

依据以上发展思路，中国页岩气要实现跨越式发展，尤其是与矿业工程有关的页岩气开发必须从以下几个方面进行科学布局：

（1）页岩气地质气藏综合理论研究是基础；

（2）页岩气开发井型优选和井网设计研究是关键；

（3）页岩气钻完井工艺和储层改造技术体系研究是重点；

（4）页岩气新型压裂装备及清洁压裂液的研发是补充；

（5）页岩气、煤层气、致密气三气共采的综合理论技术研究是突破。

2）致密气发展布局

近年来，随着国家大力支持致密气的勘探和开发利用，已经初步形成了致密气勘探开发的理论、技术、模式、管理经验及成功的对策，为致密气发展创造了条件，并在某些领域已形成了具有世界先进水平的技术。但是，针对矿区范围内致密气的大规模、高效开发，仍然面临一系列问题。如致密气储层精细评价的技术还需要进一步完善，需要建立一套致密气储层分级评级方法，水平井和压裂技术的研发与国外相比略显滞后等。这些关键的核心问题都会制约致密气的发展。

因此，致密气的发展布局必须整体规划，科学布局，优化设计，这样才能保证中国致密气产业的可持续发展。中国致密气要实现跨越式发展，必须从以下几个方面开展工作：

（1）致密气地质气藏综合理论研究是基础；

（2）致密气开发井型优选和井网设计研究是关键；

（3）致密气钻完井工艺和储层改造技术体系研究是重点；

（4）致密气大型压裂装备及清洁压裂液的研发是补充。

3）煤层气发展布局

我国高煤阶煤层气的主要地质特点是地质构造复杂，煤储层渗透率低，煤层群开采、抽采难度大。而西部地区低煤阶煤层气的主要地质特点是渗透率和含气量低、厚煤层、大倾角。为了解决矿井煤层气（瓦斯）抽采难度大、效率低，以及深部煤炭资源和煤层气开发等问题，必须从基础理论和关键技术入手，科学规划、整体布局，在以下几个方面不断突破：

（1）高温高压条件下煤的吸附-解吸机理及模型，煤吸附-解吸性能的地质控制因素；

（2）煤矿开采过程中煤层孔渗变化特征及数值模型；

（3）采动区温度、压力、应力及水动力等多场变化耦合作用下煤层气渗流机理及解吸渗流数学模型；

（4）采动区不同动力场的耦合作用下煤层气运移-平衡动力学特征及数值模拟；

（5）矿井不同作业区区域联动梯进式立体抽采的安全阈值测算模型和模拟方法；

（6）矿井煤层气高效安全抽采评价理论体系及方法等；

（7）煤矿区煤层气开发利用专用设备和技术。

4）地热能发展布局

虽然我国地热直接利用总量多年来居世界首位，但地热资源开发利用程度总体上偏低，尤其是矿区地热能研究程度较低，资源浪费严重，缺乏统一的地热能勘查、开发与规划，在地热资源管理、技术、法律制度等方面也都遇到了一些问题。地热能开发利用的基础科学研究比较滞后，地热流体发电、干热岩地热研究等方面落后于世界发达国家。我国矿区地热能发展应从以下几个方面进行布局：

（1）矿区中低温地热储层承载能力与热力场特征理论研究；

（2）矿井转换为矿、热复合井，以及热害资源化利用等基础研究；

（3）矿区中低温地热资源可持续开发利用基础研究；

（4）矿区中低温地热发电理论及技术基础研究；

（5）矿区干热岩的热利用与发电基础研究。

3.3　矿物分离学科

3.3.1　学科发展现状

图 3.13 为我国矿物分离学科发展情况。与国外相关研究方向相比，我国在技术研发和工艺流程方面具有明显优势，占有领跑地位。但在基础理论研究、设备水平、自动化程度等方面尚有一定的差距，特别是在矿物绿色分离、矿物材料和分离工程科学三个方面，差距较大，如在矿物分离工程科学的基础理论研究方面尚处于跟跑阶段，需要聚焦关键科学问题进行深入研究。

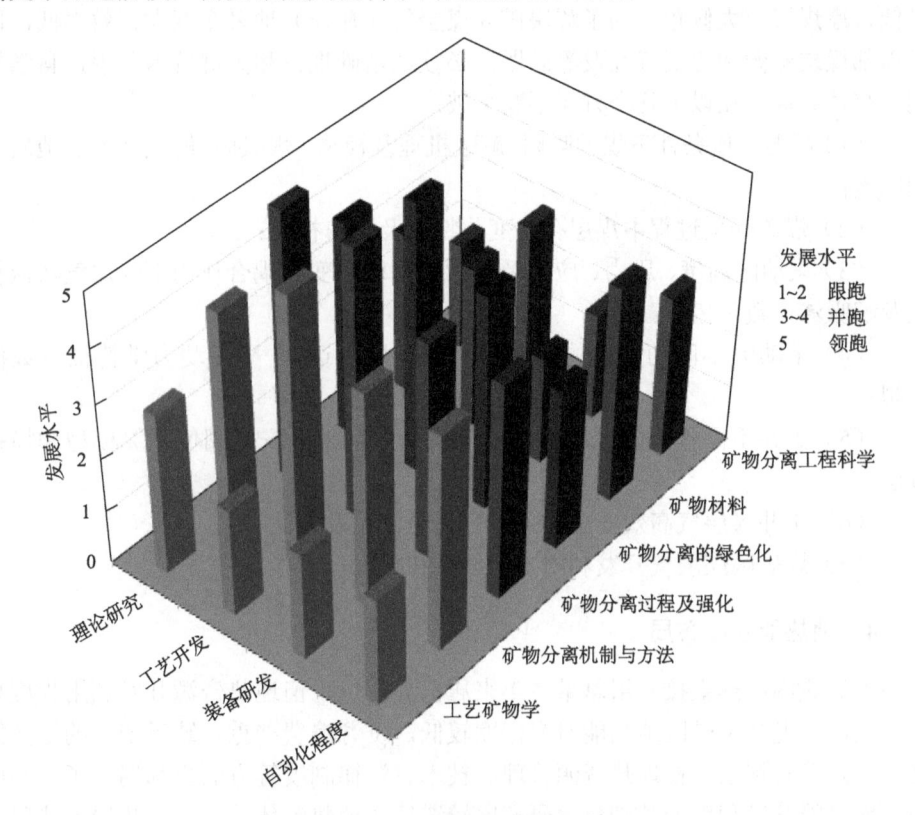

图 3.13　矿物分离学科发展情况

近年来，我国矿物分离领域在基础理论研究、关键技术研发及人才培养等方面均取得了长足进步。现代矿物学对矿物晶体结构及缺陷的研究为矿物分离奠定了工艺矿物学的基础；浮选界面间的基础研究等推动了分离微观机制的进展；通过化学预处理、外场、高效药剂、工艺优化等方式强化矿物分离过程；二次资源开发、矿山固废及废水处理的发展推动了矿物分离的绿色化；矿物分离全流程自动控制精度得到了极大的改善。

以矿物分离机制与过程强化为代表，在国际上已逐步形成了具有较大学术影响力的优势领域或方向。如矿物分离过程中颗粒与颗粒、界面与界面、颗粒与界面相互作用机制以及微细粒矿物分选过程强化等。浮选界面电化学反应机理与电化学行为调控，解决了我国复杂多金属硫化矿浮选分离难题。基于浮选动力学的多流态梯级强化分选技术，解决了传统的均衡选矿过程与非线性物性特征的突出矛盾，借助多流态强化实现了能量的持续输入，在细颗粒分选方面效果显著。近年来，我国在这方面发表的国际高水平学术论文呈现明显增长趋势，如图 3.14 所示，说明我国矿物加工学科对基础性科学问题的研究越来越注重，国际影响力也相应地得到不断提升。

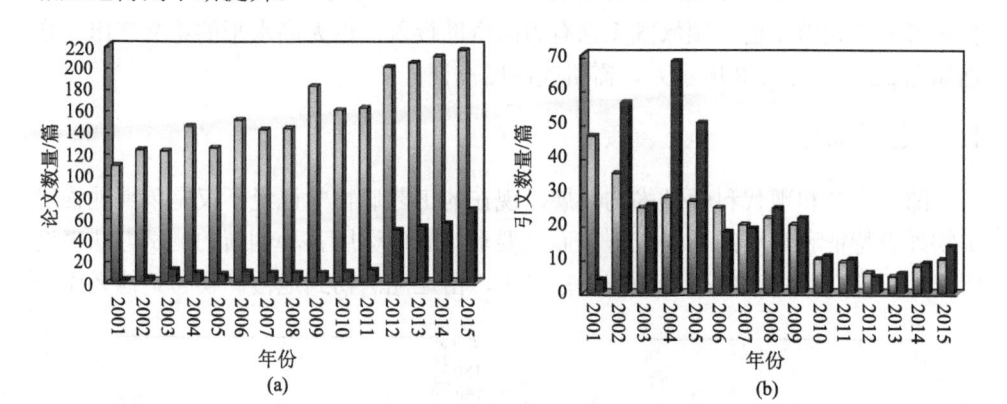

图 3.14　在矿物分离机制与过程强化方面，国内外高水平论文发表数量及引文数量

（a）论文发表数量；　（b）论文引文数量

以低品质资源的绿色分选为代表，已呈现出良好发展态势并具有很大发展潜力。如微细颗粒分离动力学及界面调控机制，复杂难选铁矿资源的深度还原-高效分选理论以及矿山废水绿色净化与循环利用的溶液化学调控机理等。其进展主要体现在相关领域发表论文数量的持续快速增长，论文影响力不断扩大，相关科研团队发展态势良好。

以矿物晶体与表面微观结构及物理化学性质研究为代表，目前还比较薄弱，是需要扶持的领域或方向。复杂低品位矿物晶体中存在的大量缺陷和杂质元素影响其结构特征，晶体结构决定表面性质，矿物表面性质影响其分离深度。矿物晶体结构特性的基础理论支撑复杂低品位矿物资源的深度分离研究，如矿物晶体及表面结构对矿物表面性质的影响机制，矿物表面性质对浮选行为的影响规律及物化性质调节的能量转化机制等。

以矿物材料和矿物分离工程科学为代表的新兴领域或方向，充分体现了多学科之间的交叉，如在矿物晶体结构和晶体化学特征的研究基础上，开展矿物物化性能、可应用性能机理、选别提纯、晶体微细结构与表界面特性定向改造、人工晶体合成、纳米材料制备等的研究；在对矿物分离过程模拟和监测的研究基础上，利用数学模型、数学算法等手段建立和改进过程控制模型，利用自动控制、探测与传感、计算机智能控制等手段进行数据采集与管理，进行矿物解理过程、矿物分离过程、矿物处理全流程控制的实时优化监测。

对于矿物分离工程科学而言，国家自然科学基金委总体资助规模较小，但是近年来由于国家自然科学基金的持续投入和推动，我国在磨矿、浮选过程控制与优化方面的研究已经跃居世界前列。磨矿过程控制与优化领域高水平论文发表情况分别如图 3.15 和图 3.16 所示。国际上对矿物单体解离量化、预测与表征的研究相对薄弱，我国在这一领域既无强有力的资助投入，也无高水平的论文产出（分别如图 3.17 和图 3.18 所示），需引起高度重视。

1. 工艺矿物学

随着生产和现代科学技术的发展，现在的工艺矿物学已经不仅是单纯地描述矿物外表特征和简单的谱学表征，而是要求不断地运用各种创新的测试办法来进行深入研究。矿物学的研究领域日益扩大，由地壳矿物到地幔矿物和其他天体的

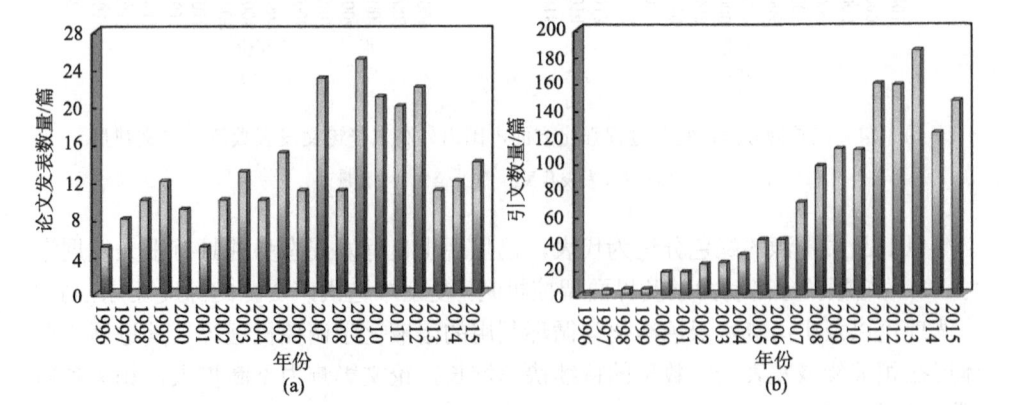

图 3.15　近 20 年在磨矿过程控制与优化方面高水平论文发表数量及引文数量

（a）论文发表数量；（b）引文数量

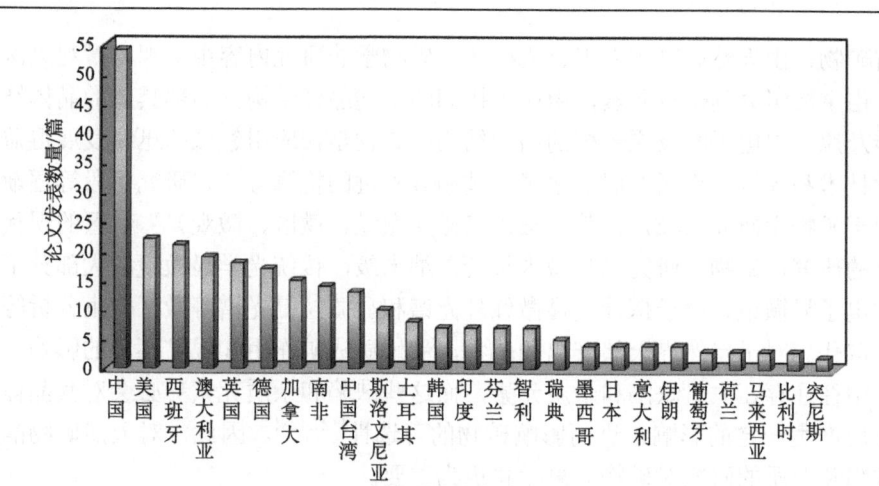

图 3.16　近 20 年在磨矿过程控制与优化方面主要国家的高水平论文发表数量

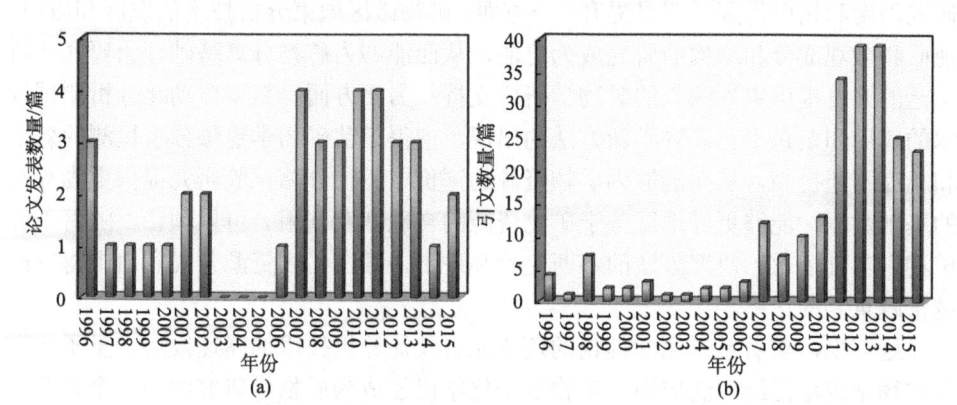

图 3.17　近 20 年在矿物单体解离检测技术方面高水平论文发表数量及引文数量

（a）论文发表数量；（b）论文引文数量

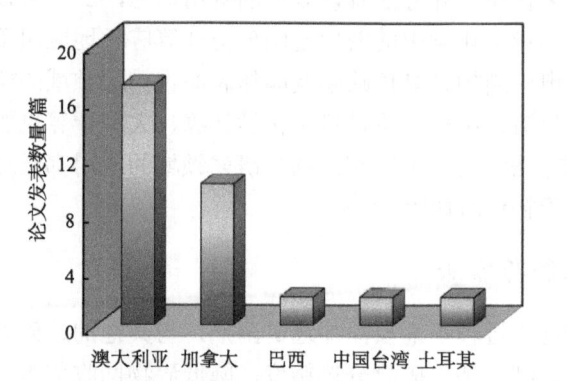

图 3.18　近 20 年在矿物单体解离检测技术方面几个国家（地区）的高水平论文发表数量

宇宙矿物，由天然矿物到人工合成矿物；矿物学的研究内容由宏观向微观纵深发展，由主要组分到微量元素，由原子排列的平均晶体结构到局部具体的晶体结构和涉及原子内电子间及原子核的精细结构；矿物学在应用领域的迅速发展得益于科学技术和经济的迅猛发展，很多科技领域先进的检测方法、研究手段等逐渐被应用于矿物学研究领域，使其突破"三微（微量、微区、微观）"禁区的现代矿物学的研究，矿物学研究已从微米级转入纳米级，传统光学显微镜的大部分工作已被电子显微镜、电子探针、显微红外光谱和显微拉曼光谱等微区微束分析等技术所取代。对于自然界天然产出的矿物，受地质成矿作用和成矿环境的影响，其晶体中往往存在大量缺陷和杂质元素，而这些缺陷和杂质元素势必会对其晶体结构性质产生一定的影响，进而影响矿物的可选性[127,128]。因此，对天然矿物晶体中缺陷和杂质的研究对矿物分离学科更为重要。

随着现代测试技术在工艺矿物学中的应用，工艺矿物学的研究手段更为丰富，研究深度和精度得到了明显提升。一方面，矿物微区微束分析技术的发展和应用，使矿物微观成分和结构的研究成为可能，从而能够为矿物分离基础理论研究和新工艺的开发提供更为深入的矿物学研究支持；另一方面，新型自动化分析测试技术的应用和定量工艺矿物学新方法的出现，使得工艺矿物学定量分析检测的效率和精度不断提高，从而能够为矿物资源的评价、矿物分离试验研究提供更为准确的基础数据，能够更好地服务于矿物资源的合理开发利用。可以预计，随着工艺矿物学基础理论、研究方法的不断完善和进步，其在矿物资源开发利用中将发挥越来越重要的作用。

近年来，随着量子化学理论的逐步完善及计算机技术的高速发展，量子化学在矿物学领域已经广泛应用，矿物量子化学已经成为矿物学研究中的一个重要研究方向。然而，受制于传统试验条件和检测手段的限制，过去这方面的研究报道并不多见。矿物量子化学研究与传统的矿物学研究方法相比，具有难以替代的优势，可以获取很多传统研究方法难以获取的有用信息，二者可以相互补充，相互验证。目前，矿物量子化学中的密度泛函理论计算广泛地应用于矿物晶体结构、原子结构、表面电子结构、晶体缺陷及晶体表面重构等领域的研究，并取得了丰硕的研究成果。目前，国外无论是量子化学计算、大型计算机服务器的开发，还是现代先进检测方法和研究手段在矿物学研究领域的应用都已经走在了我国的前面，而我国尚处于初级阶段[129~131]。

2. 矿物分离机制与方法

物理分选的选矿过程不需要添加选矿药剂，与其他的选矿方法比较，物理分选可以强化"贫、细、杂"矿物分选精度，降低矿物回收成本，作业流程相对简单，并可避免使用化学药剂所带来的环境污染，更符合国家的环保政策。我国拥有大量尾矿库，随之带来的问题是尾矿库利用效率低，尾矿堆存占地面积大和废水回用效率低等。而解决这一难题的关键在于如何实现尾矿浆高效浓缩脱水（即固液分离），矿物颗粒与颗粒相互作用及分离机制方向的研究正是解决这一问题的关键所在。

1）颗粒与颗粒相互作用机制

近 10 年，矿物颗粒与颗粒相互作用及分离机制方向的基础研究主要集中在以下两个方面[132]：

（1）颗粒间相互作用及动力学研究，理论推导和先进的测试技术，如高速摄像、原子示踪、PEPT（颗粒追踪技术）相结合，揭示颗粒的运动规律和相互作用过程；

（2）仿真技术在矿物分离科学中的应用，采用基于有限元分析的大型流体力学及电磁力学软件，对特定物理场内颗粒受力情况及运动轨迹进行仿真研究，预测矿物颗粒在特定物理场内的分离效率。

不足之处是基础理论方面研究较少，设备创新不够，相关研究平台基础设施投入较少。要进一步提高我国弱磁性矿物的分选效率和分选精度，提高我国矿产资源利用效率，提高弱磁性矿物精矿品质，为冶炼工业提供高品质原料。实现物理分选设备（包括重选设备、磁电选矿设备、电选设备等）智能化控制及大型化制造，为有色金属、黑色金属工业转型升级提供科学技术支撑。通过预富集技术在选矿过程中的应用，可降低选矿成本，提高低品位矿石入选品位，缩短工艺流程，提高企业经济效益，进而强化"贫、细、杂"矿物分选精度，降低矿物回收成本，安全处置尾矿。

2）界面与界面相互作用机制

自 20 世纪 90 年代以来，国外在浮选界面相互作用机制方面的基础研究方面占有领先地位，特别是在粉碎过程的粉碎效率及能量性能，矿浆计算流体力学 CFD 模拟，颗粒与颗粒、颗粒与气泡、气泡与气泡相互作用微观机制，矿物/溶液/浮选药剂界面相互作用过程及机理的先进测试手段（如 TOF-SIMS、QCM-D 和 XPS 等）表征等前瞻性研究方面，形成了较系统和成熟的理论和方法，促进了矿物加工基础理论的创新发展[133,134]。

几十年来我国在界面相互作用研究方面取得了显著成就，如浮选药剂结构-性能及分子设计、浮选溶液化学、硫化矿电化学等理论研究处于国际领先水平，形成了一系列国际先进的原创矿物加工技术和工艺，如低铝硅比铝土矿浮选选择性脱硅技术、氧化铅锌矿原浆浮选技术、硫化矿电位调控浮选技术、难选镍钼矿强化浮选技术等。初步解决了一些矿物资源加工利用难题，为国家经济建设提供了必需的矿物原料。但是，在硫化矿浮选电化学，复杂多金属硫化矿、氧化矿高效分离，浮选溶液化学研究，微细粒矿物分离机制与方法，卤水稀散元素及同位素分离材料与方法，废水回用方法与机制等方面存在不足，需要改进。例如，药剂在矿物表面电化学反应，矿物表面静电位对药剂作用的影响，矿浆电位对浮选过程的影响，浮选过程的电位监控与电位控制，微细粒硫化矿、氧化矿物界面相互作用力，表面性质调节的能量转化机制，高效浮选分离药剂开发，浮选剂/矿物相互作用溶液平衡，浮选剂对矿物有效组分的影响及浮选剂与矿物作用的最佳溶液化学环境，开发微细粒矿物分选设备，研究微细粒矿物分选过程动力学特征及规律，开发新型离子筛镁锂功能分离材料，研究废水中有害药剂、有害离子对废水回用的影响，寻找废水中有害成分的高效去除方法等。

3）界面与药剂相互作用机制

浮选药剂的作用极大地推动了浮选的发展过程。国内外许多学者都曾经对矿物浮选药剂的开发、设计和合成进行过广泛而深入的研究，并取得了丰富的成果[135,136]。从最早的硫化矿浮选剂与矿物表面作用的溶度积假说，离子交换吸附和中性分子吸附学说，硫化矿浮选剂与矿物表面的电化学作用，发展到近年来的药剂的结构要素及其选择和设计药剂的规则和方法。在国内，王淀佐院士针对浮选药剂结构与性能的关系研究提出了一些标准判据，如 CMC 值、HLB 值、等张比容、负电性、分子轨道指数等，在此基础上总结出了一套适用于分子设计理论和方法。但浮选药剂在固、气、液三相体系与矿物表面的作用机理，浮选药剂自身结构与调控矿物浮选行为之间的内在联系，尚未形成一整套有效、全面的药剂分子定量设计开发技术。浮选药剂的发展呈现高选择性、原子经济性和环境保护型三大趋势。在现代浮选药剂的 QSAR 设计技术，高效浮选捕收剂、调整剂、起泡剂的设计开发，药剂分子设计和界面组装技术，浮选药剂的绿色合成技术，浮选药剂的检测与表征技术方面，聚焦人才，凝练技术。

3. 矿物分离过程及强化

鉴于矿产资源品质不断下降的必然趋势，矿物分离及相邻学科的科技工作者在矿物加工学科及交叉学科领域，进行了大量的矿物分离强化理论与技术的研究。随着学科的不断交叉与融合，冶金学、化学、材料学、生物工程、电磁学等在选矿学科领域的应用，形成了许多矿物分离强化新技术，如电脉冲、磁脉冲、微波预处理、铁矿石的深度还原、磁化焙烧、高压辊粉碎以及金矿石的氧化焙烧、细菌氧化、微细粒高效絮凝浮选等[137~140]。

近年来，在我国贫、细、杂、难处理矿产资源的高效开发、矿石预选、分选过程强化等的技术方面具有一定的优势，处于国际领先水平。在矿物分离过程及强化方面，我国一些高水平研究机构能够关注和跟踪国际发展潮流，但大多数选矿设备与国际先进水平相比尚有差距；大型破碎、磨矿设备等与欧美发达国家的差距较大。

对于一些尚不能利用的复杂难选矿产资源采用火法或湿法冶金方法进行预处理，然后再利用适宜分选工艺进行分离。对于一些矿物组成复杂的矿石，如含有硫化物和氧化物的铜矿石，可以采用湿法冶金的方法进行预处理强化，提高矿物浮游性。对于嵌布粒度微细的复杂难选矿石，研究最多的为絮凝法、团聚、载体浮选等。在硫化物含金矿石的选矿中使用嗜酸氧化亚铁硫杆菌，提高硫化矿的氧化速度，其原理为该细菌可促进金的暴露并加快其氧化速度。微波对矿石进行预处理，从而改变矿石的粉磨和选别特性的研究。通过矿物分离过程的强化，改善物质的分离特性，备受国内外的关注。但由于矿产资源分离过程强化方面的基础性研究薄弱，一些基础性科学问题没有得到解决，矿物分离过程强化技术在矿物分离方面的应用进展缓慢。

总的来说，我国矿产资源品位低、矿物嵌布粒度微细，复杂难选。近年来，针对矿产资源高效开发利用主题，矿物加工技术进展较大，后发优势明显，研究水平与欧美发达国家的差距缩小，总体水平已经达到国际先进水平；在贫、细、杂、难处理矿产资源高效开发技术、矿石预选等技术方面具有一定的优势，处于国际领先水平；在选矿装备方面，我国一些高水平研究机构能够关注和跟踪国际发展潮流，但大多数选矿设备与国际先进水平相比尚有差距；大型破碎、磨矿设备等与欧美发达国家相比差距较大。

4. 矿物分离的绿色化

矿物分离的绿色化主要体现在二次资源开发、矿山固废资源综合利用以及矿山废水处理及循环利用等方面[141~146]。

从中煤中回收优质精煤的研究，国内外开展的工作都不多，国内对稀缺煤炭中煤资源方面的研究优势主要集中在工程实践方面，微细粒的深度分选及二次资源的工艺开发是我国的优势所在，但缺乏支撑工程技术的基础研究，特别是针对不同煤岩性质的中煤资源和中煤连生体选择性煤岩解离的基础理论及方法研究，基于煤岩选择性解离的新型破碎磨矿设备研制，中煤高精度分选和深度分选的新技术研发等都没有进行全面系统的研究。而国外因其优质煤多、劣质煤少的特点，对中煤二次资源的研究就更少。因此，与其他国家的技术相比，我国主导了中煤二次资源高效分选技术领域的国际发展态势。

国内外学者在矿物选择性解离方面做过的相关基础研究主要集中在金属矿物方面，而关于煤炭解离方面研究甚少，上述研究仍处于起步阶段。细尺度高精度分选方面，基于能量输配的浮选过程强化，基于物性认知的能量过程耦合等研究已初见成果，过程强化理念逐渐受矿物加工领域重视。总的来说，与世界其他国家的技术相比，我国的中煤二次资源高效分选技术领域具有最大产业规模、一流工艺水平、较高装备与控制水平。同时也应认识到在理论基础研究，高精度、高稳定性设备研发方面与国外的差距。

矿山固废资源综合利用方面，我国是世界上矿产资源总量丰富、矿种比较齐全、配套程度较高的少数国家之一。但富矿少，贫矿多，单一矿少，共（伴）生矿多，原矿品位低，嵌布关系复杂，选别难度很大，本着"先易后难"的分选原则，产生的尾矿等固废资源的二次利用难度更大。目前我国在矿山固废资源综合利用领域，集中在有益元素的综合回收利用、大宗尾矿无害化处置、尾矿制备相关建筑材料、尾矿污染防治的机制、尾矿固废复垦处理等研究方面。优势方向包括尾矿中有益稀散元素的综合回收分选工艺、尾矿制备复合材料等，但在尾矿污染的防治机制、无害化处置方面还需培育发展。

矿山废水处理及循环利用方面，我国水资源与主要矿产资源呈逆向分布，矿产资源的规模开发和水资源保护之间的矛盾凸显。矿山废水处理主要包括选矿废水和煤泥水处理。目前国内外选矿废水的处理方法主要有絮凝沉淀法、中和沉淀法、吸附法和化学氧化法。近年来，我国在选矿废水的处理上取得了很多成就，使部分矿山企业的选矿废水达到了达标排放或回用要求。然而这些矿山仅限于重选、磁选和一些矿石性质简单的选别废水，对于一些矿石性质复杂的矿山，由于工艺流程复杂、药剂种类多，其废水回用效果并不理想。首先，循环利用方面，由于对矿山废水的循环特性、物理和化学性质的认知不清，导致矿山废水的绿色高效处理方法有限，未形成基于矿山废水全流程多目标的循环利用及水质调控方法。我国矿区水循环利用率一直处于较低水平，在部分发达国家，矿山废水重复利用率一般为80%～85%。如加拿大铜选厂循环水利用率为82%，铜、锌选厂的循环水利用率为61%～67%。

目前，我国现状矿山废水重复利用率仅相当于发达国家20世纪80年代初的水平。废水处理方面，基于废水物性和规律认知等基础研究的缺失，导致现今矿山废水的处理难度大、出水效果差、流程冗长、运行成本高。总的来说，与发达国家矿山废水处理及循环利用相比，我国处于明显的劣势。由于国外煤泥不需厂内回收，因此，我国在煤泥水处理技术方面具有世界先进水平。20世纪70年代以来，我国科技工作者分别对煤泥水澄清和分选问题进行了卓有成效的研究，并取得了一定的成果。我国在煤泥水澄清上的研究主要侧重于絮凝药剂开发、煤泥回收设备改进等。分选环节（特别是浮选）主要侧重于浮选设备开发和改进以及浮选药剂的开发。这些研究成果在一定程度上改善了煤泥水沉降性能，提高了分选效率。

5. 矿物材料

矿物材料的利用和加工除了考虑矿石的有用化学成分以外，还必须考虑目的矿物的纯度、矿物的形状（晶体的形态特征、粒度、粒级的分布等）、矿物的表面性质、矿物的可加工性等。由于我国资源差异化较大，相关系统化理论基础体系并未成形，而单一矿种的利用技术因多涉及高精尖科技而对外封锁，其技术建立的基础原理也鲜见报道。因此，为了突破选矿加工技术难点，提高资源回收率和产品质量，强化精矿的深加工，拓展产品用途，加强环境保护和资源综合利用等，都必须完成相关系统化理论基础研究。

矿物材料不仅是冶金、机械、建筑、轻工、石化、农业、国防工业重要的基本原料，而且非金属矿物晶体材料及矿物制品更是现代计算机、集成电路、核能、激光、宇航等必不可少的新型功能材料。近十余年来，随着世界范围内对矿物材料科学研究的逐步深入，矿物材料也逐渐成为现代材料科学的重要组成部分，成为与材料相关的众多工业领域和相关学科关注的热点[145~148]。矿物材料可以制造出各种功能材料，主要包括节能材料、新能源材料、航天材料、绝热材料、摩擦材料、电子材料等。这些材料在国民经济和科学技术等方面发挥着越来越大的作用。新材料产业发展已经与矿物材料学的发展息息相关。

1）国外研究的特点和动向

国外对于矿物材料的研究及利用兴起时间较早，在基础理论研究和应用研究方面主要有以下特点和动向：

（1）重视天然和人工矿物晶体的性能研究及对矿物材料开发的基础研究。

（2）重视矿物材料的原料及其应用领域的扩展和复合材料在高新技术领域的应用开发。

（3）以矿物材料市场带动单矿物原料的系列矿物材料产品。

（4）高科技含量的矿物产业快速发展。

综合国外的矿物材料发展的特点，可以看出欧美发达国家对于矿物材料的应用开发已转变为研发和生产。

2）与国外研究的差距

我国矿物材料在建材节能、环保矿物材料、化工矿物材料、矿物填料涂料、废弃矿物岩石再生利用等方面的研究具有相对优势，但与发达国家相比，总体相对落后，差距表现在：

（1）研发条件、科研成果转化规模生产的不多。我国的矿物材料研制和开发研究力量分散、创新能力不足，往往在国外产品出现以后才启动、借鉴和进行跟踪性研究，鲜有自主知识产权的技术和产品；矿物加工技术装备（分析、检测、控制系统）的引进受资金、技术、企业科技实力的限制，高新矿物材料建设项目极少；科技创新激励机制不完善，研发资金投入不足，研发与产品脱节，制约了矿物材料开发工作的进展。此外，在军工及高科技领域的应用与国外差距较大。

（2）产品少、档次低、质量差、结构乱。我国矿物材料的总体情况是：初级产品过剩，中档产品质量不稳定，高档产品缺乏。在产品的系列化、标准化、规模化等方面还不能完全按用途、规格形成标准化系列产品，大部分企业存在"一流原料、二流设备、三流产品"的现象，达不到"精细化"。

6. 矿物分离工程科学

矿物分离工程科学涉及矿物分离过程模型的建立和过程控制与优化，矿物处理的全流程控制与优化，过程控制中的数据采集与管理等方面[149~152]。

在矿物分离过程模型和过程控制方面，国内外研究已取得重要的进展。但是，目前的模型大多基于单元操作的工艺指标而建或用于预测工艺指标，真正涉及过程机理（如不同矿物的破裂机制、泡沫特征与物料性质之间的量化关系等）的模型相对较少，SAG 与 AG 过程中矿石的破碎机理及颗粒形状、尺寸的变化等未达到深入的理解。泡沫图像利用方面也做了大量研究，但是获得的图像信息非常复杂，仍需利用所控变量建立相关方程或模型，以提高图像信息的可读性；槽液位控制也是浮选过程控制中的难题，如何将不同的控制策略、检测技术相结合来实现较好的控制效果是另一个研究趋势；此外，浮选是具有多输入变量和变量复杂交互影响的过程，虽然现在浮选控制领域结合了很多优化算法，例如模糊控制、神经网络、遗传算法以及专家系统等，但是这些大都处于理论研究探讨阶段或局限于实验室研究，实际应用在选矿厂中的高性能控制算法还不多。总之，浮选过程高级优化与控制方面的研究还远远不足，要全面实现浮选的自动化控制尚需做大量工作。

在过程控制中的数据采集与管理方面，矿物特性（如品位）、电机功率、转速、pH、料浆密度等，可由精密仪表测得。可磨性、解离度、表面活性、料浆流变性质、产品的粒径分布、气泡粒径分布等，是实现实时在线监测的难点。细粒径范围内的颗粒粒径已有多种设备可测定，粗粒径颗粒的粒径在线检测仍存在一定困难。选矿厂普遍采用 XRF 在线检测固体组成，XRD 也将有望应用于固态矿物化学组成的测定。磨机噪声与振动、球与料浆负载、砂浆黏度、磨损以及故障位置等的监测技术已经成熟。目前尚无可在线检测解离度的方法，在光学显微镜或 SEM 1D 或 2D 离线测试方法的基础上，突破数据采集瓶颈将是研究重点。

我国矿山自动控制技术和测控仪表的研究与应用得到了有关科研机构和矿山企业的高度重视，矿山自动化水平迅速提高。但我国大多数矿山数字化、自动化水平及测控仪表的研究开发均落后于国际先进水平，而且由于矿产资源性质的多样性、生产过程的复杂性、工艺条件的随机性，仅靠人工操作、凭借经验来手动调节各选矿变量，对工艺流程的控制既不准确又不及时，很难使生产维持在最优状态，难以达到理想的指标，总体水平与欧美发达国家的差距较大。主要表现在以下几个方面：

（1）难以建立精确的过程控制模型。

（2）矿物解离过程控制与优化的关键问题尚未解决同，如：用量化方法定义最佳解离、在线实时测定特定磨矿过程中矿样的解离程度、定量预测某种特定碎磨方法的解离程度等。

（3）难以实现与分选过程特征相匹配的矿物分离过程控制与优化。

（4）难以真正实现矿物处理的全流程控制与优化。因为磨矿中的矿石粒度和硬度、浮选中的矿石可浮性和浮选产品品位、跳汰中的矿石密度差异等，均与矿物的单体解离、混合程度密切相关，需加强单体解离、矿物均匀混合等方面的实时监控。因此，实现矿物解离与分离过程全流程的优化与集成将是选矿过程控制中富有挑战性的研究方向。

（5）难以准确进行分选过程控制中的数据采集与管理。要实现选矿过程的优化与控制，必须获得原料性质、过程状态及产品质量等基本信息。而这正是选矿过程控制中的瓶颈。这些差距导致精确地描述整个操作过程稳态与动态特征的数学模型，真正实现矿物处理过程的控制与优化目标发展缓慢。

3.3.2　学科发展布局

矿物分离学科的发展应重视新兴和交叉学科的融合，完善学科发展方向，充分利用我国资源优势和特点，以基础研究为重点，融合多学科领域，系统开展矿物学、矿物分离机制与方法、矿物分离过程及强化、矿物分离的绿色化、矿物材料及矿物分离工程科学六个方向的研究，形成具有自主创新能力、多学科交叉融合的矿物分离新理论及技术体系。重点支持矿物分离学科的前沿研究领域，加大科学研究基础性工作的力度，特别是要加大对前瞻性研究领域的支持力度，提升矿物分离基础科学研究的国际地位和影响力。

1. 工艺矿物学

根据矿物分离科学及相关学科的发展战略需求，现代矿物学的主要研究内容包括矿物及其性质两个方面。传统矿物学研究的内容一般是指矿物在常温常压条件下的化学组成、晶体结构、形态、物理性质和成因产状，以及它们之间的相互关系等，是矿物学基础的重要组成部分，其相应的分支学科方向有矿物学、黏土矿物学、造岩矿物学等，形成了传统矿物学学科体系。传统的矿物物理化学性质研究内容广泛，涉及矿物在一定物理、化学条件下的化学组成、晶体结构、成因产状等，以及这些性质在一定物理、化学条件下发生变换的过程（矿物变换过程）。我国对于以矿物物理化学性质为研究内容的现代矿物学的研究尚处于起步阶段，其中矿物变换过程及矿物表面结构与特性是近年来矿物科学中最为活跃的研究领域之一，也是把握矿物科学与技术制高点的关键。因此，现代矿物学是以传统矿物学、黏土矿物学、结构矿物学、系统矿物学、矿物变换过程、矿物表面科学等为基础的学科方向。同时，矿物学的研究对象及其复杂性决定了它是一门交叉学科方向，与天、地、生、数、理、化及材料科学、环境科学等学科都有密切关系。因此，通过与相关学科知识的运用与融合，来研究矿物的本质，使矿物学的研究与应用领域不断拓展，产生众多交叉分支学科，为矿物分离等领域服务将成为矿物学未来研究方向的主要发展态势。

2. 矿物分离机制

我国矿产资源85%以上属于复杂共伴生矿，低品位复杂矿的高效分离及综合利用是矿业领域的世界性难题。针对我国复杂贫细矿产资源特点，矿物分离机制主要研究矿产资源利用过程中涉及药剂在矿物表面吸附与界面化学反应、矿浆中各组分与矿物表面间的界面相互作用、矿粒间界面相互作用力与矿粒的聚集和分散、矿物颗粒与气泡的碰撞及黏附等界面综合作用问题，通过矿物晶体化学、药剂分子设计等学科交叉，依据绿色-高效-低耗的理念，系统深入研究界面相互作用规律和界面调控原理，建立基于矿物表面性质调控界面相互作用的理论与方法，开发适应我国矿产资源特点的矿物加工关键技术。

3. 矿物分离过程及强化

为了从贫细杂矿物资源中有效地分离、富集有用矿物，充分合理地利用矿产资源，矿物分离过程及强化发展围绕高效、低耗矿物分离过程及强化而展开，进行了大量的基础理论与工艺技术研究，并逐步形成以下6个学科方向：
（1）基于力学原理的分离过程强化；
（2）基于化学原理（含电化学）的分离过程强化；
（3）外场对分离过程的强化作用机制；
（4）分选工艺或材料优化对分离过程的强化作用；
（5）高效药剂对分离过程强化机理；
（6）基于数值模拟的分离过程强化。

4. 矿物分离的绿色化

矿物分离绿色化研究正在由宏观向微观纵深发展，主要涉及二次资源高效分选、矿山固废资源综合利用、矿区废水循环利用等方面。国内中煤二次资源高效分选的研究主要集中在工程实践方面；矿山固废资源综合利用领域则集中在有益元素的综合回收利用、大宗尾矿无害化处置、尾矿制备相关建筑材料、尾矿污染防治的机制研究、尾矿固废复垦处理等方面；矿区废水循环利用方面，由于对矿山废水的循环特性、物理和化学性质认知不清，导致我国矿山废水的绿色高效处理方法有限，未形成基于矿山废水全流程多目标的循环利用及水质调控方法，矿区水循环利用率一直处于较低水平。矿物绿色分离的发展将围绕高效、精细、低耗矿物分离过程及过程强化而展开，并将逐步形成新的学科领域，为建立新的绿色分离理论体系提供基础条件。

5. 矿物材料

矿物材料领域研究经历了从简单提纯与分级到复杂改性与处理、从简单利用其物化性质到深加工与复合材料的制备的发展过程。今后矿物材料的发展趋势将是交叉、融合矿物学、矿物加工、材料、化工、冶金等相关学科，采用超细粉碎、精细分级、提纯、改性、改型、复合等深加工或精加工技术，发掘和提升矿物材料或制品的功能与应用性能。矿物材料基础研究是矿物材料功能与应用不断拓展的重要理论和技术基础，根据未来高新技术和新材料的发展趋势及《国家中长期科学和技术发展规划纲要（2006～2020 年）》，主要的研究趋势包括：

（1）高纯化——提高材料的纯度，以使矿物性能得以更好的发挥；

（2）纳米化——获得纳米效应，提高复合材料的强度、凝胶性能等；

（3）功能化——获得光电、电磁、热电等效应，如热电压电材料（电气石晶体和粉体）等；

（4）高技术化——矿物材料摆脱传统材料领域，向高技术新材料领域渗透，如光纤材料、芯片包埋材料、屏蔽材料等。

6. 矿物分离工程科学

矿石性质的不稳定性、过程参数的敏感性等问题，对工艺流程的可靠性挑战很大，严重制约着选矿过程的实施。针对矿物分离工程应用过程中存在的问题，未来矿物分离工程科学主要在以下方面开展研究：

（1）在线检测新原理及技术；

（2）矿物处理过程控制模型；

（3）矿物分离过程优化；

（4）矿物处理过程全流程的集成控制与优化。

3.4　冶金工程学科

3.4.1　学科发展现状

1. 冶金物理化学

经过 60 多年的快速发展，我国冶金物理化学学科取得了长足的进步，为我国冶金和材料制备产业的进步提供了理论支撑。冶金热力学方面，在相图计算和活度测定等方面取得了不少成就。但近年来由于复杂资源利用和新型材料开发等的需求，凸显相关基础热力学数据的缺乏，尤其特殊钢、高端有色金属的提取和冶炼的关键热力学数据更是严重不足。在冶金熔体物性方面，针对合金、熔渣、熔锍、熔盐等测定了大量的物性数据，包括黏度、电导率、密度、表面张力及热导率等，并提出了一系列描述物性随成分和温度变化的计算模型。但对含非化学计量元素、含稀有金属氧化物的体系、非均相体系以及高元体系的测量十分有限。冶金反应动力学方面，做了一些在国际上有一定影响力的工作，如描述气固反应动力学的 RPP 模型。电化学冶金具有过程可控、高效低耗、绿色清洁等特征，在新技术开发、新理论探索、新领域拓展等方面获得了一定进展。已成功用于矿物选择性浸出分离、矿浆电解、金属熔体的无污染脱氧、金属的提纯，如 USTB 法和 SOM 法等。在冶金物理化学研究方法和测试技术方面，从着眼于快速、准确、微量逐渐向在线、原位、极微量发展，从远离平衡态向近平衡、平衡态发展，从单一的分析测试向与过程及控制相结合发展。以热重、气相质谱、同步辐射、高温 XRD、高温质谱和高温拉曼为代表的在线分析技术和高温激光共聚焦显微镜等原位观察技术广泛应用于冶金反应过程的研究。

2. 冶金反应工程

冶金反应工程领域的研究比较活跃，取得了一批具有国际水平的研究成果，对推动我国的冶金科技进步和行业发展发挥了重要作用。其中以在冶金反应器内传输现象及流动模拟，金属凝固过程，强化过程新工艺、新技术，清洁冶金技术与冶金过程多尺度现象等方面尤为突出。我国高炉炼铁工作者系统地进行了炼铁新工艺的模拟与解析，为低碳高炉炼铁新技术的开发提供了有益参考和指导。

炼钢方面，结合不同冶炼和精炼工艺，以及连铸过程，对反应器内的反应、流动、混合、夹杂物去除、金属凝固过程等复杂过程进行了模拟和分析，构建了包括薄带连铸等高效连铸技术在内的完整的洁净钢生产平台。外场冶金技术得到不断发展和应用。电磁冶金技术借助于电流与磁场所形成的电磁力，对材料加工过程中的表面形态、流动和传质等施加影响，能够有效地控制其变化和反应过程，已广泛应用于金属冶炼、精炼、铸造等工业领域。超重力、微波冶金分别在强化传质/强化相际分离、强化传热过程等方面具有很大优势，实验室研究中已显示出在特色资源综合利用方面的显著优势，工业化应用是未来的研究重点。真空技术、等离子技术的实施创造出了常规的冶金手段难以达到的极端条件，为复杂冶金过程的实施提供了可行的措施。针对各种非高炉炼铁新工艺，结合我国资源的特点，对其中关键工艺及参数进行了详细的模拟与仿真。

为降低碳的使用和排放，我国冶金工作者开展了一系列非碳冶金的研究探索，如氢还原的低温冶金技术，氢还原与非高炉炼铁工艺的结合，电化学电解制铁和铁合金等。同时，冶金反应工程学的研究朝多尺度方向发展，不仅扩展到单元工序、整个流程乃至涉及环境和社会，而且关注更小尺度的冶金现象。针对微米和厘米级铁氧化物颗粒的气相还原动力学反应模型的研究，为开发资源对应型新工艺提供了基础借鉴。

3. 钢铁冶金

1）炼铁方面

结合炼铁生产的"高效、优质、低耗、长寿、环保"等目标，在资源高效利用和节能减排等方面进行了大量研究。

（1）铁矿粉造块理论。结合我国铁矿资源特点，开发了铁精粉高碱度烧结工艺技术；创立了铁矿粉的烧结基础特性新概念及特性互补配矿理论，烧结优化配矿技术处于国际领先水平；基于炼铁过程镁质熔剂优化配置的低碱度镁质球团生产技术已获得突破。

（2）煤炼焦工艺理论。焦炉大型化，开发干熄焦、煤调湿、捣固炼焦等技术，建立了煤岩配煤理论等，提高冶金焦生产效率和焦炭质量；基于原煤快速加热预处理、中低温出焦和热风改质、热回收等的新一代炼焦工艺研发及应用已有长足进展。

（3）高炉强化理论。开发了自主知识产权的高风温获得技术；高炉富氧鼓风、喷煤技术处于国际先进水平，全氧高炉炼铁新工艺正在开发完善中；高炉的高煤气利用率、低燃料比技术达到国际领先水平。

（4）高炉长寿理论。通过采用结构设计、耐火材料配置、冷却方式选择、监测系统建立等系统理论和集成技术，我国高炉炉役已达到 19 年，高炉长寿技术处于国际领先水平。

（5）高炉专家系统。具有自主知识产权的高炉智能专家系统获得开发应用；开发了基于高炉料面、风口在线监测的可视化技术。

（6）非高炉炼铁理论。作为国家发改委循环经济高技术产业化重大专项项目的山钢集团莱钢转底炉直接还原炼铁技术得以开发应用；宝钢的 COREX-3000 熔融还原炼铁工艺经过 4 年多的生产实际，在稳定生产、降低成本、提高铁水合格率等方面取得长足进步。

2）炼钢方面

近年来钢铁产量快速增长，为满足优质、高效、低耗、低成本的生产需要，在提高钢材品质和生产效率方面进行了大量研究：

（1）钢液洁净化理论和杂质组元行为。开展了极低含量条件下去除 S、P、N、O 等杂质的理论和实践研究，包括去除极限，去除反应的动力学限制性环节，炉渣和耐火材料与钢液的相互作用和影响，真空、喷吹、电磁等强混合搅拌的作用机理等，开发了机械搅拌式铁水脱硫预处理、"留渣+少渣"、转炉双联冶炼、转炉底吹、RH 真空精炼等工艺技术，使得钢液的洁净化水平不断提高，如汽车板用超深冲钢的碳含量可去除到 0.0012%以下，轴承钢氧含量可去除到 0.0005%以下，抗 HIC 管线钢硫含量去除到 0.0003%以下。

（2）钢中非金属夹杂物控制理论。这一方向是研究的热点主要包括：夹杂物生成条件、形态和分布，钢中微小非金属夹杂物的行为（包括形核、长大、碰撞、聚合、上浮等），钢中夹杂物与基体的关系及对钢质量的影响，夹杂物控制和变性理论，氧化物冶金理论。目前，相关的研究成果和形成的技术已经广泛应用在汽车板、轴承钢、管线钢等的生产中。

（3）连铸工艺理论。通过研究高速、强冷和外力场下铸坯的凝固规律、缺陷形成机理和防止对策，获得均质无缺陷的合格铸坯。近年来，"恒拉速"连铸工艺在许多钢铁企业得到推广，高拉速连铸技术也已获得突破，薄板坯和薄带近终型连铸技术也在不断发展。

（4）炼钢工艺过程的系统模拟和优化。通过反应过程的模拟和仿真，实现炼钢流程的解析和集成，最终达到质量诊断和过程控制，形成炼钢企业生产指挥和控制的操作系统，提高炼钢生产运行效率。

（5）电炉冶金理论与技术。在电炉大型化、电炉顶底复吹、集束射流氧枪、电炉冶炼过程 CO_2 回收与利用等方面取得了一系列理论和技术上的进展。

我国钢铁冶金学科的水平在过去 15 年获得了快速发展。根据对过程冶金在国际上声望最高的三大期刊[*Metallurgical and Materials Transactions B*（MMTB）、*ISIJ International* 和 *Steel Research International*]上发表论文的统计和分析，中国已经成为钢铁冶金研究领域最重要的国家。2000～2015 年，三大期刊发表的论文总数 9019 篇，中国学者发表论文 1527 篇，居第 2 位（图 3.19）。发表论文前 5 位的国家历年论文统计（图 3.20）表明，中国学者 2013 年已在论文数量上超越日本，成为发表高水平论文最多的国家，2015 年中国学者发表论文数占比达到

33.76%（图 3.21 给出了 2015 年三大期刊 TOP10 国家发表论文情况）。近 5 年（2011～2015 年），钢铁冶金领域发表论文最多的机构统计（图 3.22）显示，北京科技大学、东北大学和中南大学这三所代表中国冶金最高学科水平的大学进入前 10 位，分别居第 1、第 3 和第 10 位，历年发表论文统计（图 3.23）显示，北京科技大学和东北大学从 2014 年起成为发表论文最多的两个机构，这基本反映了国内钢铁冶金学科在国际学术界的学术地位得到显著的提升。

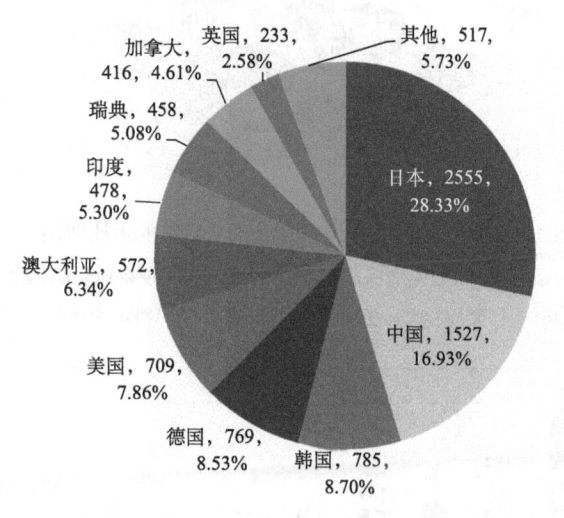

图 3.19　2000～2015 年钢铁冶金领域（TOP10）国家发表论文数量统计（单位：篇，占比：%）

依据冶金三大国际期刊 MMTB、ISIJ Inter 和 Steel Research Inter 统计

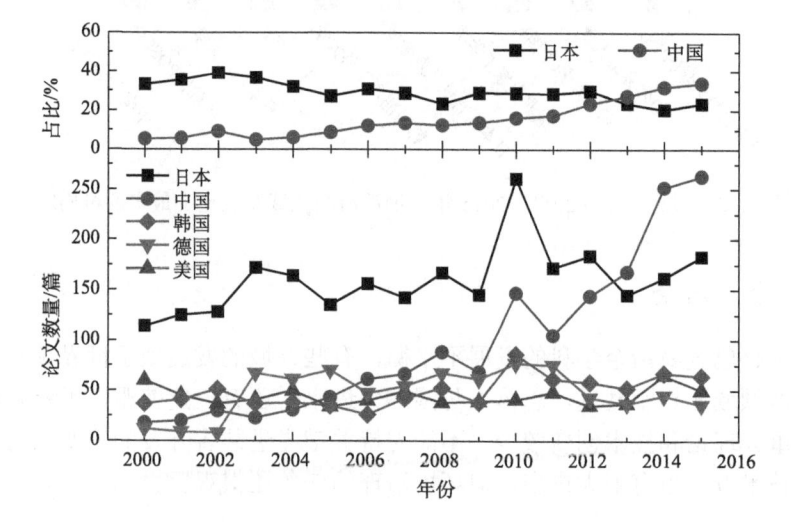

图 3.20　2000～2015 年钢铁冶金领域（TOP5）国家历年发表论文数量与占比情况

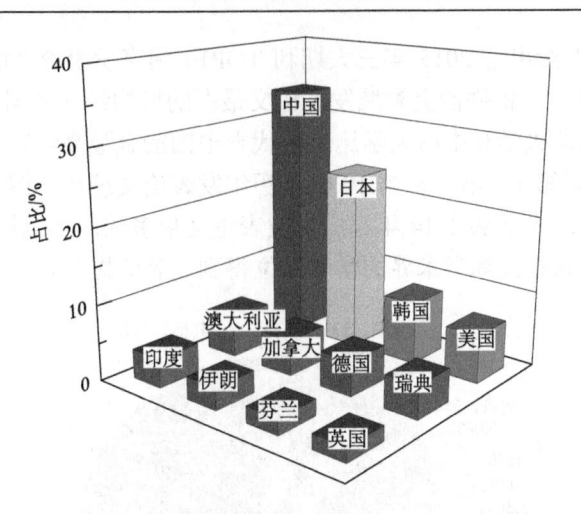

图 3.21　2015 年 TOP10 国家发表论文数量的占比情况

中国占 33.76%；日本占 23.49%；韩国占 8.22%；美国占 6.42%；澳大利亚占 5.39%；加拿大占 4.75%；德国占 4.62%；

瑞典占 4.36%；印度占 3.85%；伊朗占 2.95%；芬兰占 2.18%；英国占 1.93%

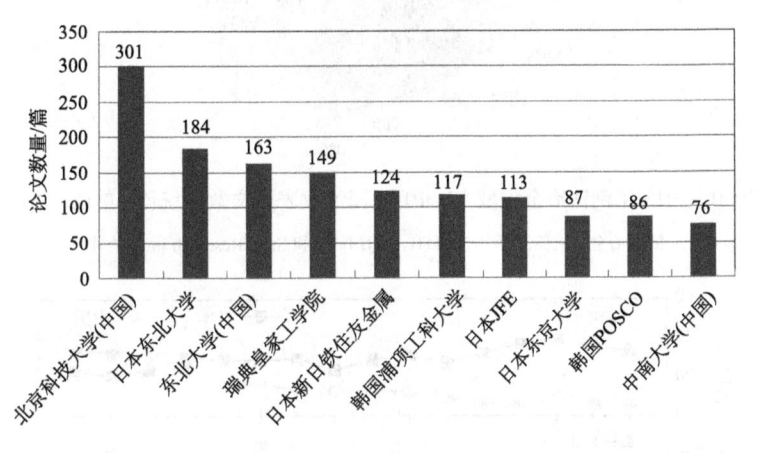

图 3.22　最近 5 年（2011~2015 年）钢铁冶金领域发表论文最多的机构统计

4. 有色金属冶金

我国有色金属冶金学科的发展不平衡，有些领域的发展处于世界领先水平，而在其他领域还相距甚远，总体上与国际先进水平还有一定差距，主要表现在原创性的重大理论和技术创新较少，不能支持关键先进装备开发的需要，清洁生产理论和技术方面虽有很大进步，但环境治理的任务还很艰巨。

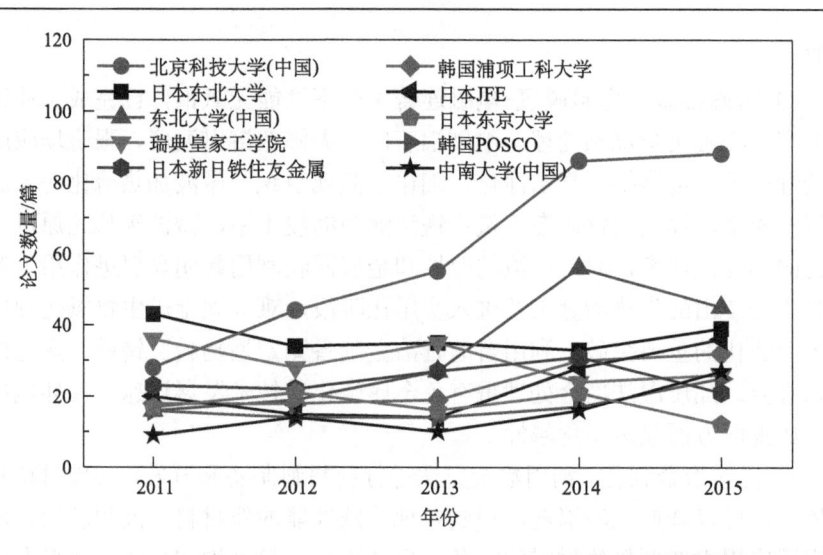

图 3.23　最近 5 年（2011～2015 年）发表论文最多的机构统计

（1）火法冶金。为适应原料与能源结构发生的变化，低污染、低能耗、短流程的强化冶炼、高附加值冶金产品制备等新技术、新工艺、新设备及其理论基础研究受到重视。自主研发的底吹炼铜技术使我国的铜冶炼达到国际先进水平。氧气底吹熔炼-鼓风炉还原炼铅工艺，其产量总和已占全国铅总产量的 40%。富氧闪速熔炼和熔池熔炼炼镍工艺有了较大发展。锑的冶炼工艺形成了中国的特有技术。发展了基于熔融态 $MgCl_2$ 直接氧化热解的镁氯循环清洁制备海绵钛的新工艺。

（2）湿法冶金。铜、锌硫化矿的氧化浸出是目前的研究热点，硫化锌精矿的氧压浸出已得到工业化应用，硫化铜矿的氧压浸出仍处于实验室研究阶段。我国一水硬铝石型铝土矿生产氧化铝技术处于国际先进水平。钙化-碳化预处理中低品位铝土矿生产氧化铝的新方法，实现了低品位铝土矿的高效清洁利用。矿浆电解法为含铅多金属复杂硫化矿的综合利用提供了一种新途径。硫酸选择性浸出精炼法技术已超过了硫化镍电解精炼工艺。开发了直接加压浸出全湿法提钒新方法，实验室效果良好。白钨矿及黑白钨混合矿的碱压煮、常压碱分解等多项技术处于世界领先水平。根据稀土萃取串级理论设计高纯稀土生产线，把中国稀土分离提取技术提高到一个新水平。

（3）电化学冶金。国内在铝电解槽大型化、低温低电压节能理论、新型阴极结构电解槽等方面占有国际领先地位，平均吨铝直流电耗处于国际先进水平，惰性阳极材料的研究取得一定进展。镁电解技术已趋向完善。稀土电解在我国得到广泛应用，正在开发 25kA 级的电解槽。以固体氧化物为原料、氯化物为电解液的氧化物直接电解法得到快速发展，其中碳化钛可溶阳极电解新技术实现了氧化钛原料电解直接获取金属钛。基于固体电解质膜法实现了多种金属和合金的实验室提取。

（4）特殊冶金。电磁脱氧-电磁连铸生产高性能无氧铜，已完成工业试验和批量生产，强磁场焙烧预处理一水硬铝石矿大大降低溶出温度，强磁场应用于铝熔体精炼实现了金属铝的高洁净化，细化了微观组织。微波加热硫化明显加快铜精矿浸出速率，提高闪锌矿在三氯化铁溶液中的浸出率，微波碳热还原可提高氧化物的碳热还原速率，对冶金渣的改性和金属回收利用起明显促进作用。低品位铜矿微生物浸出的生物冶金工艺进入实用化阶段，难处理金矿生物氧化预处理也取得了产业化的重要突破。利用自蔓延冶金制备无定型硼粉、钨粉、陶瓷微粉以及金属合金。加压湿法冶金处理重有色金属硫化矿技术发展迅速，在环境保护及强化金属提取方面显示了优越性。

（5）材料冶金制备。利用冶金方法进行新材料制备和开发，实现材料和冶金的一体化，可以降低能源消耗，得到各种特殊性能的新材料。液相沉积、水热合成等广泛应用于新型粉体材料的制备，尺寸更小、粒度均匀、成分和形态可控。铝热自蔓延与浇铸工艺相结合，成功制备了钒铁、钼铁以及铝基合金。采用真空熔炼、区域精炼及电磁精炼等冶金方法得到高纯金属材料。而泡沫金属材料已经从概念性的物质转化为具有实际用途的新兴材料。

从近年来有色冶金领域发表的 SCI、EI 论文变化趋势看（图 3.24、图 3.25），湿法冶金和特殊冶金无论是基础理论研究还是工程技术研究，都是有色冶金学科最活跃的研究领域。该领域所发表的论文无论是数量还是增长速度都明显高于火法冶金等领域。这与我国有色金属矿产资源品质逐渐变差的趋势是直接相关的。因为现有的能利用的资源多是贫、杂等难处理的共（伴）生矿，传统的火法冶金不再具有优势。

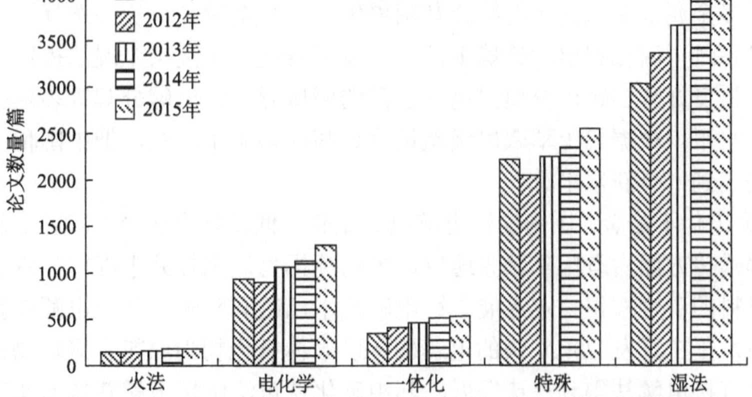

图 3.24　有色冶金不同领域 2011～2015 年发表 SCI 论文数量变化趋势

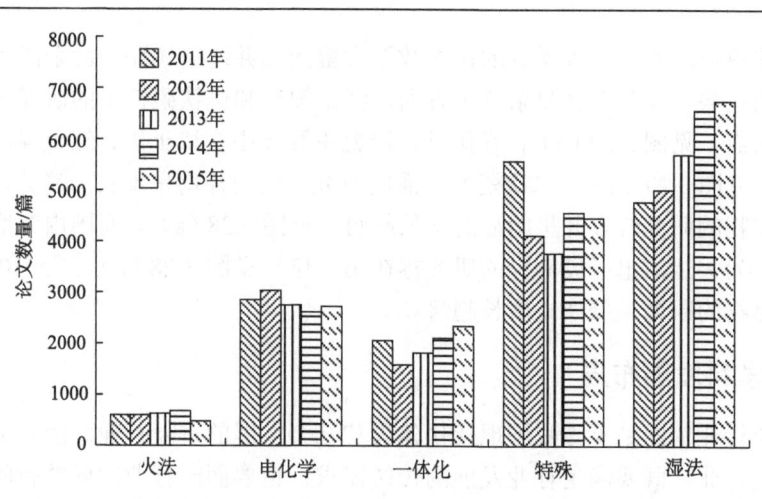

图 3.25　有色冶金不同领域 2011~2015 年发表 EI 论文数量变化趋势

　　从 2011~2015 年有色冶金不同领域发表的 SCI 与 EI 论文所占比例同样可以看出（图 3.26），湿法冶金和特殊冶金是有色冶金学科最活跃的研究领域，也将是未来有色金属冶金领域的研究热点和发展重点。

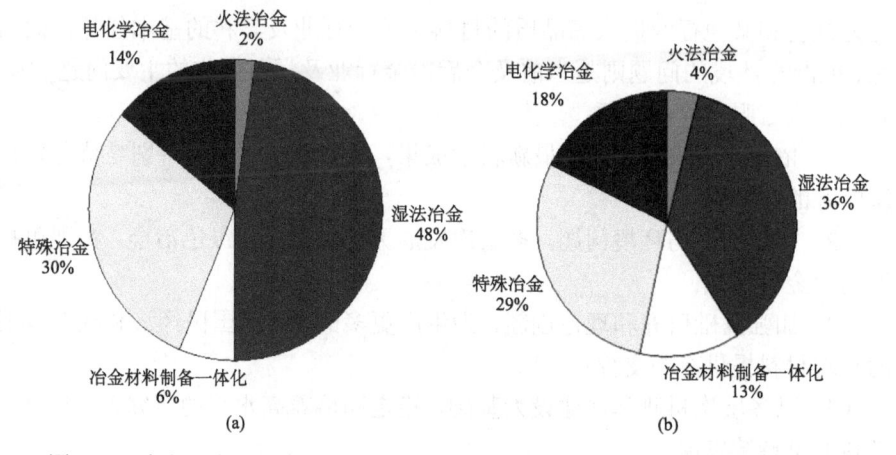

图 3.26　有色冶金不同领域 2011~2015 年发表 SCI 与 EI 论文数量的占比情况

（a）2011~2015 年 SCI 期刊论文统计；（b）2011~2015 年 EI 期刊论文统计

5. 冶金资源、能源与环境

　　冶金资源、冶金能源、冶金环境分别有各自独立的学科体系，这里强调的是三者的交叉和融合。随着冶金行业面临的资源、能源和环境问题日益凸显，这一方向逐渐得到重视，逐渐形成自己特有的体系和发展规律。从 2000 年以来冶金资源和冶金能源领域发表论文的统计情况来看，冶金资源领域的研究近年来迅速成为研究的热点，其中中国学者的论文数量大幅增加并遥遥领先，冶金能源方面也有相似的趋势。在多金属复杂资源方面，红土镍矿和钒钛磁铁矿的研究成为国内研究的热点，见图 3.27（a）；在国外，研究主要集中在稀土矿、红土镍矿和钒钛磁铁矿，见图 3.27（b）。二次资源方面的研究，国内外均呈增长的趋势。国外对电子废弃物的研究较多并呈明显的增长趋势，见图 3.28（a）。而国内对冶金炉渣的研究最为关注，电子废弃物的研究排在第二位，见图 3.28（b）。近 10 年来，电子废弃物的研究呈爆炸式增长趋势。

3.4.2　学科发展布局

冶金行业依然是支撑我国现代化建设和社会发展的重要行业。冶金工程学科依托冶金行业，既要满足行业发展的传统需求，也要面向行业发展的新问题和新挑战，结合学科内在的特点和发展规律，发挥现有学科、技术、人才和资源特色与优势，不断调整学科发展的方向和内容，加强基础研究，鼓励创新，拓展和丰富学科的内涵。

1）学科发展的着眼点

为社会和其他行业提供高品质的材料是冶金行业及学科的基本任务，而冶金资源、能源与环境的问题则是当前及今后冶金行业及学科面临的主要问题，因此，学科发展应着眼于以下方面：

（1）依靠学科交叉，吸收最新科学成果，有效利用资源，特别是特色资源和二次资源的利用；

（2）突出能源与环境问题，多层次发展无污染冶金、绿色冶金，实现可持续发展的冶金新模式；

（3）加强基础研究和理论创新，为生产更多的、满足国民经济和社会发展所需的高端材料提供有力支撑；

（4）以多层次科研基地建设为基础，稳定和培养高水平的研究人才队伍，实现学科的可持续发展。

2）学科研究领域和方向

根据国内外发展趋势和现状，我国冶金工程学科应加强以下领域和方向的研究：

（1）冶金资源高效利用过程中的物质分离和循环科学；

（2）非平衡态（或偏离平衡的）冶金热力学；

（3）多相界面反应动力学；

（4）冶金反应工程学；

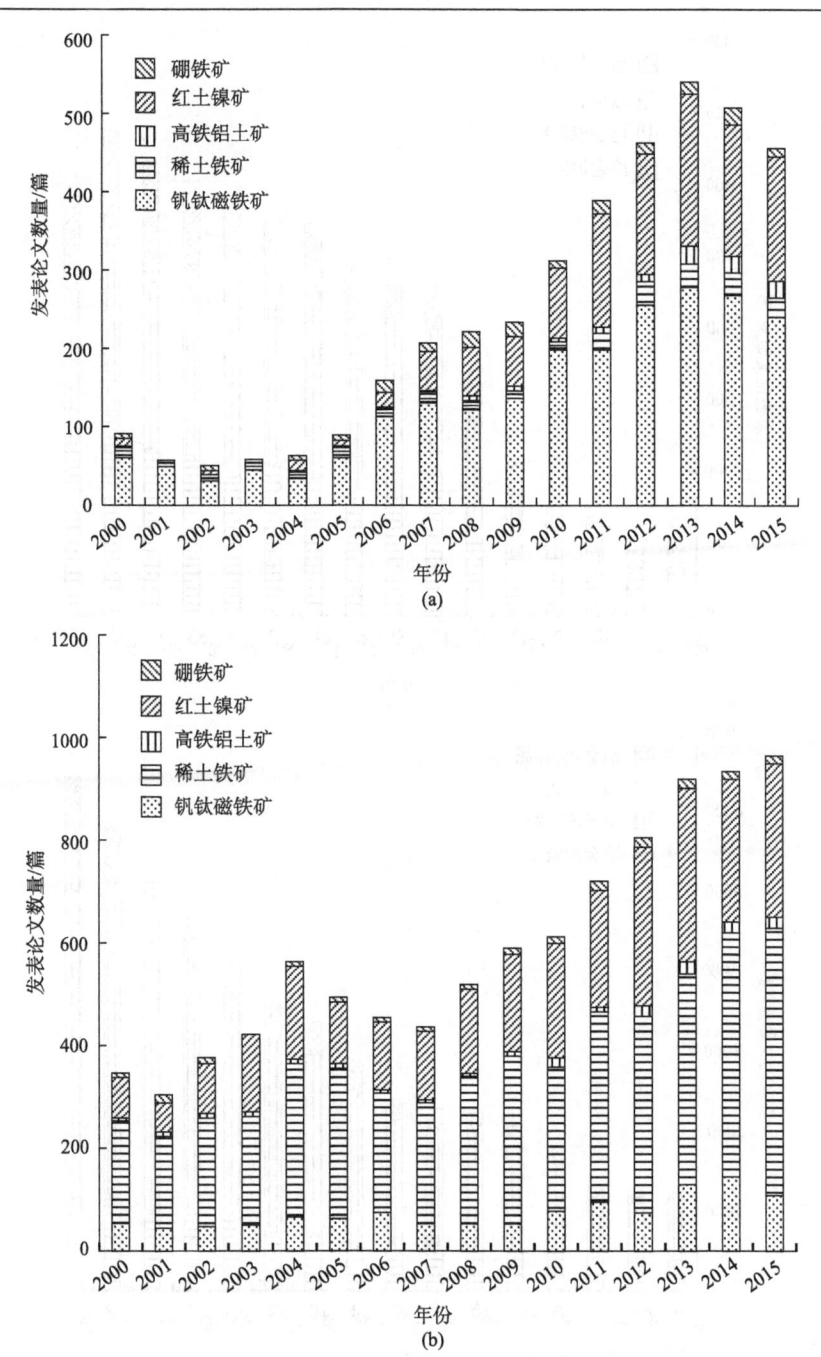

图 3.27　国内外（SCI/EI）发表的复杂多金属矿相关的论文数量统计

（a）论文在国内发表；（b）论文在国外发表

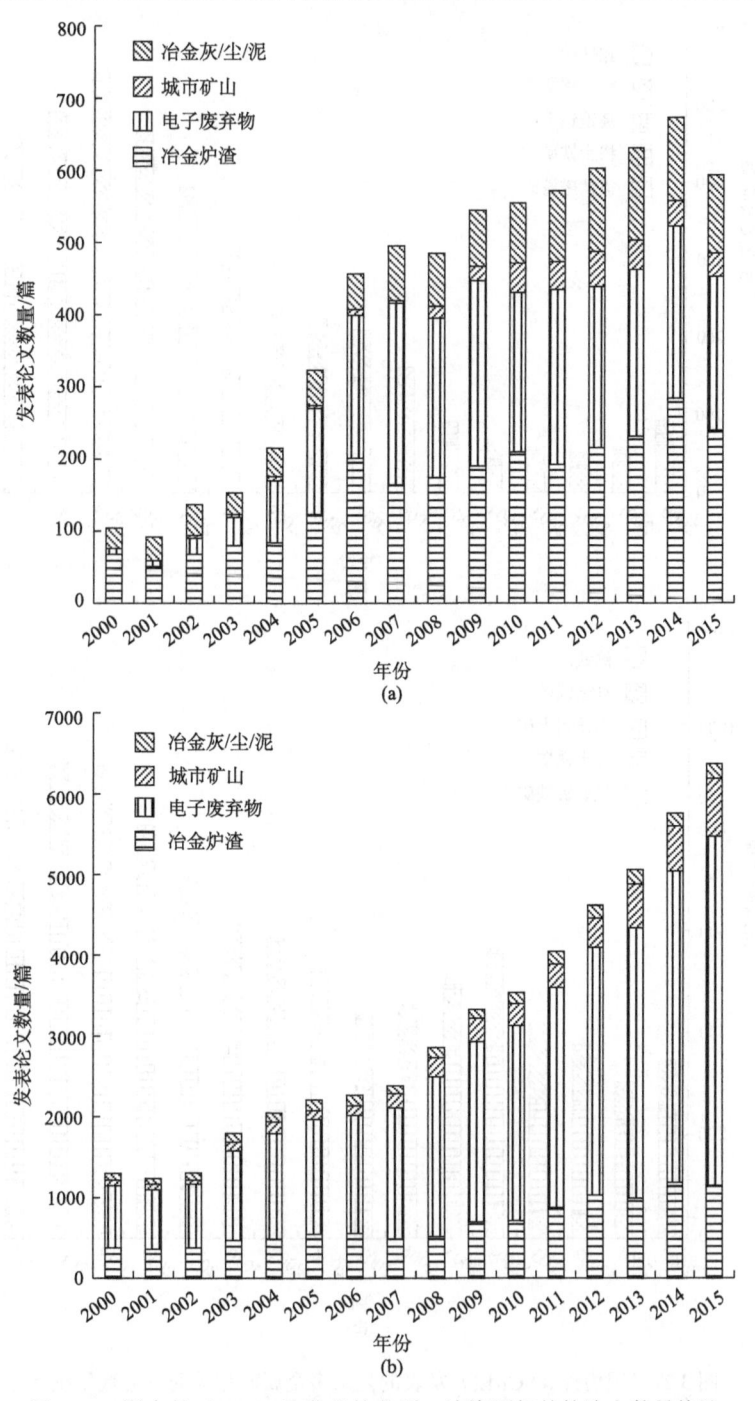

图 3.28 国内外（SCI/EI）发表的典型二次资源相关的论文数量统计

（a）论文在国内发展； （b）论文在国外发表

（5）冶金新理论、新技术与新工艺；

（6）冶金过程强化；

（7）特殊冶金；

（8）冶金资源、能源与环境；

（9）大数据技术在冶金行业的应用。

3）优先支持的研究方向

在上述研究领域和方向的基础上，优先支持：

（1）复杂多金属矿产资源高效利用的新理论与新技术；

（2）二次冶金资源的综合利用；

（3）环境友好冶金新工艺的基础理论；

（4）"渣-金-耐材"三元界面的多元、多相反应；

（5）高品质金属材料的热力学基础、冶金理论和凝固控制基础；

（6）冶金材料一体化过程理论。

目前，全国设立冶金工程学科的高校有 47 所。另外，北京钢铁研究总院、北京有色金属研究总院、北京矿冶研究总院、中国科学院过程工程研究所等也招收和培养冶金工程学科的研究生，并开展了高水平的科学研究。我国每年毕业的硕士、博士生人数超过 2000 人，在校本科生近万人。高校、研究院所、企业共建有冶金工程学科的国家重点实验室、冶金工程研究中心 20 余个，省部级研究基地数十个。2014 年，以北京科技大学和东北大学为依托，联合上海大学、武汉科技大学等高校，钢铁研究总院、中国科学院金属研究所等研究院所，鞍钢、宝钢、武钢、首钢等大型生产企业，共同组建了"钢铁共性技术协同创新中心"，成为国内钢铁关键共性技术、高端产品研发的重要基地和成果转化平台，成为聚集一流人才和培养创新人才的重要基地。

今后应充分发挥科研基地的作用，围绕学科发展方向和国家重大战略需求，协同创新，解决冶金行业发展遇到的普遍性的基础问题。同时，还应加强国际学术交流，吸收国外先进的研究方法和最新成果，促进我国冶金工程学科的可持续健康发展。

3.5 材料工程学科

3.5.1 学科发展现状

近 5 年，中国材料科学与工程领域论文数量快速增长（图 3.29），年均增长率（13.7%）为世界同期该领域论文数量年均增速（5.8%）的 2.4 倍。从 2009 年起，中国材料科学领域论文数量超过美国，居第一位，并持续保持领先。

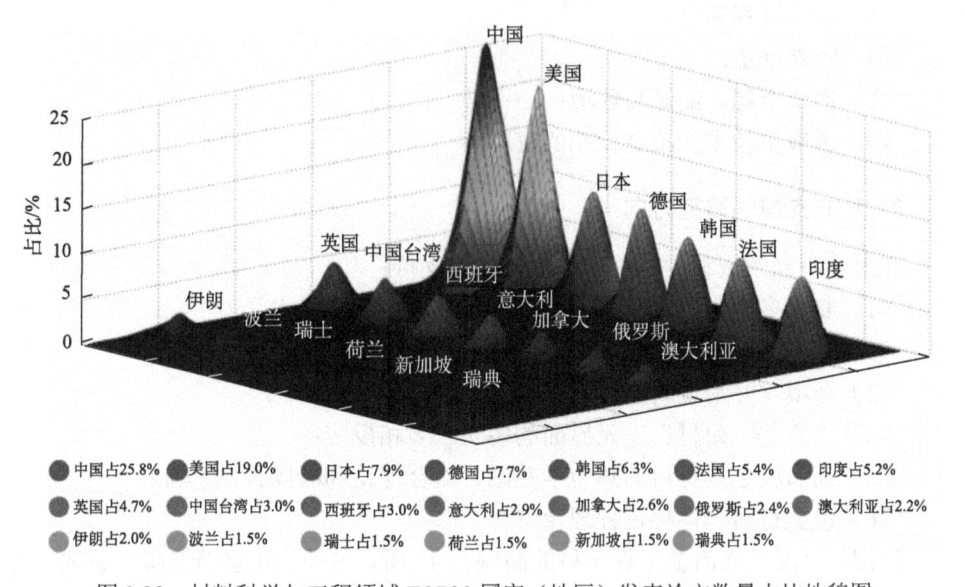

图 3.29　材料科学与工程领域 TOP20 国家（地区）发表论文数量占比地貌图

近 5 年，中国材料科学与工程领域发表论文总被引频次和高影响力论文数量占世界该领域相应比例均上升至世界排名第二位（图 3.30）。但中国材料科学与

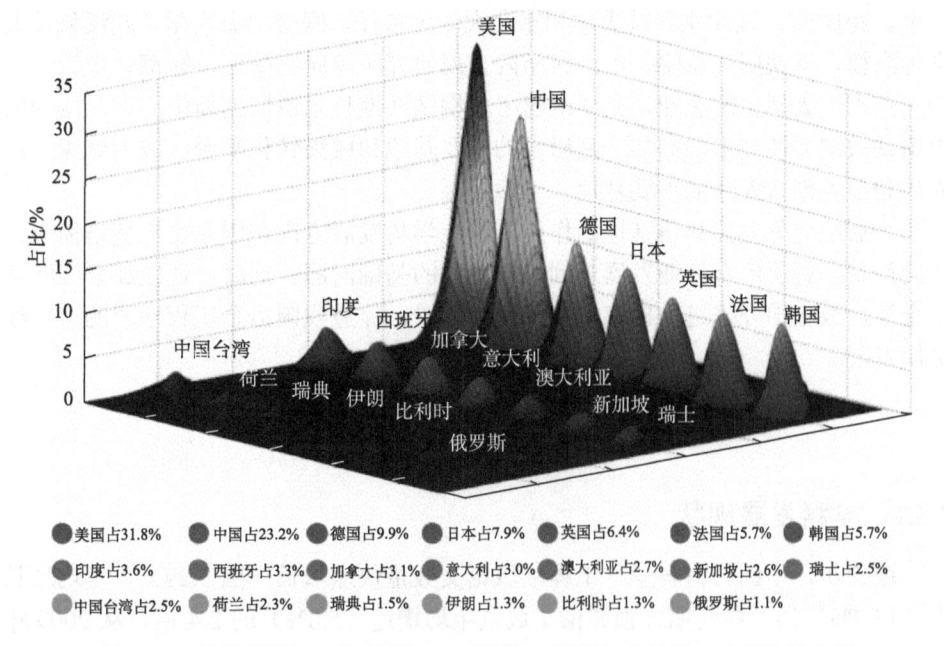

图 3.30　材料科学与工程领域 TOP20 国家（地区）高被引论文频次地貌图

工程领域论文的篇均被引频次和相对引文影响力仍低于世界相应论文的平均影响力。美国在多个引文相关指标的排名均居世界首位。中国材料科学与工程领域论文被引频次占世界该领域论文被引频次的比例为 23.2%，居世界第二位，约为排名世界首位的美国（31.8%）的 72.9%，差距显著缩小。

中国材料科学与工程领域 TOP1% 高被引论文数量高速增长（图 3.31）。中国材料科学领域 TOP1% 高被引论文数量占同期世界相应比例（25.0%）高于德国（10.6%）、英国（7.8%）、日本（7.1%），仍远低于排名世界第一的美国（45.9%）。

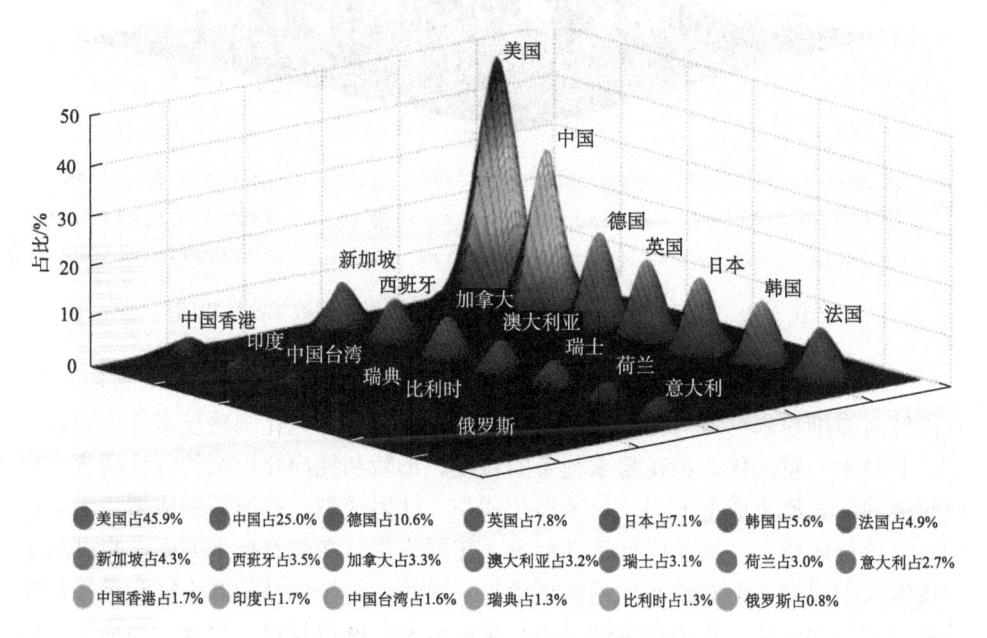

图 3.31　材料科学与工程领域 Top1% 高被引论文数频次地貌图

中国材料科学与工程领域 TOP1% 高被引论文频次占同期世界相应的比例提升显著（图 3.32）。近 5 年，中国的这一比例（21.1%）已高于位居世界第三位的德国（11.3%），不足排名首位的美国（50.2%）的 1/2[153]。

1. 粉末冶金

近年来，欧、美、日等国家和地区重点研究的粉末冶金新材料包括铁基、铜基、镍基、钨基、钛基、硬质合金等合金体系。系统地开展了新型粉末冶金材料，先进制备方法，新结构粉末制备及其烧结和致密化机理，粉末冶金材料设计，微观组织和性能评价等方面的研究，致力于探索具有细晶化、等轴晶化、晶粒多尺度化、结构复合化等结构特征的新型粉末冶金材料。

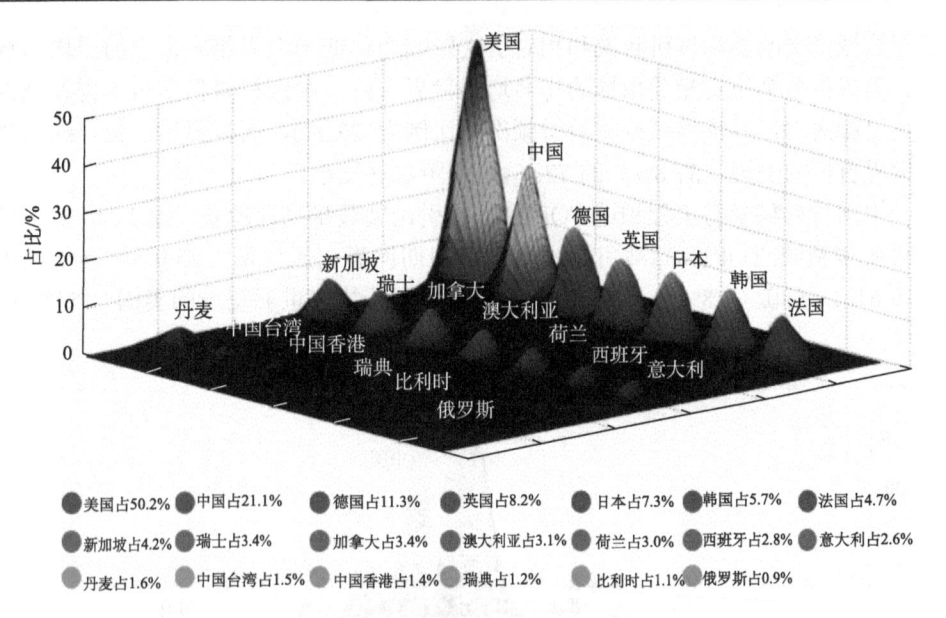

美国占50.2% ● 中国占21.1% ● 德国占11.3% ● 英国占8.2% ● 日本占7.3% ● 韩国占5.7% ● 法国占4.7%

新加坡占4.2% ● 瑞士占3.4% ● 加拿大占3.4% ● 澳大利亚占3.1% ● 荷兰占3.0% ● 西班牙占2.8% ● 意大利占2.6%

丹麦占1.6% ● 中国台湾占1.5% ● 中国香港占1.4% ● 瑞典占1.2% ● 比利时占1.1% ● 俄罗斯占0.9%

图 3.32　材料科学与工程领域 Top1%高被引论文数频次地貌图

　　中国已成为世界粉末冶金大国，但仍然不是粉末冶金强国。在粉末制备方面，我国针对微细粉末制备与处理技术、快速凝固和机械合金化制粉技术等方面进行了一些技术开发工作。但在粉末制备的粒度、形貌和纯净化控制的理论研究方面比较薄弱。在粉末成型方面，粉末温压成型、注射成型、高速压制成型、喷射成型、热等静压成型、高能成型等都取得了重要进展；在烧结技术方面，也开展了比较深入的研究，但对致密化的过程模拟、可视化、精细结构的表征和调控规律等的研究较为欠缺。我国在难熔金属与硬质合金、摩擦材料、粉末近净成型、以及激光/电子束快速成型等方向的研究处于世界先进水平，但对于汽车、航空航天、核工业的快速发展迫切需要开发的高精密粉末冶金铁基零部件的制备技术、先进粉末制备技术、先进粉末高温合金、纳米复合材料等方向的研究相对欠缺。

　　我国粉末冶金技术的基础研究较薄弱，粉末冶金材料的研究水平、性能与国外还有较大差距。主要表现在：粉末纯度、粒度及形貌控制水平较低；粉末冶金材料特有的成分-组织-性能关系规律研究不系统；高精度、多功能、使用性能稳定的粉末成型压机、烧结炉和材料制备的智能控制系统仍不成熟；粉末冶金原创性新材料、新理论、新技术较少；粉末冶金材料在晶粒细化、组织均匀化、性能指标等方面还有很大的提升空间[154~157]。

2. 金属凝固

　　我国金属材料尽管在产量规模、研究开发、科研和工业体系以及人才培养等方面已取得了举世瞩目的成就，但在资源及其利用、产品质量及品种结构、科技创新、产业结构和环境保护等方面，问题依然较多，与发达国家相比存在较大差距。我国金属产业深、精加工技术落后，低档次产品产量过大，高档产品依赖进口。我国金属工业的发展迫切需要在加强基础产业技术改造的同时，突出重点，加强创新，发展高附加值产品。

当前，面对世界范围内出现的资源枯竭、能源短缺和生态环境恶化等问题，如何以最小的环境负荷、资源和能源消耗，实现材料的凝固成型受到了国内外学术界、工程界和企业界的广泛重视。

针对具有一定优势的学科方向，如外场作用下的凝固控制（脉冲外场凝固细化和均质化、电场磁场凝固及定向凝固、微重力凝固、超重力凝固）、复杂合金凝固（包晶合金、金属功能材料凝固）、激光增材制造凝固、微纳尺度凝固、材料无容器处理技术等，重点向凝固过程的表征、对接具体应用对象的新方法和模型方面发展，以形成学科影响力并对国民经济做出贡献。

在薄弱的研究方向上，如大型铸锭、厚大铸坯、大型铸件以及冶金短流程凝固控制等方面，重点研究实际过程控制的新方法和新机理，发展过程控制模型和虚拟制造[158]。

3. 材料成型

长期以来，工业发达国家高度重视材料先进成型加工技术，并形成了技术领先优势。我国对材料成型加工的基础研究和应用开发研究工作也十分重视。近年来，在材料成型加工领域投入了大量科研经费，开展研究。在一些方向的研发方面取得了重要进展，所开发的部分新技术已经达到国际先进水平或领先水平，对产业科技进步和国家经济建设的发展发挥了重要的作用。但是，在先进钢铁材料、高性能有色金属、高质量复合材料等行业中，影响国民经济主战场未来发展的能源、资源、现代交通、节能减排与绿色成型加工科学技术方面，与国际科技发达国家相比，我国的总体水平还有相当的差距。尤其是对一些先进技术掌握的系统性、成熟度和稳定性方面还有一定差距。在建立针对国民经济和国防建设急需的先进材料成型加工的短流程、智能化理论与技术以及突破关键技术和科学问题等方面，还需要开展大量的研究工作。

"铸轧材一体化技术"是当前轧钢技术发展的重要趋势，也是资源环境友好轧钢的重要组成部分。通过对化学冶金、物理冶金和力学冶金过程的深度耦合，使得连铸、轧钢和热处理工序的深度交叉与融合，并上升到了技术一体化的高度。铸轧材一体化技术也是进一步提高产品尺寸形状和性能一致性、均匀性、再现性的基础。高精度轧制技术已经不再是单一的尺寸形状控制，它必将与先进轧制技术的其他组成，如轧辊冷却、控轧控冷等密切耦合才能成为可能，这正是现代轧制技术发展的特点。对轧制产品精度和性能的每一次突破都是立足于塑性变形理论和材料科学研究的新发现、新成果。其中前者是形状尺寸控制，后者是组织性能控制的基础。

重视技术基础理论成果的应用将促进在轧钢生产中新产品和新工艺的研制与开发。全轧程三维热力耦合数值模拟分析模型，多场、多尺度模拟计算分析，高强钢轧材中的残余应力预测分析，热轧、冷轧板形分析模型，基于全流程监测与控制技术的板形控制理论，钢管穿孔、轧制过程金属流动、变形分析等研究成果的应用，使高精度轧制成为可能。对钢铁材料组织演变及其与使用性能关系的深入研究，奠定了新强韧化机制和相关工艺的基础，保证了钢材组织性能的精细化控制。例如复相材料，变塑（TRIP）钢、孪晶诱导塑性（TWIP）钢、淬火和碳再分配处理（Q&P）钢及新一代控轧控冷技术等。这些工艺技术的基础都是构建铸坯凝固、相变、析出与轧制形变几个过程的合理耦合，并在生产中形成了铸轧材一体化技术。

近终型连铸连轧技术是当前钢铁冶金领域的一项前沿技术。它打破了传统带钢生产工艺模式，直接将钢水浇铸成薄带钢，实现铸轧一体化，使钢铁生产流程更紧凑、连续、高效、环保。新一代近终型连铸连轧装备的研发目标是：生产绿色化，装备长寿化，有效降低能耗，缩短生产线，提高产品质量。具体指标包括：有效降低产品的单位能耗，减排能力大大提高，提高钢铁生产效率，减少企业生产线设备的投入，提高钢产品质量[159]。

随着我国航空航天、电子信息、交通运输等战略新兴产业和国防军工的迅速崛起，近 10 年来启动了若干针对重大工程急需的极端尺寸规格、高性能铝、铜、镁、钛及其层状复合材料的研制工作，基本上形成了"需求牵引"发展模式的极端尺寸规格、高性能有色金属材料的研发队伍与平台。但是，在极端尺寸规格、高性能有色金属材料的均匀制备、材料/结构一体化的基础理论与成型方法创新方面的研究成果还十分有限，材料成型"科技创新驱动"的支撑作用亟待发挥。

目前世界上铝、铜、镁及其层状复合材料等的极端尺寸规格有色金属材料一般都需通过铸锭冶金途径制备。我国近 10 年的材料研制实践表明，在极端尺寸规格有色金属材料组织性能均匀性形成的宏/细观机理等基础理论缺失的问题凸显。以大规格铝合金材料为例，从铝合金铸造坯料到所需大规格、高综合性能材料，须经历凝固、变形和热处理三个基本过程。在该过程中流场、温度场、应力场的不均匀作用会造成大规格铸锭成分的宏观不均匀性及非平衡结晶相和杂质相等组织细观不均匀性、厚截面材料形变与再结晶组织的宏/细观不均匀性、热处理组织与残余应力的宏/细观不均匀性等。针对上述多种宏/细不均匀性的跨尺度研究涉及面广，是世界材料成型领域公认的难题，我国在该方向上的基础研究尤其薄弱，已不能适应国家重大工程持续发展对极端尺寸规格、高性能有色金属材料均匀制备等技术的需求[160~162]。

4. 界面结合冶金过程

　　以钢铁为代表的黑色金属和以铝、镁、钛为代表的轻质有色金属是国民经济、国防工业、科学技术发展中重要的基础结构材料。针对这些材料的界面结合冶金过程的研究是世界上工业发达国家的重点研究领域。在欧洲冶金复兴计划中，已明确将材料的界面结合冶金过程及界面连接技术作为 2012～2022 年的重大需求和研究重点。

　　目前我国是世界上最大的钢铁生产国，但主要是低端钢铁产品的生产，在超细晶粒钢、超高强度钢、耐候钢、耐热钢等生产和研究方面与国际先进水平相比，有较大差距，缺乏对高端钢材界面结合冶金过程基础理论的深入研究与理解，缺乏对界面结合冶金过程中连接材料设计理论的研究，缺乏对界面结合高效连接方法的创新研究，缺乏对高端钢材界面连接结构完整性和寿命评定理论与方法的深入系统研究。

　　对以铝、镁、钛为代表的轻质有色金属材料的界面结合冶金过程的研究是国际的研究热点。研究的目的是掌握轻质金属材料界面结合冶金过程的基础理论，实现轻质金属材料高效可靠的界面结合和界面连接结构的长周期安全服役。

　　铝及铝合金是有色金属中产量和用量最大的材料。发达国家已开发了从第一代到第五代 250 余种牌号的铝合金。在对铝合金界面结合冶金过程深入研究的基础上，开发了相应的用于界面结合的连接材料和连接技术。我国目前有 140 余种牌号的第一代和第二代铝合金，界面结合冶金过程的研究和应用也大多集中在这两代铝合金上。高端铝合金界面结合冶金过程的相关研究与发达国家的差距较大。

　　镁合金是最轻的金属结构材料。我国是镁资源大国，以往的工作大多集中在镁资源的开发和原料的出口，对高性能镁合金的界面结合冶金过程的研究及深加工基础理论和应用技术的研究较少。

　　钛合金是国防和重大高端装备制造中的重要结构材料。我国是世界上钛生产和应用的大国。我国在高性能大规格钛合金生产与加工技术上与发达国家的差距较大。钛合金界面结合冶金过程等基础研究和应用技术研究也十分有限。

　　由于界面结合冶金过程的特殊性，决定了材料界面结合区域的组织和性能发生显著的变化，这些变化对结构的整体性能和服役可靠性有重要影响。寻求金属材料及其衍生材料界面结合的高效方法，理解、描述和调控界面结合区组织不均匀性，研究界面结合区性能调控的理论和方法，获得界面结合区寿命演变规律，建立界面连接结构完整性评价体系等，是国内外该领域研究的主要方向。

　　在界面结合的高效方法上，国内外的研究集中在界面的固相连接、多能场（光、电、磁、声）复合连接以及特种连接（扩散连接、钎接）等方面。其中，以英国焊接研究所 1992 年发明的搅拌摩擦焊（FSW）在铝合金界面连接上的应用最为成功。我国目前仍受 FSW 专利技术的制约。

界面结合区组织的非均匀性是引起结合界面性能劣化和结构整体性能下降的根本所在。国内外目前的研究大多停留在对界面区组织非均匀性的识别和表征上，对界面区组织调控理论和调控技术的研究较少。

界面结合冶金过程的另一个特点是界面区力学性能的非均匀性。界面区硬度、强度、塑性、韧性等以及腐蚀性能和高温性能等与基体材料相比都有较大程度的劣化。对界面区的强化和性能调控理论和方法研究是结构整体性能保证的前提。界面连接材料匹配、外场作用规律等是界面区强化和性能调控的重要研究方向。我国在通过对连接材料微合金改善铝合金界面结合冶金过程中的软化研究已进行了有益的尝试。

复杂能场作用下界面结合冶金过程是极端的非平衡过程。这一过程与传统意义上的冶金过程有很大的差别。复杂能场条件下界面区晶体的形核、长大与缺陷机理等的基础研究是界面结合冶金理论的重要方面。超常条件下界面结合冶金的物理建模、冶金过程的数值模拟等应是研究的重点。

在通过界面结合冶金过程进行金属结构的制造中，界面区组织和力学性能的非均匀性以及界面区缺陷的存在影响了结构的完整性。在黑色金属连接结构完整性评定理论和技术研究方面，国内外有多年的积累，已有多个评定标准，目前的研究工作主要集中在对现有评定理论和方法的完善和丰富方面。国内外对有色金属连接结构完整性评价理论和方法的研究尚处于初始阶段。国家自然科学基金委在"十二五"期间启动重点项目，支持开展了大厚度钛合金电子束连接结构完整性评定的研究。继续开展有色金属结构结构完整性评定的基础研究，有望使我国在这方面占有国际领先地位。

许多重要连接结构在严酷条件下服役，如带温带压、太空、辐射、深潜、强腐蚀等。严酷条件下界面结合区的性能退化和寿命演变有特殊的规律。开展严酷条件下寿命预测理论和方法的研究是界面结合冶金过程研究的重要课题[163,164]。

在界面结合冶金过程理论和应用技术研发方面，欧美等发达国家和地区有较好的基础。在民用领域的基础研究有很多的成果报道。国际焊接学会针对材料界面的焊接与连接，成立了 17 个专门工作委员会以及多个工作组和研究组，在界面冶金行为、界面连接材料、界面连接方法以及检验与评价等方面开展研究和学术交流。

针对轻质金属的界面连接，国家自然科学基金委分别于 2008 年 8 月和 2013 年 10 月组织召开了第一届和第二届专题研讨会，已就轻质金属的界面连接研究发展凝聚了国内学者的共识，已有一定的研究基础。

5. 表面工程

近年来，与先进制造和再制造的有机结合，为表面技术提供了一次新的发展机遇，即通过新产品零件的表面设计使表面工程纳入到产品的表面与整体的同步设计和制造中，使表面工程与环境友好、资源节约的绿色、经济、高效等紧密联系在一起。

3.5.2　学科发展布局

材料工程领域已初步形成了较完整的基础研究、技术开发与产业化体系，是冶金与矿业学科创新体系的重要组成部分。材料工程的科研支撑条件主要分布在高等院校、中科院和工业部门研究院所，其中包括国家重点实验室 24 个、国家工程研究中心材料 33 家、国家工程技术研究中心材料 43 家、国家新材料产业化基地 52 个、火炬基地 103 个、国家发改委高技术产业基地 7 家，特别是高校在本领域的科研支撑条件分布中占据重要位置。目前设立材料工程专业学科的高校主要包括：北京科技大学、清华大学、北京航空航天大学、中南大学、上海交通大学、西北工大学、浙江大学、东北大学、哈尔滨工业大学、华南理工大学、华中科技大学、西安交通大学、吉林大学、天津大学、湖南大学、上海大学、北京工业大学、装甲兵工程学院等。研究院所和工程中心主要包括：北京有色金属研究总院、钢铁研究总院、西北有色金属研究院、北京航空材料研究院、中国科学院金属研究所、广州有色金属研究院、株洲硬质合金国家重点实验室、国家钨材料工程技术研究中心等（以上排名不分先后）。

围绕学科发展方向和国家重大战略需求，材料工程领域的学科发展布局将从以下五个方面展开。

1. 粉末冶金

学科总体布局，应该明确基础研究、核心技术研发、产业技术应用三个层次。

（1）基础研究：针对学科前沿理论问题，发展粉末冶金材料设计，近净成型新原理、新技术，3D 打印新原理、新方法等，形成具有国际影响力的理论和方法。

（2）核心技术研发：针对国家重大需求，发展高性能粉末制备、粉末近净成型、高致密化高性能粉末冶金材料制备技术等，提升难熔金属、硬质合金、高温合金、摩擦材料、铁基、钛基等粉末冶金材料整体性能水平，服务于国民经济建设。

（3）产业技术应用：培育为粉末冶金研究和产业服务的工程技术人员。

2. 金属凝固

学科总体布局上，明确三个层次：

第一层次：针对学科前沿理论问题，采用外场、激光和同步辐射等先进技术，发展具有国际影响的理论和方法，在基础研究方面攀登学术高峰；

第二层次：针对国家重大需求的传统材料和构件，发展具有中国特色的凝固组织控制技术和方法，全面提升我国基础工业和装备制造业技术水平；

第三层次：面向国家尖端科技需求，开展特种凝固技术和新材料研究。

3. 材料成型

未来 5～10 年，一批以短流程、近终型、精确控性、智能化为特点，适合于高性能、难加工材料的高效成型加工新技术和新工艺将成为引领性的研究方向。

针对轧钢行业面临的越来越严峻的资源、能源、环境的挑战，国际公认的解决之道是清洁生产（绿色轧钢）与生态产品，为此聚焦三个钢铁行业的典型生产流程，开展相关基础研究，突破关键共性技术。

其一是针对常规钢铁生产流程产线，以"凝固-热轧-冷却-热处理一体化组织性能控制"为研究重点，实现炼钢、连铸以及绿色热轧领域的共性技术突破，通过再造一个绿色化的热轧钢材成分和工艺体系，实现热轧钢材产品的更新换代，为解决资源、能源、环境等瓶颈问题做出贡献。

其二是针对薄板坯连铸连轧生产流程产线，以汽车用先进高强钢（AHSS）开发生产为重点，形成薄板坯无头/半无头轧制+无酸洗涂镀制备热轧 AHSS 的短流程加工理论和生产技术，开发出薄规格热轧先进高强钢并形成批量生产能力，实现热轧 AHSS 的"以热代冷"和"以薄代厚"。

其三是针对薄带连铸短流程工艺技术，围绕国际轧制技术领域前沿性、战略性技术，以双辊薄带连铸技术制造高质量硅钢和薄规格 AHSS 为研发重点，突破薄带连铸短流程生产工艺关键技术，形成薄带连铸硅钢织构控制理论体系和全新工艺流程、装备及产品技术，开发出完全自主创新的高硅钢薄带、取向与无取向硅钢薄带及薄规格 AHSS 的制备加工技术。

在有色金属材料成型方向上，围绕国民经济建设与国家安全若干重大专项（工程）对极端尺寸规格、高性能有色金属材料的紧迫需求，以大规格、高性能铝合金材料、先进精密纯铜及铜合金材料、特种高质量有色金属层状复合材料为突破点，基于材料多尺度结构形成与演变热力学、动力学基本规律，针对极端尺寸规格材料制备全过程多物理场对多相组织、内应力非均匀性形成机理，开展跨尺度的基础理论研究，为突破极端尺寸规格材料均匀制备瓶颈和持续发展提供理论支撑。瞄准航空航天、电子信息、交通运输以及国防军工等行业中高端装备所需的大型、复杂、精密、轻质、多功能关键材料/构件，发展成型/成性的创新原理与方法，满足我国重大工程与战略新兴产业持续发展不断提出的极端尺寸规格材料/结构一体化需求。

4. 界面结合冶金过程

界面结合冶金过程研究包括基础研究和应用基础研究。欧美等发达国家和地区的重要企业、学术研究机构和政府经过多年的磨合，已在未来需求、研究方向的规划等方面取得了共识。我国在界面结合冶金过程研究方面的整体规划还有待进一步加强，整体研究目标还有待于进一步明确，应避免以往研究中的低效研究现象。

另外，欧美等发达国家和地区围绕界面结合冶金过程的研究已形成相对固定、分工比较明确的研究团队，这些团队在界面结合冶金过程的相关研究方向进行着长期研究和持续创新。我国在这一研究方向有比较完善的实验室研究条件和工业应用基础，有数以千计的具有高级技术职称的专家（教授、研究员、高工），其中有百余位专家承担着不同层次的界面结合冶金过程相关课题的研究，但这些研究比较分散，持续研究和创新研究较少。

在我国近期开展的重点工程和重大装备制造中，对界面结合冶金过程的研究提出了新的要求。可根据应用需求对基础研究的引导作用，合理组建创新研究团队，围绕界面结合冶金过程研究中的关键科学问题开展创新研究。

从界面结合冶金过程研究方向的发展来看，研究重点应集中在界面连接材料的新发现、高效结合原理及方法、结合界面的组织性能调控理论与技术、连接结构的寿命与完整性等方面。

5. 表面工程方向

表面工程涉及材料、物理、化学等多门学科领域，学科交叉性强，技术种类多，已经成为综合性工程学科。其研究范围涉及表面体系（宏观热力学）、表面原子结构和表面电子结构等三个不同的物质结构层次，以及与之相对应的微米、亚微米、纳米尺度范围。

3.6　安全工程学科

3.6.1　学科发展现状

安全科学与工程学科分为 5 个二级学科，即安全科学、安全技术、安全系统工程、安全与应急管理和职业安全健康学科。

安全科学理论体系的发展经历了三个阶段，即工业社会到 20 世纪 50 年代的事故学理论，50～80 年代的危险分析与风险控制理论和 90 年代以来的现代安全科学理论。20 世纪初许多西方国家建立了与安全科学有关的组织和科研机构。涉及安全工程、卫生工程、人机工程、灾害预防处理、预防事故的经济学、职业病理论分析和科学防范等。美国的安全教育发展较快，部分大学设立了安全工程、安全管理、消防工程、卫生工程等方面的硕士和博士学位。2011 年安全科学与工程被国务院学位委员会增设为研究生培养一级学科。我国安全工程本科专业发展迅猛，全国已有 160 余所高校开办了安全工程本科专业，办学规模居世界首位。

安全技术是保证安全的关键，在国内外各个行业受到充分的重视，也是安全业界关心的首要问题。安全技术学科包括安全监测探测技术、安全预测预警技术、事故灾难防控技术、安全急救技术及行业安全技术等。安全技术近 10 年在国内外得到迅速的发展。使用 Web of Science 以 "safety technology" 为检索词进行检索，结果表明，世界范围内近 10 年（2005～2014 年）的论文数量占 1900 年以来发表论文数量的 76%。近 10 年，我国发表论文 3764 篇，占论文总数的 19%，居世界第 2 位，美国发表论文占论文总数的 31%。说明我国在安全技术领域已位居世界的前列，但与世界第一的美国相比，仍存在一定的差距。

我国在安全技术的分支研究领域的国际排序仍居世界第 2 位。以灾害应急方面的研究为例，近 5 年美国在灾害应急方面（检索词 "emergency response"）的研究成果占世界的 41%。我国占 10%，居世界第 2 位，与美国存在巨大差距。但近 5 年数据亦表明，我国在安全技术领域的论文比例在逐步增加，由近 10 年内占论文比例的 19% 增至近 5 年内占论文比例的 23%，呈现出良好的发展态势，与美国的差距在逐渐缩小。我国在理论、技术、方法和模型方面需要开展创新性研究，进一步提高对事故灾难的防控能力。

安全系统工程学，是近几十年发展起来的一门新兴学科。其应用已从最初的军事领域渗透到对生产系统各个环节的安全分析当中。它包括系统安全评价理论、系统风险控制、安全模拟与仿真、安全预测与决策、系统可靠性。从 Web of Science 数据统计可以看出，近 10 年和近 5 年我国在安全系统工程（检索词 "safety system"）的成果产出分别占世界的 14.4% 和 16.5%，均居世界第 2 位。美国分别占 29.5% 和 28.8%，由此可见，我国在安全系统工程理论和应用方面和美国相比，仍存在一定差距。但从发展趋势来看，我国处于增长阶段，而世界其他国家则处于平稳发展阶段。

安全与应急管理二级学科设立安全决策理论与方法、安全风险评估与预警、应急救援与恢复重建、安全心理与行为四个研究方向。从总体来看，近年来国内外应急管理理论、技术、管理的研究发展较快，在安全决策理论与方法、安全风险评估与预警、应急救援与恢复重建、安全心理与行为等领域取得了一系列进展，提升了人类应对各种突发事件的能力。近 10 年和近 5 年我国在安全管理（检索词"safety management"）的成果产出分别占世界的 10.7%和 11.9%，均居世界第 2 位。美国分别占 31.5%和 30.4%。相应地，在应急管理（检索词"emergency management"）的成果产出分别占世界的 7.3%和 7.5%，均居世界第 3 位。美国分别占 34.0%和 33.1%，英国分别占 8.3%和 8.1%。可以看出，我国在安全管理方面虽然居第 2 位，但与美国相比，仍存在很大差距。在应急管理方面，与美国的差距更大，与位居第 2 位的英国相比，差距较小。总的来说，我国安全与应急管理水平在理论和应用方面与美国及英国相比，仍存在差距，且近 5 年增长速度较为缓慢。

职业安全健康学科研究方向主要包括：职业安全健康行政管理学，安全健康毒理学，卫生工程学（粉尘、化学、噪声等危害控制及职业工效学），个体防护，女工劳动保护，工作场所健康促进与教育，职业病及职业伤害统计学，新材料、新技术（纳米技术）职业安全健康管理。近 10 年和近 5 年我国在职业安全健康（检索词"occupational safety and health"）的成果产出分别占世界的 3.5%和 4.1%，均居世界第 7 位。美国、加拿大、澳大利亚、英国、德国和意大利分别居 1～6位。由此可见，我国对职业安全健康的重视还应加强。

综合来看，我国安全学科对国际安全学科的贡献率，可用国际六大安全期刊（*Safety Science*，*Journal of Safety Research*，*Accident Analysis and Prevention*，*Reliability Engineering and System Safety*，*Journal of Loss Prevention Process Industries*，*Injury Prevention*）发表的论文数量来衡量。2000 年以来，我国发表的论文数量增长迅速，至 2013 年，已经上升至世界第 2 位，仅次于美国（图 3.33）。根据上述六大期刊自创刊以来的发表论文总数得知，国际上研究与关注安全学科的国家有 104 个（图 3.34），其中排名前 10 位的国家依次是美国、英国、加拿大、澳大利亚、中国、法国、意大利、瑞典、芬兰和挪威。其中欧洲国家居多（图 3.35）。同时，根据同样的数据来源，也可以知道，欧洲国家和美国研究安全学科的机构密度远比其他国家高（图 3.36），排名前 10 位的研究机构见图 3.37，中国研究安全科学的机构中，排名最靠前的是清华大学、香港城市大学、香港理工大学、中国矿业大学（北京、徐州），但这些机构还与前 10 位无缘[所用数据来自李杰所著《安全科学知识图谱》，化学工业出版社 2015 年版第 61～68 页，由中国矿业大学（北京）索晓制图][165]。

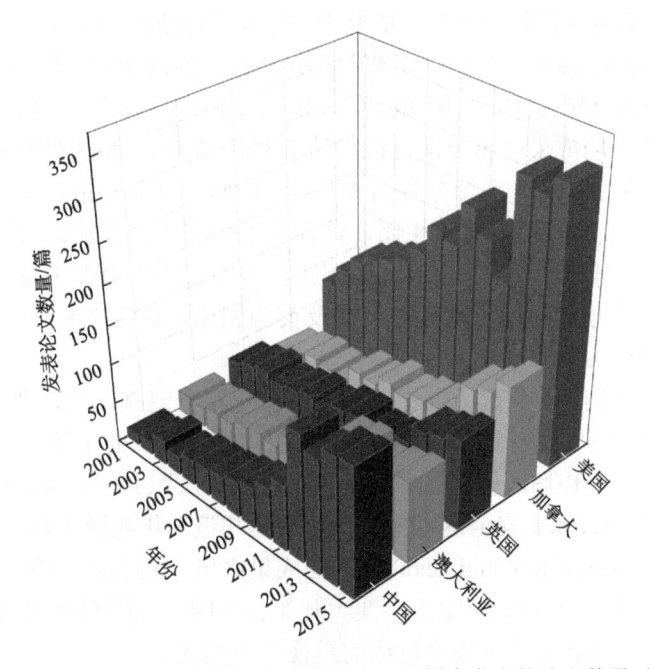

图 3.33　2001~2015 年国际六大期刊上一些国家发表的论文数量对比

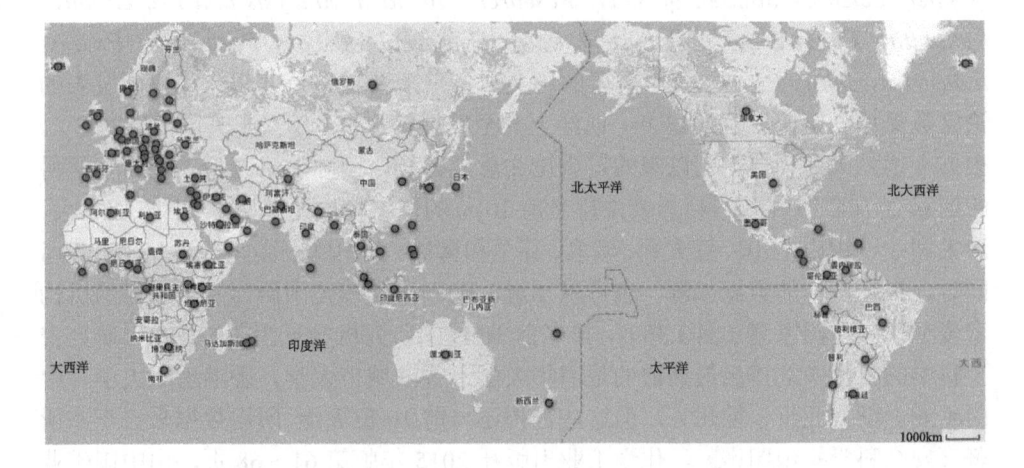

图 3.34　研究安全科学的国家（地区）分布（104 个）

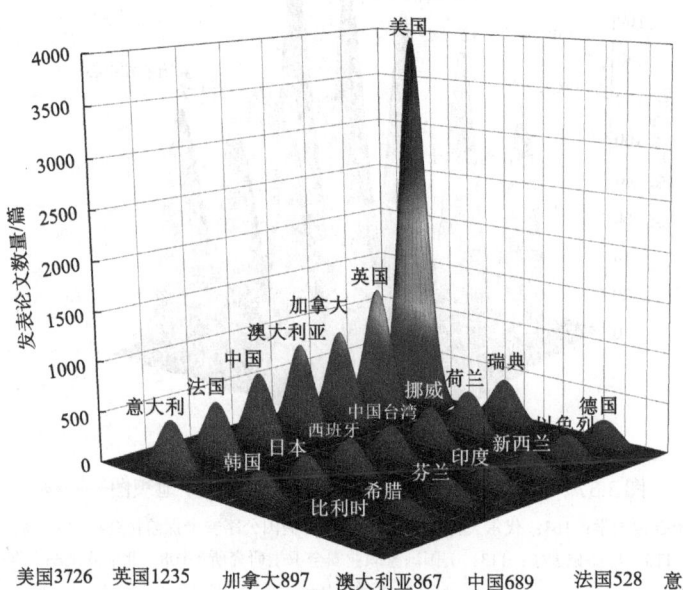

美国3726	英国1235	加拿大897	澳大利亚867	中国689	法国528	意大利471
瑞典426	荷兰416	挪威375	中国台湾316	西班牙310	日本283	韩国270
德国258	以色列237	新西兰212	印度207	芬兰206	希腊168	比利时136

图 3.35　研究安全科学的国家（地区）排序地貌图

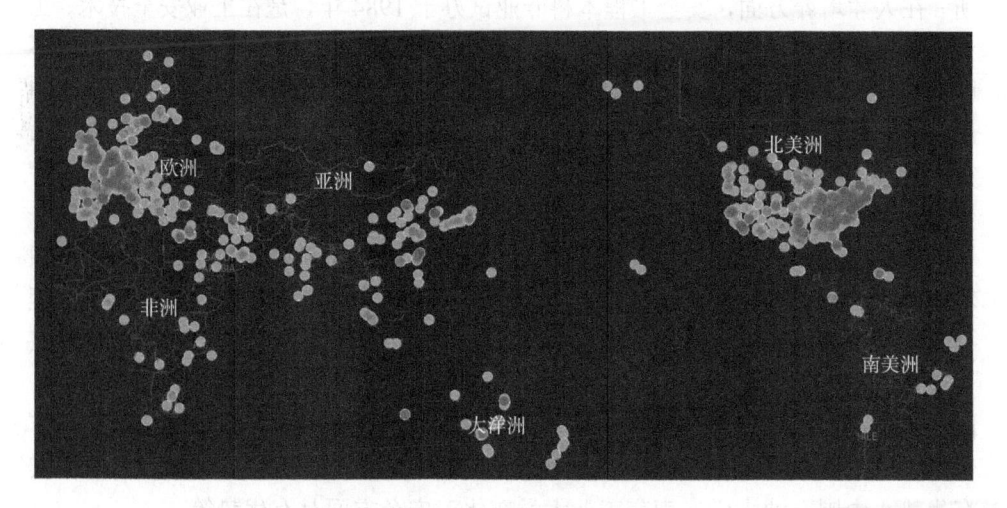

图 3.36　安全科学研究机构的世界分布

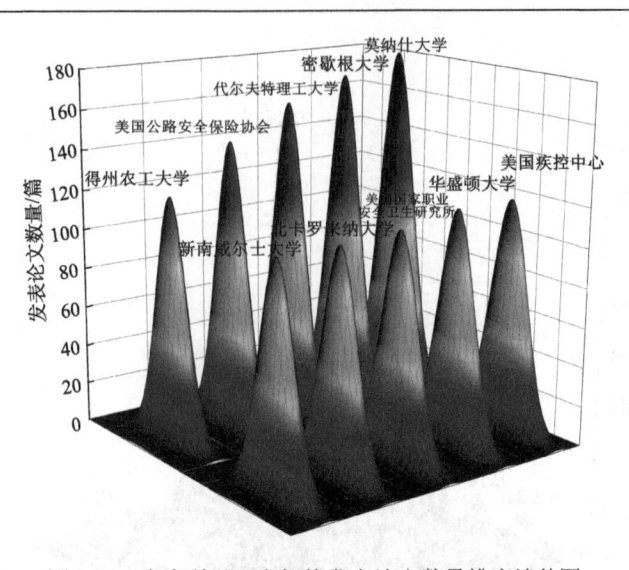

图 3.37　安全科学研究机构发表论文数量排序地貌图

莫纳什大学：172；密歇根大学：163；代尔夫特理工大学：154；美国公路安全保险协会：139；得州农工大学：117；美国疾控中心：113；华盛顿大学：113；美国国家职业安全卫生研究所：108；北卡罗来纳大学：106；新南威尔士大学：106

3.6.2　学科发展布局

　　我国在安全科学与工程方面的人才培养和科学研究主要分布在高校和研究所。在人才培养方面，安全工程本科专业试办于 1984 年，是在工业安全技术、工业卫生技术和矿山通风与安全本科专业基础上发展起来的。随着经济、社会的不断发展，安全学科发展迅速。目前，全国开办安全工程本科专业的院校达到 164 所，其中普通高校 135 所，独立学院 29 所。以培养掌握矿业、化工、环境、交通、建筑等安全技术专业人才为主。此外，应急管理以培养公共安全管理方面的人才为主，职业安全健康以培养职业危害预防方面的人才为主。

　　设立安全科学与工程专业的主要高校有中国矿业大学（徐州、北京）、中国科学技术大学、清华大学、北京科技大学、中南大学、西安科技大学、辽宁工程技术大学、中国石油大学、东北大学、北京交通大学、北京理工大学、南京理工大学等（以上排名不分先后）。这些高校各具特色与优势，在安全领域的不同方向各具优势，如中国矿业大学、北京科技大学、中南大学等在矿业安全方面具有优势，中国科学技术大学在火灾安全方面具有优势，清华大学在公共安全方面具有优势，中国石油大学、南京工业大学在化工安全方面具有优势等。

　　在科研机构方面，由国家重点实验室、国家工程研究中心、国家工程技术研究中心、国家级研究所、省部级研究机构共同构成了从基础研究、技术开发到成果转化的组织体系。

　　我国建有与安全领域直接相关的国家重点实验室 7 个，分别为中国科学技术大学火灾科学国家重点实验室、中国矿业大学煤炭资源与安全开采国家重点实验室、北京理工大学爆炸科学与技术国家重点实验室、北京交通大学轨道交通控制与安全国家重点实验室、重庆大学煤矿灾害动力学与控制国家重点实验室、煤炭科学研究总院沈阳研究院煤矿安全技术国家重点实验室、中国石油化工股份有限公司青岛安全工程研究院化学品安全控制国家重点实验室等。

　　国家工程研究中心主要有：国家煤矿安全技术工程研究中心、煤矿瓦斯治理国家工程研究中心等。国家工程技术研究中心主要有：国家消防工程技术研究中心、国家压力容器与管道安全工程技术研究中心、国家救灾应急供油水电及抢修装备工程技术研究中心、国家大坝安全工程技术研究中心、国家应急交通运输装备工程技术研究中心等。

　　主要研究所包括：中国安全生产科学研究院、清华大学公共安全研究院、北京市科学技术研究院、中国疾病预防控制中心等。另有多个省部级重点实验室、高校级重点实验室或研究中心等。它们共同构成了安全科学与工程的研究体系。

　　根据李杰（见《安全科学知识图谱》，化学工业出版社 2015 年出版，第 61~68 页）采用国内重要的安全科学期刊《中国安全科学学报》《中国安全生产科学技术》发表论文的总数作为样本研究，我国各个安全科学研究机构对安全科学的贡献率排名见图 3.38，研究者的贡献率排名见图 3.39。由于样本有限，这两个图的数据仅供参考。

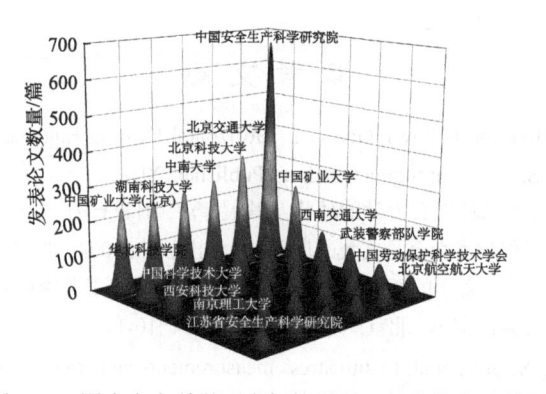

图 3.38　国内安全科学研究机构学科贡献率排名地貌图

中国安全生产科学研究院：629；北京交通大学：309；北京科技大学：252；中南大学：239；湖南科技大学：231；中国矿业大学(北京)：227；中国矿业大学：223；北方交通大学：126；东北大学：123；江苏大学：120；辽宁工程技术大学：114；华北科技学院：111；西南交通大学：109；中国民航大学：108；首都经济贸易大学：105；青岛安全工程研究院：105；南京工业大学：99；中国科学技术大学：89；武装警察部队学院：86；河南理工大学：85；北京理工大学：81；安徽理工大学：78；华南理工大学：73；西安科技大学：68；中国劳动保护科学技术学会：66；清华大学：64；中国地质大学：62；中北大学：61；中国石油大学(华东)：61；南京理工大学：61；同济大学：60；中国石油大学(北京)：60；北京航空航天大学：54；国家安全生产监督管理总局：51；重庆大学：51；江苏省安全生产科学研究院：51

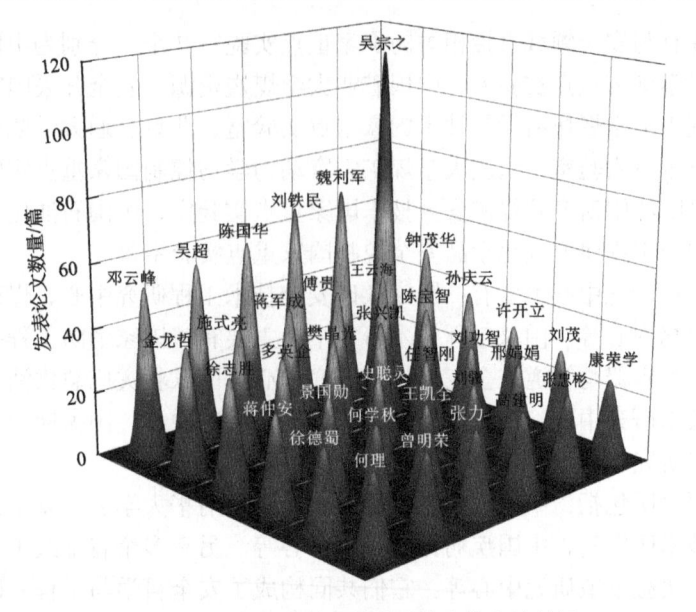

图 3.39　国内安全学者学科贡献率排名地貌图

吴宗之：106；魏利军：65；刘铁民：63；陈国华：56；吴超：53；邓云峰：50；钟茂华：47；王云海：42；傅贵：41；蒋军成：40；施式亮：38；金龙哲：37；孙庆云：37；陈宝智：36；张兴凯：36；樊晶光：35；多英全：34；徐志胜：33；许开立：31；刘功智：29；任智刚：29；史聪灵：29；景国勋：28；蒋仲安：28；刘茂：28；邢娟娟：28；刘骁：27；王凯全：26；何学秋：25；徐德蜀：24；康荣学：24；张忠彬：24；高建明：24；张力：24；曾明荣：23；何理：23

参 考 文 献

[1]　Samuel R (Halliburton Fellow), Gao D L. Horizontal Drilling Engineering: Theory, Methods and Applications. Houston: Sigma Quadrant Publisher, 2013.

[2]　何满潮. 深部开采工程岩石力学的现状及其展望//中国岩石力学与工程学会编. 第八次全国岩石力学与工程学术大会论文集. 北京: 科学出版社, 2004: 88-94.

[3]　钱七虎. 非线性岩石力学的新进展——深部岩石力学的若干关键问题//第八次全国岩石力学与工程学术大会论文集. 北京: 科学出版社, 2004: 10-17.

[4]　Kang H, Zhang X, Si L, et al. In-situ stress measurements and stress distribution characteristics in underground coal mines in China. Engineering Geology, 2010, 116(2010): 333-345.

[5]　Cai M F, Peng H. Advance of in-situ stress measurement in China. Journal of Rock Mechanics and Geotechnical Engineering, 2011, 3(4):373-384.

[6]　勾攀峰, 辛亚军. 深井巷道围岩锚固体流变控制力学解析. 煤炭学报, 2013, 38(12): 2119-2125.

[7]　李中伟, 鞠文君. 冲击韧性对锚杆力学性能影响的试验研究. 煤炭学报, 2014, 39(S2): 347-353.

[8]　康红普, 姜铁明, 高富强. 预应力在锚杆支护中的作用. 煤炭学报, 2007, 32(7): 680-685.

[9]　康红普, 姜鹏飞, 蔡嘉芳. 锚杆支护应力场测试与分析. 煤炭学报, 2014, 39(8): 1521-1529.

[10]　吴拥政, 康红普, 丁吉, 等. 超高强热处理锚杆开发与实践. 煤炭学报, 2015, 40(2): 308-313.

[11]　康红普, 林健, 吴拥政, 等. 锚杆构件力学性能及匹配性. 煤炭学报, 2015, 40(1): 11-23.

[12]　Zhao J, He M C. Theoretical study of heavy metal Cd, Cu, Hg, and Ni(II)adsorption on the kaolinite(001)surface. Applied Surface Science, 2014, 3(17): 718-723.

[13]　He M C, Zhao J, Li Y. Adsorption of CO_2 on kaolinite(001): A density functional study. Clays and Clay Minerals, 2014, 62(2): 153-160.

[14]　He M C, Zhao J. Methane adsorption on graphite(0001)films: First-principles study. Chinese Physics B, 2013, 22(1): 016802.

[15]　He M C, Zhao J, Wang S X. Adsorption and diffusion of Pb(II)on kaolinite surface(001): A density–functional theory study. Applied Clay Science, 2013, 29: 74-79.

[16]　He M C, Zhao J. Adsorption, diffusion, and dissociation of H_2O on kaolinite(001): A density functional study. Chinese physics Letters, 2012, 29(3): 036801.

[17]　He M C, Zhao J, Fang Z J. First-principles study of atomic and electronic structures of kaolinite in soft rock. Chinese Physics B, 2012, 21(3): 035661.

[18]　He M C, Zhao J. Effects of Mg(II), Ca(II), and Fe(II)Doping on the kaolinite(001)surface with H_2O adsorption. Clays and Clay Minerals, 2012, 60(3): 330-337.

[19]　He M C, Zhao J, Fang Z J, et al. First–principles study of isomorphic('dual–defect')substitution in kaolinite. Clays and Clay Minerals, 2011, 59(5): 501-505.

[20]　Zhang N, He M C, Liu P. Water vapor sorption and its mechanical effect on clay–bearing conglomerate selected from China. Engineering Geology, 2012, 141: 1-8.

[21]　He M C, Gong W L, Zhai H M, et al. Physical modeling of deep ground excavation in geologically horizontally strata based on infrared thermography. Tunnelling and Underground Space Technology, 2010, 25(4): 366-376.

[22]　He M C, Jia X N, Gong W L, et al. Physical modeling of an underground roadway excavation vertically stratified rock using infrared thermography. International Journal of Rock Mechanics and Mining Sciences, 2010, 47(7): 1212-1221.

[23]　He M C. Physical modeling of an underground roadway excavation in geologically 45° inclined rock using infrared thermography. Engineeing Geology, 2011, 121: 165-176.

[24]　Gong W L, Wang J, Gong Y X, et al. Thermography analysis of a roadway excavation in 60° inclined stratified rocks. International Journal of Rock Mechanics and Mining Sciences, 2013, 60: 134-147.

[25]　Gong W L, Peng Y Y, He M C, et al. Thermal image and spectral characterization of roadway failure process in geologically 45° inclined rocks. Tunnelling and Underground Space Technology, 2015, 49: 156-173.

[26]　Gong W L, Gong Y X, Long A F. Multi–filter analysis of infrared images from the excavation

experiment in horizontally stratified rock. Infrared Physics and Technology, 2013, 56: 57-68.

[27] Gong W L, Peng Y Y, Sun X M, et al. Enhancement of low–contrast thermograms for detecting the stressed tunnel in horizontally stratified rocks. International Journal of Rock Mechanics and Mining Sciences, 2015, 74: 69-80.

[28] He M C, Miao J L. Feng J L. Rock burst process of limestone and its acoustic emission characteristics under true-triaxial unloading conditions. International Journal of Rock Mechanics and Mining Sciences, 2010, 47(2): 286-298.

[29] He M C, Jia X, Coli M, et al. Experimental study of rockbursts in underground quarrying of Carrara marble. International Journal of Rock Mechanics and Mining Sciences, 2012, 52: 1-8.

[30] Gong Q M, Yin L J, Wu S Y, et al. Rock burst and slabbing failure and its influence on TBM excavation at headrace tunnels in Jinping II hydropower station. Engineering Geology, 2012, 124: 98-108.

[31] He M, Sousa L R, Miranda T, et al. Rockburst laboratory tests database: Application of Data Mining techniques Engineering Geology. Engineering Gedogy, 2015, 185: 116-130.

[32] He M C, Nie W, Zhao Z Y, et al. Experimental investigation of bedding plane orientation on the rockburst behavior of sandstone. Rock Mechanics and Rock Engineering, 2012, 45(3): 311-326.

[33] He M, Zhao F, Cai M, et al. A Novel experimental technique to simulate pillar burst in laboratory. Rock Mechanics and Rock Engineering, 2015, 48(5): 1833-1848.

[34] Gong W, Peng Y, Wang H, et al. Fracture angle analysis of rock burst faulting planes based on true-triaxial experiment. Rock Mechanics and Rock Engineering, 2015, 48(3): 1017-1039.

[35] He M, Gong W, Wang J, et al. Development of a novel energy–absorbing bolt with extraordinarily large elongation and constant resistance. International Journal of Rock Mechanics & Mining Sciences, 2014, 67(67): 29-42.

[36] 何满潮, 王炯, 孙晓明, 等. 负泊松比效应锚索的力学特性及其在冲击地压防治中的应用研究. 煤炭学报, 2014, 39(2): 214-221.

[37] 何满潮, 郭志飚. 恒阻大变形锚杆力学特性及其工程应用. 岩石力学与工程学报, 2014, 33(7): 1297-1308.

[38] 孙晓明, 王冬, 王聪, 等. 恒阻大变形锚杆拉伸力学性能及其应用研究. 岩石力学与工程学报, 2014, 33(9): 1765-1771.

[39] 何满潮, 李晨, 宫伟力. 恒阻大变形锚杆冲击拉伸实验及其有限元分析. 岩石力学与工程学报, 2015, 34(11): 2179-2187.

[40] 钱鸣高, 缪协兴, 何富连. 采场"砌体梁"结构的关键块分析. 煤炭学报, 1994, 19(6): 557-563.

[41] 卢国志, 汤建泉, 宋振骐. 传递岩梁周期裂断步距与周期来压步距差异分析. 岩土工程学报, 2010, 32(4): 538-541.

[42] 王佑安. 在瓦斯介质中煤的强度降低及其变形的初步研究. 抚顺煤岩所第一研究室, 1964.

[43] 周世宁, 鲜学福, 朱旺喜. 煤矿瓦斯灾害防治理论战略研讨. 徐州: 中国矿业大学出版社,

2001.

[44] 姚宇平, 周世宁. 含瓦斯煤的力学性质. 中国矿业大学学报, 1988,(1): 1-7.

[45] 周世宁, 何学秋. 煤和瓦斯突出机理的流变假说. 中国矿业大学学报, 1990, 19(2):1-8.

[46] 霍多特 B B, 宋世钊. 煤与瓦斯突出机理. 王佑安译. 北京: 中国工业出版社, 1966.

[47] 聂百胜, 段三明. 煤吸附瓦斯的本质. 太原理工大学学报, 1998, 29(4): 417-421.

[48] Nie B, He X, Li X, et al. Meso-structures evolution rules of coal fracture with the computerized tomography scanning method. Engineering Failure Analysis, 2014, 41(5):81-88.

[49] 杨其銮, 王佑安. 煤屑瓦斯扩散理论及其应用. 煤炭学报, 1986, 11(3): 62-70.

[50] 杨其銮. 关于煤屑瓦斯扩散规律的试验研究. 煤矿安全, 1987,(2): 9-16, 58.

[51] 段三明, 聂百胜. 煤层瓦斯扩散－渗流规律的初步研究. 太原理工大学学报, 1998, 29(4): 14-18.

[52] 赵阳升, 胡耀青, 赵宝虎, 等. 块裂介质岩体变形与气体渗流的耦合数学模型及其应用. 煤炭学报, 2003, 28(1): 41-45.

[53] Jiang B Y, Lin B Q, Shi S L, et al. Numerical analysis on propagation characteristics and safety distance of gas explosiona. Procedia Engineering, 2011, 26: 271-280.

[54] J B Y, Lin B Q, Shi S L, et al. Theoretical analysis on the attenuation characteristics of strong shock wave of gas explosiona. Procedia Engineering, 2011,(24): 422-425.

[55] Liang Y T, Zeng W, Hu E J. Experimental study of the effect of nitrogen addition on gas explosion. Journal of Loss Prevention in the Process Industries, 2013, 26(1):1-9.

[56] Wang C, Ma T B, Lu J. Influence of obstacle disturbance in a duct on explosion characteristics of coal gas. Science chinaphysics, Mechanics & Astronomy February, 2010, 2(1): 269-278.

[57] 聂百胜, 何学秋, 张金锋, 等. 泡沫陶瓷对瓦斯爆炸过程影响的实验及机理. 煤炭学报, 2008, 33(8): 903-907.

[58] Hirano T, Maruta K. Flame front configuration of turbulent premixed flames. Combustion & Flame, 1998, 112(3):293-301.

[59] Gülder Ö L, Smallwood G J, Wong R, et al. Flame front surface characteristics in turbulent premixed propane/air combustion. Combustion & Flame, 2000, 120(4):407-416.

[60] Starke R, Roth P. An experimental investigation of flame behavior during explosions in cylindrical enclosures with obstacles. Combustion & Flame, 1989, 75(2):111-121.

[61] Ibrahim S S, Masri A R. The effects of obstructions on overpressure resulting from premixed flame deflagration. Journal of Loss Prevention in the Process Industries, 2001, 14(3):213-221.

[62] Santarelli F J, Sanfilippo F, James R W, et al. Injection in shale: Review of 15 years Experience on the Norwegian Continental Shelf(NCS)and Implications for the Stimulation of unconventional reservoirs. Blood Purification, 2014, 35(1-3):139-43.

[63] Chumakov Y A, Knyazeva A G. Thermal explosion of a gas mixture in a porous hollow cylinder. Combustion, Explosion, and Shock Waves, 2010, 46(5):507-514.

[64] 徐景德, 周心权, 吴兵. 瓦斯浓度和火源对瓦斯爆炸传播影响的实验分析. 煤炭科学技术, 2001, 29(11): 15-17.

[65] 徐景德, 周心权, 吴兵. 矿井瓦斯爆炸传播的尺寸效应研究. 中国安全科学学报, 2001, 11(6): 36-40.

[66] Maremonti M, Rueeo G, Salano E. Numerical simulation of gas explosion in linked vessles. Journal of Loss Prevention in the Process Industries, 1999, 12(3): 189-194.

[67] Valeria D S, Almerinda D B, Gennaro R. Using large eddy simulation for understanding vented gas explosions in the presence of obstacles. Journal of Hazardous Materials, 2009, 169(1-3): 435-442.

[68] Xu J D, Xu S L, Zhang Y L, et al. Study on the development of the medium-scale gas explosion integrated testing system. Procedia Engineering, 2011, 26: 1305-1313.

[69] Kasmani R M, Andrews G E, Phylaktou H N. The influence of vessel volume and equivalence ratio in vented gas explosions. Chemical Engineering Transactions, 2012, 56(1):155-164.

[70] Catlin C A, Fairweather M, Ibraiim S S. Predictions of turbulent, premixed flame propagation in explosion tubes. Combustion and Flame, 1995, 102(1-2): 115-128.

[71] 卢捷, 宁建国, 王成, 等. 煤气火焰传播规律及其加速机理研究. 爆炸与冲击, 2004, 24(4): 305-311.

[72] 杨艺, 何学秋. 瓦斯爆燃火焰内部流场分形特性研究. 爆炸与冲击, 2004, 24(1): 30-36.

[73] Zhai C, Lin B Q, Ye Q, et al. Influence of geometry shape on gas explosion propagation laws in bend roadways. Procedia Earth and Planetary Science, 2009, 1(1): 193-198.

[74] Zhang Q, Pang L, Zhang S X. Effect of scale on flame speeds of methane-air. Journal of Loss Prevention in the Process Industries, 2011, 24(5): 705-712.

[75] Poli M, Gratz R, Schroder V. An experimental study on safety-relevant parameters of turbulent gas explosion venting at elevated initial pressure. Procedia Engineering, 2012, 42: 109-120.

[76] 李增华. 煤炭自燃的自由基反应机理. 中国矿业大学学报, 1996, 25(3): 111-114.

[77] Patil A O, Keleman S R. In-situ polymerization of pyrrole in coal. Polymeria Materials Science and Engineering, 1995, 72: 298-302.

[78] Martin R R, Macphee J A, Younger C. Sequential derivation and the SIMS imaging of coal. Energy Sources, 1989, 11(1): 1-8.

[79] Tevrucht M L E, Griffiths P R. Activation energy of air-oxidized bituminous coals. Energy & Fuel. 1989, 3(4): 522-527.

[80] 陶著. 煤化学. 北京: 化学工业出版社, 1984.

[81] 郭崇涛. 煤化学. 北京: 化学工业出版社, 1994.

[82] 刘艳华, 车得福, 李荫堂, 等. X射线光电子能谱确定铜川煤及其焦中氮的形态. 西安交通大学学报, 2001, 35(7): 661-665.

[83] 舒新前. 葛岭梅. 神府煤煤岩组分的结构特征及其差异. 燃料化学学报, 1996, 24(5): 427-431.

[84] 舒新前, 朱书全, 王祖讷, 等. 神府煤煤岩组分的表面电位研究. 中国科学(E 辑), 1996, 26(4): 333-338.

[85] 文虎, 徐精彩, 李莉, 等. 煤自燃的热量积聚过程及影响因素分析. 煤炭学报, 2003, 28(4):

370-374.

[86] 杜翠凤, 王辉, 蒋仲安, 等. 长压短抽式通风综掘工作面粉尘分布规律的数值模拟. 北京科技大学学报, 2010, 32(8): 957-961.

[87] 王晓珍, 蒋仲安, 王善, 等. 煤巷掘进过程中粉尘浓度分布规律的数值模拟. 煤炭学报, 2007, 32(4): 386-390.

[88] 刘毅, 蒋仲安, 蔡卫, 等. 综采工作而粉尘运动规律的数值模拟. 北京科技大学学报, 2007, 29(4): 351-353.

[89] 时训先, 蒋仲安, 周姝嫣, 等. 综采工作面粉尘分布规律的实验研究. 煤炭学报, 2008, 33(10): 1117-1121.

[90] 周刚, 程卫民, 陈连军, 等. 综放工作面粉尘浓度空间分布规律的数值模拟及其应用. 煤炭学报, 2010, 34(12): 2094-2099 .

[91] Faschingleitner J, Hoeflinger W. Bulk solids moistening using spray nozzles for suppression of fugitive dust emissions. Chemie Ingenieur Technik, 2011, 83(5): 714-715.

[92] Faschingleitner J, Hoeflinger W. Evaluation of primary and secondary fugitive dust suppression methods using enclosed water spraying systems at bulk solids handling . Advanced Powder Technology , 2011, 22(2): 236-244.

[93] McPherson M J. Mine ventilation planning in the 1980s. Geotechnical and Geological Engineering, 1984, 2(3): 185-227.

[94] Bluhm S J, Bottomley P, Von Glehn F H. Evaluation of heat flow from rock in deep mines. Journal of the Mine Ventilation Society of South Africa, 1989, 42(3): 114-118.

[95] Schlotte W. Control of heat and humidity in German mines. India: Mine Environment and Ventilation, 2001: 219-226.

[96] 何满潮, 徐敏. HEMS 深井降温系统研发及热害控制对策. 岩石力学与工程学报, 2008, 27(7): 1353-1361.

[97] He M C. Application of HEMS cooling technology in deep mine heat hazard control. Mining Science and Technology, 2009, 19(3): 269-275.

[98] Jacobs J C, Olivier J E. Source. INE Service water cooled on surface as a means of underground refrigeration. Journal of the Mine Ventilation Society of South Africa, 1976, 29(7): 121-124.

[99] Whillier A. Recovery of energy from the water going down mine shafts. Journal of The South African Institute of Mining and Metallurgy, 1977, 77(9): 183-186.

[100] Webbeer-Youngman R C W. An integrated approach towards the optimization of ventilation, air cooling and pumping requirements for hot mines. Changan: North-West University, 2005.

[101] 何满潮, 李春华, 朱家玲, 等. 中国中低焓地热工程技术. 北京: 科学出版社, 2004.

[102] 王德明, 王省身, 郭晋云. 矿井火灾救灾决策支持系统研究. 煤炭学报, 1996, 21(6): 624-629.

[103] 杨守国, 唐建新, 文光才, 等. 煤与瓦斯突出灾变预警与应急辅助决策. 重庆大学学报, 2012, 35(9): 121-125.

[104] 刘天放, 李志聘. 矿井地球物理勘探. 北京: 煤炭工业出版社, 1993.

[105] 岳建华, 刘树才. 矿井直流电法勘探. 徐州: 中国矿业大学出版社, 2000.

[106] 于景邨, 刘志新, 刘树才, 等. 深部采场突水构造矿井瞬变电磁法探查理论及应用. 煤炭学报, 2007, 32(8): 818-821.

[107] 窦林名, 何学秋. 冲击矿压防治理论与技术. 徐州: 中国矿业大学出版社, 2001.

[108] 窦林名, 赵从国, 杨思光, 等. 煤矿开采冲击矿压灾害防治. 徐州: 中国矿业大学出版社, 2006.

[109] 何学秋, 刘明举. 含瓦斯煤岩电磁动力学. 徐州: 中国矿业大学出版社, 1995: 5-56.

[110] 王恩元, 何学秋. 煤岩变形破裂电磁辐射的实验研究地球物理学报, 2000, 43(1): 131-137.

[111] 何学秋, 王恩元, 聂百胜, 等. 煤岩流变电磁动力学. 北京: 科学出版社, 2003: 10.

[112] 张金川, 徐波, 聂海宽, 等. 中国页岩气资源勘探潜力. 天然气工业, 2008, 28(6): 136-140.

[113] 张金川, 姜生玲, 唐玄, 等. 我国页岩气富集类型及资源特点. 天然气工业, 2009, 29(12): 109-114.

[114] Ju Y W, Wang G C, Bu H L, et al. China organic-rich shale geologic features and special shale gas production issues. Journal of Rock Mechanics and Geotechnical Engineering, 2014, 6(3): 196-207.

[115] Guo T L, Zhang H R. Formation and enrichment mode of Jiaoshiba shale gas field, Sichuan Basin. Petroleum Exploration and Development, 2014, 41(1): 31-40.

[116] 邹才能, 董大忠, 王玉满, 等. 中国页岩气特征、挑战及前景(一). 石油勘探与开发, 2015, 42(6): 689-701.

[117] 邹才能, 董大忠, 王玉满, 等. 中国页岩气特征、挑战及前景(二). 石油勘探与开发, 2016, 43(2): 166-178.

[118] 张大伟. 加速我国页岩气资源调查和勘探开发战略构想. 石油与天然气地质, 2010, 31(2): 135-139.

[119] 戴金星, 倪云燕, 吴小奇. 中国致密砂岩气及在勘探开发上的重要意义. 石油勘探与开发, 2012, 39(3): 257-264.

[120] 李建忠, 郭彬程, 郑民, 等. 中国致密砂岩气主要类型、地质特征与资源潜力. 天然气地球科学, 2012, 23(4): 607-615.

[121] 秦勇, 申建. 论深部煤层气基本地质问题. 石油学报, 2016, 37(1): 125-136.

[122] 琚宜文, 李清光, 颜志丰, 等. 煤层气成因类型及其地球化学研究进展. 煤炭学报, 2014, 39(5): 806-815.

[123] 秦勇. 中国煤层气地质研究进展与述评. 高校地质学报, 2003, 9(3): 339-358.

[124] 秦勇, 袁亮, 胡千庭, 等. 我国煤层气勘探与开发技术现状及发展方向. 煤炭科学技术, 2012, 40(10): 1-6.

[125] 袁亮, 薛俊华, 张农, 等. 煤层气抽采和煤与瓦斯共采关键技术现状与展望. 煤炭科学技术, 2013, 41(9): 6-11.

[126] Lund J W, Freeston D H, Boyd T L. Direct utilization of geothermal energy 2010 worldwide review. Geothermics, 2011, 40(3): 159-180.

[127] Wang J, Liu Q, Zeng H. Understanding copper activation and xanthate adsorption on sphalerite by time-of-flight secondary ion mass spectrometry, X-ray photoelectron spectroscopy, and in situ scanning electrochemical microscopy. The Journal of Physical Chemistry C, 2013, 117(39): 20089-20097.

[128] Liu J, Wen S, Xian Y, et al. First-principle study on the surface atomic relaxation properties of sphalerite. International Journal of Minerals, Metallurgy, and Materials, 2012, 19(9): 775-781.

[129] Sobron P, Bishop J L, Blake D F, et al. Natural Fe-bearing oxides and sulfates from the Rio Tinto Mars analog site: Critical assessment of VNIR reflectance spectroscopy, laser Raman spectroscopy, and XRD as mineral identification tools. American Mineralogist, 2014, 99(7): 1199-1205.

[130] Renock D, Becker U. A first principles study of coupled substitution in galena. Ore Geology Reviews, 2011, 42(1): 71-83.

[131] Jin J, Miller J D, Dang L X. Molecular dynamics simulation and analysis of interfacial water at selected sulfide mineral surfaces under anaerobic conditions. International Journal of Mineral Processing, 2014, 128: 55-67.

[132] Jovanovic I, Miljanovic I, Jovanovic T. Soft computing-based modeling of flotation processes-A review. Minerals Engineering, 2015, 84:34-63.

[133] Guven O, Celik M S, Drelich J W. Flotation of methylated roughened glass particles and analysis of particle-bubble energy barrier. Minerals Engineering, 2015, 79:125-132.

[134] Albijanic B, Ozdemir O, Nguyen A V. A review of induction and attachment times of wetting thin films between air bubbles and particles and its relevance in the separation of particles by flotation. Advances in Colloid and Interface Science, 2010, 159(1):1-121.

[135] Plackowski C, Nguyen A V, Bruckard W J. A critical review of surface properties and selective flotation of enargite in sulphide systems. Minerals Engineering, 2012, 30:1-11.

[136] Gao Z Y, Sun W, Hu Y H. Mineral cleavage nature and surface energy:Anisotropic surface borken bonds consideration. Transactions of Nonferrous Metals Society of China, 2014, 24:2931-2937.

[137] Chanturiya V A, Bunin L Z, Ryazantseva M V, et al. Theory and application of high-power nanosecond pulses to processing of mineral complexes. Mineral Processing and Extractive Metallurgy Review, 2011, 32(02):105-136.

[138] Rozenblat Y, Grant E, Levy A, et al. Selection and breakage functions of particles under impact loads. Chemical Engineering Science, 2012,(71):56-66.

[139] Shi F, Kojovic T, Larbi-Bram S, et al. Development of a rapid particle breakage characterization device-The JKRBT. Minerals Engineering, 2009,(22):602-612.

[140] Wang E, Shi F, Manlapig E. Mineral liberation by high voltage pulses and conventional comminution with same specific energy levels. Minerals Engineering, 2012, 27-28:28-36.

[141] Liu W Y, Moran C J, Vink S. A review of the effect of water quality on flotation. Minerals Engineering, 2013, 53:91-100.

[142] Li G S, Deng L J, Liu J T, et al. A new technique for removing unburned carbon from coal fly ash at an industrial scale. International Journal of Coal Preparation and Utilization, 2015, 35:273-279.

[143] Gui X H, Liu J T, Cao Y J, et al. Process intensification of fine coal separation using two-stage flotation column. Journal of Central South University of Technology, 2013, 20:3648-3659

[144] Gui X H, Wang Y T, Zhang H J, et al. Effect of two-stage stirred pulp mixing on coal flotation. Physicochemical Problems of Mineral Processing, 2014, 50(1):299-310.

[145] Urakaev F K, Akmalaev K A, Orynbekov E S, et al. The use of combustion reactions for processing mineral raw materials: Metallothermy and self-propagating high-temperature synthesis (review). Metallurgical and Materials Transactions B-process Metallurgy and Materials Processing Science, 2016, 47(1):58-66.

[146] Lasheen T A, El-Ahmady M E, Hassib H B, et al. Molybdenum metallurgy review: Hydrometallurgical routes to recovery of molybdenum from ores and mineral raw materials. Mineral Processing and Extractive Metallurgy Review, 2015, 36(3):145-173.

[147] Oksri-Nelfia L, Mahieux P Y, Amiri O, et al. Reuse of recycled crushed concrete fines as mineral addition in cementitious materials. Materials and Structures, 2016, 49(8):3239-3251.

[148] Aktas O, Salje E K H. Functional twin boundaries and tweed microstructures: A comparison between minerals and device materials. Mineralogical Magazine, 2014, 78(7): 1725-1741.

[149] Bueno M P, Kojovic T, Powell M S, et al. Multi-component AG/SAG mill model, Minerals Engineering, 2013, 43&44: 12-21.

[150] Delaney G W, Cleary P W, Morrison R D, et al. Predicting breakage and the evolution of rock size and shape distributions in Ag and SAG mills using DEM. Minerals Engineering, 2013, 50&51: 132-139.

[151] Zhu J, Gui W, Yang C, et al. Probability density function of bubble size based reagent dosage predictive control for copper roughing flotation. Control Engineering Practice, 2014, 29: 1-12.

[152] Salazar J L, Valdés-González H, Vyhmesiter E, et al. Model predictive control of semiautogenous mills(sag). Minerals Engineering, 2014, 64: 92-96.

[153] 中国科学院文献情报中心课题组. 材料科学十年: 中国与世界. NSFC 政策局软课题成果: 11-17.

[154] 曲选辉. 粉末注射成形的研究进展. 中国材料进展, 2010, 29(5): 42-47.

[155] 王建忠, 汤慧萍, 曲选辉, 等. 高密度粉末冶金零件制备技术现状. 粉末冶金工业, 2014, 24(3): 56-60.

[156] Williams B. Powder Metallurgy superalloys for high temperature high performance applications. International Powder Metallurgy Industry, 2012-2013,(15): 135-141.

[157] Nie Z R, Li B L, Wang W, et al. Study on the erbium strengthened aluminumalloy. Materials Science Forum, 2007, 546/549: 623-628.

[158] 谢建新, 石力开. 高性能金属材料的控制凝固与控制成形. 中国材料进展, 2010, 29: 58.

[159] 王国栋. 新一代控制轧制和控制冷却技术与创新的热轧过程. 东北大学学报: 自然科学

版, 2009, 30(7): 913.

[160] 谢建新. 金属挤压技术的发展现状与趋势. 中国材料进展, 2013, 32(5): 257-263.

[161] 李勇, 李家栋, 付天亮, 等. 热成形加热新技术. 金属热处理, 2014, 39(7): 66-71.

[162] 张卫文, 赵海东, 张大童, 等. 金属材料挤压铸造成形技术的研究进展. 中国材料进展, 2011, 30(7): 24-33.

[163] 李晓延, 武传松, 李午申. 中国焊接制造领域学科发展研究. 机械工程学报, 2012, 48(6): 19-31.

[164] 韩玉君, 叶福兴, 王志平, 等. 热障涂层材料的研究进展. 材料保护, 2011, 44(3): 50-54.

[165] 李杰. 安全科学知识图谱. 北京: 化学工业出版社, 2015.

第4章 学科发展目标及其实现途径

4.1 石油工程学科

4.1.1 发展目标

1. 总体目标

以非常规、低渗透、深层、深水及老油田等难动用剩余油气储量的高效开发与提高采收率为主攻目标，提倡从实际工程中凝练科学问题，在继续支持本学科优势方向的同时，适当扶持薄弱方向，积极推动协同创新研究，有效促进交叉学科方向和本学科前沿方向的创新研究工作。力争在主攻目标油气田钻采与储运方面取得标志性科学研究成果，为有效破解相应的复杂油气工程重大技术瓶颈难题提供理论基础，为国家油气增储上产作出应有的贡献。

到 2020 年，老油田挖潜与提高采收率技术将有新进展（能起到引领作用）。与 2015 年相比，力争使全国老油田平均采收率再提高 5%左右；低渗透与致密油气藏高效开发与提高采收率取得明显成效，储量和产量均有大幅度增加；深水油气工程科技取得重要进展，主要技术装备基本实现国产化；深层油气工程科技又取得新进展，为增储上产提供良好的支撑作用；山区页岩气高效开发井工技术在部分区块有所突破（具有里程碑意义），产量和效益均有较大幅度增加。围绕以上这些油气生产与工程技术目标，国家自然科学基金正在资助并将继续资助相关课题研究，力争取得有重要理论指导意义的创新研究成果。

到 2030 年，在深水和非常规油气工程方面将取得重大科技创新成果（具有里程碑意义），基本能够满足我国相应的油气钻采与储运工程基本需求，深水天然气和非常规油气在我国油气储量和产量中将成为主要组成部分；包括低渗透油气在内的老油田提高单井产量与采收率技术达到国际领先水平（能起到全球引领作用），老油田产量仍占有较大比例；在天然气水合物钻采与储运方面的科学研究与工程实践取得实质性进展，在我国初步建立起相适应的工程技术体系。围绕以上这些研究与发展目标，国家自然科学基金将资助相关课题研究，力争取得有重要理论指导意义的创新研究成果。

2. 标志性成果

（1）低渗透和致密油气高效开发理论与钻采关键技术基础；

（2）山区页岩气高效开发模式与钻采工程设计控制基础（具有里程碑意义）；

（3）深水区天然气安全高效开发模式与钻采关键技术基础；

（4）深层高温高压或酸性天然气安全高效钻采技术基础；

（5）老油田高效挖潜与提高采收率新技术基础（能起到全球引领作用）；

（6）天然气管网系统完整性与安全可靠性设计控制基础。

4.1.2　实现途径

（1）应加强的优势方向。油气工程力学（如油气藏渗流力学、钻完井岩石力学、管柱与管线力学、井筒与管道多相流、高压水射流、高温高压钻采效应等），油田化学与提高采收率，油气藏物理和数值模拟，人工举升，长距离油气管道输送，以及油气工程设备和结构腐蚀与防腐等。

（2）应扶持的薄弱方向。井下随钻测量（如测斜与测距、地质测井、近钻头测力等），智能钻井与完井，压裂储层裂缝检测与评价，油气藏动态监测与管理，智能化复合人工举升，以及深水油气田安全高效钻采系统等。

（3）应鼓励的交叉方向。油气工程信息化、智能化及自动化科学研究与技术装备创新，井下复杂工况钻采系统及相互作用与耦合作用，大型油气管网系统的优化设计、工程建设及风险控制等。

（4）应促进的前沿方向。以非常规、低渗透、深层及深水等难动用油气储量高效开发为工程背景的相关科学研究与关键技术，以及井下钻采机器人等。

4.2　矿业工程学科

4.2.1　发展目标

建立我国矿山开采、矿山岩体力学的理论与支撑技术体系及监测和控制方法，为我国资源与能源的安全提供有力支撑。对在极地、极端寒冷或高温等极端条件下的岩石力学及采矿技术进行预研，为我国月球资源探测及深海采矿提供理论与技术支持。

（1）对引领性领域全力支持，到 2020 年，将初步实现矿业工程大国到矿业科学强国的转换，为 2030 年实现矿业工程科学强国梦奠定基础。

（2）对我国目前的矿业工程科学研究中心进行评估，对能在 2020 年可能成为世界级学术研究高地的研究中心予以大力支持。

（3）对已取得显著成绩的科学家进行评估，对有望在 2020 年之前引领创新团队建设世界级学术高地者予以支持。

（4）随着我国探月工程、深海探测技术迅速发展，对在极地、寒冷或高温等极端条件下的岩石力学及采矿技术（如月球岩石力学及南海的深海采矿技术），当开展超前研究。

1. 采矿工程

1）总体目标

（1）战略目标。

根据国内外采矿工程学科发展的趋势和需要解决的科学问题，采矿工程学科发展的战略目标是：

① 加强采矿工程学科基础理论研究，在已有采矿理论体系基础上，适应现代采矿需要，形成支撑现代采矿技术进步的基础理论体系，根据开采矿产资源品种、开采方法不同，建立相应的、完善的基础理论，进一步提升采矿理论的科学性、精确性和系统性。

② 以采矿工程学科理论为指导，促进采矿技术进步，加强相关理论、学科、技术等交叉，形成安全、高效、高回收率、与环境协调的现代化采矿技术体系，实现自动化、智能化开采，改善工人作业条件和工作环境。主要生产指标、安全指标、环境指标等达到国际先进水平。

③ 建立我国科学采矿理论与支撑技术体系，形成矿产资源、高效安全开采、协调开采、共（伴）生资源共同开采，最大限度地回收地下矿产品资源，减少或消除开采引起的环境破坏，统一矿区环境保护与治理，使采矿生产与矿区环境协调发展。

④ 形成一批国际知名的采矿工程学科的专家、学者和学术带头人，以及具有丰富现场经验和理论知识的工程技术带头人。广泛推进国际性学术交流，使我国真正成为世界上的采矿大国和强国，成为采矿工程学科理论研究、技术开发和学术交流的中心，引领世界采矿工程学科发展。

（2）采矿工程学科到 2020 年的总体目标。

① 完善我国采矿工程学科的基础理论体系，在大型矿山和工作面建设、深部资源开采、海洋资源、难采资源等的开采理论与技术上有实质性进展。

② 形成煤矿特厚煤层开采、煤与瓦斯共采、深部开采、薄基岩开采、急倾斜煤层开采、露天开采等的岩层控制理论与高效开采方法。

③ 形成金属矿深部开采、露天转地下开采、大规模崩落采矿、溶浸采矿的基础理论和技术方法。

④ 开发新的低成本、高强度、速凝充填材料和高效充填开采技术，初步解决"三下"资源高效开采技术难题。

（3）采矿工程学科到 2030 年的总体目标。

① 建立适合我国矿山开采条件及特色的科学采矿理论与技术体系，形成不同资源类型科学开采的关键支撑技术体系，建立我国难采矿产资源开采的理论体系，解决制约深部与西部资源开采的关键理论与技术难题。

② 主要采矿生产技术经济指标、安全指标、环境指标等达到发达国家的水平，建设具有我国特色的一大批智能开采矿山。

2）标志性成果

（1）煤矿开采。标志性成果包括：特厚煤层开采理论与技术是我国领先世界煤炭开采的重要成果，将引领世界厚煤层开采的理论与技术进展；煤与瓦斯共采理论与技术；矸石不上井与高效充填开采；急倾斜煤层高效开采方法；岩层控制理论与技术，包括特厚煤层开采的岩层控制理论、薄基岩开采的岩层控制理论、急倾斜煤层开采的岩层控制理论，以及系列的岩层控制的设备研发；不同煤层条件无煤柱自成巷开采理论、技术、工艺，以及配套支护材料、技术装备研发。

（2）金属矿开采。标志性成果包括：金属矿大规模崩落开采及深井大规模充填开采基础理论与关键技术，并在以下方面取得代表性的理论成果：溶浸采矿、露天转地下开采、数字化采矿关键技术、地下无人采矿设备高精度定位、智能化无人操纵铲运机的模型构建、深井地压与高温灾害智能监控。

（3）露天开采。标志性成果包括：基于地质与力学相结合的矿山边坡灾变模式与机理、矿区（广域）边坡灾变时空演化规律、矿山边坡稳定性三维评价与三维算法、矿山边坡灾变信息采集与预警、矿山边坡生态恢复与环境保护。

（4）科学采矿理论与支撑技术体系。在科学采矿理论指导下，建立比较完善的我国科学采矿理论与支撑技术体系。针对不同地区、不同资源类型、不同资源条件等，形成矿产资源的高效、安全、共（伴）生资源协调共同开采的关键支撑技术体系，最大限度地回收地下矿产资源，减少或消除开采引起的环境破坏，对采矿扰动破坏的环境进行修复，使采矿生产与矿区环境协调发展，建立起我国矿产资源科学产能的评价体系。

（5）到 2020 年，我国将在以下方向取得具有里程碑意义的研究成果：特厚煤层开采、大规模崩落采矿、煤与瓦斯共采、矸石不上井与高效充填开采、煤矿与金属矿深井开采、露天矿高大边坡稳定理论与防治技术。

（6）到 2020 年可能形成的引领性研究方向：特厚煤层开采方法与岩层控制、大规模高效崩落采矿、煤与瓦斯共采、露天矿高大边坡稳定理论与防治技术。

（7）到 2020 年可能形成的在国际上有影响力的科学家：目前我国大约有 300人（正高级技术职称）的采矿工程学科研究队伍，整个研究队伍在 1000 人以上，是世界上最为庞大的采矿学科研究队伍，到 2020 年将形成大约 20 名在国际上有影响力的采矿科学家队伍。

（8）到 2020 年，我国可能形成的，具有重要国际影响力的研究中心有煤炭资源与安全开采研究中心、煤炭深部开采研究中心、厚煤层开采工程研究中心、露天开采工程研究中心、充填开采工程研究中心、煤与瓦斯共采研究中心。

2. 矿山压力与开采沉陷

1）总体目标

矿山压力与开采沉陷学科的总体目标是开展矿山开采过程中岩体力学基本特性和基本规律的研究，科学预知复杂环境、复杂工程条件、多相和多过程耦合作用下矿山岩体工程结构变形和稳定性规律，为实现矿山经济、高效、安全和环保的开采提供基础理论。

（1）到 2020 年的总体目标。

以开展深部矿山压力与开采沉陷学科亟待解决的科学问题研究为主线，以确保深部采矿安全开采和岩层移动规律研究为目的，在多年矿山压力与开采沉陷学科研究基础上，针对深部开采涉及的关键科学问题，如岩层运动演化规律，深部高应力及采动应力作用下围岩动力破坏及强流变变形破坏，多相、多过程耦合致灾机制，高应力下软岩、硬岩与峰后破坏岩体力学行为和力学响应，矿山岩体工程结构稳定性和控制理论等开展研究，同时兼顾浅部开采的岩层运动演化规律，形成基本完善的深部和浅部安全开采理论体系。

（2）到 2030 年的总体目标。

深入研究深部开采条件下岩层赋存条件和开采工程条件，深入研究水、气、热等多因素、多相、多过程耦合作用下，深部矿山岩体工程结构变形、破裂和稳定性的机理和动态演化规律，形成现场监测、数值模拟、实验方法相结合的理论研究体系与灾害综合预警和控制体系；进一步探索非线性动力学等在矿山岩体力学研究中的指导作用，形成具有国际影响力的矿山压力与开采沉陷理论体系，为保障我国矿产资源科学、安全、绿色开采提供理论支持，并为国际矿山压力与开采沉陷的发展作出贡献。

2）标志性成果

（1）揭示矿山岩体工程各种尺度缺陷演化和协同作用机制，建立矿山岩体跨尺度结构的数学表征方法。

（2）发展和完善新的高应力下硬岩、软岩和峰后破坏岩体的本构理论，建立多相、多过程耦合作用下矿山岩体的强度和本构理论。

（3）发展和完善复杂条件下多相介质、多种过程耦合作用下硬岩、软岩和峰后破坏岩体的流变力学特性和失稳判据。

（4）建立复杂条件下从浅部到深部岩层破裂演化的岩层力学理论。

（5）提出深部、多因素耦合作用下采动应力分布、能量场的时空演化规律和矿山岩体动力灾害发生机理和防控理论。

（6）提出高应力、复杂赋存条件下，多相、多过程耦合作用矿山岩体结构变形、破坏和稳定性数值模拟方法，开发具有我国自主知识产权的程序。

（7）提出极端条件（地震）下矿山采空覆岩与周边工程结构互馈理论。

（8）初步形成矿山岩层控制支护方法体系与煤岩失稳防治新技术。

（9）形成更为科学的与环境协调的绿色开采技术。

（10）建立矿山压力与围岩控制，地表沉陷灾害，水环境破坏，大气环境破坏和生态环境破坏灾害预报、适合不同地质与采矿条件的统一的开采沉陷动静态预测模型和预测方法。

（11）形成成套矿山生态环境修复的理论与方法。

（12）到 2020 年，在以下方向力争形成引领性的研究方向：①复杂条件下深部岩层破裂演化的岩层力学理论。②非均质、非连续岩体多相、多过程耦合作用的数值计算方法。③深部开采、复杂环境、多相、多过程耦合矿山岩体动力灾害发生机理和防控理论。

（13）到 2020 年，形成 3～4 名有国际影响力的科学家，形成 2～3 个国际上有吸引力的研究中心。

3. 矿井建设

1）总体目标

（1）到 2020 年的总体目标。

井筒建设方面：在建立深厚表土（650～1000m）冻结壁合理设计理论及高效冻结法工艺技术、斜井或立井全机械化掘进技术理论体系、千米以上深井快速施工的技术理论与井壁结构合理设计理论等方面取得具有里程碑意义的成果，形成国际领先的深井建设基础理论与技术研究基地与创新团队。

煤巷与岩巷支护方面：煤巷支护领域将在深部动压影响煤/岩巷围岩综合应力场演化、冲击地压巷道支护、极软强膨胀性软岩巷道支护、顶板垮落及相关岩层灾害致灾机理及控制；巷道围岩吸水强度衰减规律及其大变形破坏机理；巷道围岩吸附膨胀能量机理；煤/岩巷支护材料与构件及围岩的非协调变形机理；松软破碎围岩巷道注浆加固浆液扩散及对围岩改性机理；动压影响高应力巷道围岩应力转移机理与方法；无煤柱自成巷支护理论与新方法；NPR 岩体力学及 NPR 支护材料研究等方面取得突破性进展。形成 3 个以上具有国际领先地位的煤巷支护研究中心及创新团队。

采场支护方面：采场支护领域将在充填开采支架-围岩关系理论、深部采场围岩控制理论、高强度大扰动开采围岩灾变的演化和发生机制等方面取得突破性进展。形成 2 个以上具有国际先进水平的采场围岩控制理论创新研究基地，在相关院校和煤企之间形成多个产学研相结合的采场支护创新型研究团队。

（2）到 2030 年的总体目标。

井筒建设方面：到 2030 年，建井工程领域形成国际领先的深厚表土冻结法设计理论体系，建立千米以上深立井、斜井机械化快速施工的技术理论体系，形成国际领先的立井、斜井机械化掘进技术。

煤巷支护方面：到 2030 年，煤巷支护领域将形成超千米深井、强烈采动影响、极松软破碎围岩等复杂困难煤巷支护理论体系，建立基于煤岩体地质力学测试的煤巷安全、科学、合理的定量化支护方法。

岩巷支护方面：到 2030 年，形成深部复杂岩巷支护理论体系，在适应岩巷变形特性的支护技术和配套材料等方面形成综合理论、设计和技术体系，在以具有负泊松效应的恒阻大变形支护为主体的第三代支护技术方面形成突破。

采场支护方面：到 2030 年，采场围岩体细观损伤及变形演化机理将形成理论和技术体系，基于多重介质属性的采场围岩-支护系统-采空区矸石组合承载理论，冲击载荷下重型支架结构件变形损伤和液压系统动力学响应特性基础理论有望取得突破性进展。

2）标志性成果

（1）井筒建设方面。

① 在建井工程领域，深厚表土特殊施工理论与技术、千米以上深井机械化快速成井技术可能取得 1～2 项国家科技进步奖；

② 在科研单位、高等院校，建成国际领先的建井工程学科基础科学模拟试验系统和多功能模型实验台；

③ 在科研单位、高等院校，形成 2～3 支具有国际影响力的深井建设科研团队，培养出 2～3 名在国内外具有影响力的杰出青年学者。

（2）煤巷支护方面。

在以下研究方向上取得标志性成果：

① 深部强烈采动煤巷应力场演化规律与深部高地应力巷道围岩大变形及顶板失稳垮落机理；

② 冲击地压巷道、软弱破碎围岩等复杂困难巷道围岩高预应力锚杆、金属支架、架后充填及注浆联合支护理论，松软破碎围岩注浆理论及纳米注浆材料；

③ 安全、科学、合理的支护理论、方法与支护材料；

④ 获国家科技进步奖 1~2 项，培养出两名以上具有国际影响力的杰出青年学者，建设国际领先的煤巷支护大型物理模型试验系统，培养 3 支以上在国际上具有重要影响力的煤巷支护研究团队。

（3）岩巷支护方面。

在以下研究方向上取得标志性成果：

① 多场耦合作用下工程岩体力学响应特性及其大变形致灾机理；

② 深部岩巷工程围岩大变形时空演化特征及其致灾机理；

③ 研发适应深部岩巷围岩大变形的新型支护材料，建立以新型支护材料为核心的支护理论、灾害防治对策以及监测预报体系；

④ 在岩巷支护领域力争获国家技术发明奖或科技进步奖 1 项；

⑤ 培养出 1~2 名具有国际影响力的杰出青年学者，建成国际先进的深部岩体力学实验装备，培养具有国际影响力的岩巷支护研究团队。

（4）采场支护方面。

在以下研究方向上取得标志性成果：

① 复杂采矿扰动条件下采场覆岩结构的形成、承载、垮落或失稳等理论；

② 国际领先的工作面支护三维大尺度相似模拟实验装置和重型支架试验台；

③ 建成 1~2 个国家重点实验室或国家级工程技术研究中心；

④ 在相关科研院校形成 2~4 支具有国际影响力的采场围岩控制研究团队，获得 1~2 项国家科技进步奖，培养出 1~3 名在国内外具有影响力的"百千万人才工程"国家级人选或国家杰出青年基金获得者。

4. 矿山安全

1）总体目标

矿山安全方向总体发展目标是在矿山灾害发生机理、预警方法和防治技术和装备方面，结合交叉学科理论，从宏细微观多尺度开展理论、实验和数值模拟研究，与矿山开采技术相匹配，取得重大标志性创新成果，形成矿山灾害预防理论与技术体系，培养具有国际影响力的知名研究专家、学者和研究团队，为实现矿山安全、高效开采提供基础理论。

（1）到 2020 年的总体目标。

在深部矿山安全开采和典型灾害防治技术领域形成引领性的研究方向，如煤矿瓦斯动力演化及灾害综合防治基础理论研究、矿山通风与火灾综合防治基础理论与方法研究、现有开采条件下的职业危害治理与监测需求下的应用基础研究、矿井水灾孕育机制及监测预警理论及技术研究、不同地质环境和开采条件下深部开采热害成灾模式及防治与利用策略研究、矿山灾害风险因素感知传播理论、技术及方法研究等,取得阶段性的研究成果,培养出一批具有创新能力的研究人员。

(2)到2030年的总体目标。

在深部矿山安全开采和典型灾害防治理论及技术领域形成系统的灾害防治理论及技术体系,在相关技术和装备原理上取得突破性的研究成果,并在煤岩瓦斯动力灾害、矿井火灾、矿井水灾、矿井热害、职业危害等研究方面达到国际领先水平,培养出一批具有国际影响力的研究人员,为保障我国矿井安全开采提供理论及技术支持,并为国际矿井安全开采及发展作出贡献。

2)标志性成果

(1)煤矿瓦斯预防领域,在煤与瓦斯的相互作用机制及深部开采瓦斯测量理论,煤与瓦斯突出发生过程及致灾效应,煤与瓦斯突出多参数非接触预警理论与方法,低透气性煤层瓦斯增渗理论与方法,采动压力下煤岩体应力场、裂隙场及渗流场多场耦合规律等方面取得标志性成果。

(2)通风及火灾防治基础理论与技术,在煤层自燃预测与火区探测理论和方法、复杂采空区下工作面开采煤自燃、通风模拟仿真和灾变通风理论等研究方面取得标志性成果。

(3)矿井水害防治基础理论与技术,在矿井水灾孕育机制、监测预警理论及技术,华北型煤田岩溶及陷落柱预测理论两个方面取得标志性成果。

(4)粉尘、职业危害防治理论与方法,在采掘作业大功率设备噪声频谱特性与粉尘致灾机理及矿井复杂环境和气候条件下的粉尘运移规律两个方面取得标志性成果。

(5)矿井热害防治理论与技术,在矿井深部开采热害成灾机理研究及矿井微环境评价与新型矿井降温方法及装备研究这两个方面取得较大进展。

(6)在矿山重大灾害动态演化及实时自动监测预警理论与方法,冲击地压、岩爆、煤与瓦斯突出、突水等重大灾害的震动、声波、电磁等地球物理响应及前兆精细特征分析方面取得较大进展,形成矿山重大灾害动态演化及实时自动监测预警理论与方法。

(7)非煤矿山安全,在边坡、坝体稳定性监测和失稳超前预报技术及方法,精细化爆破技术,非煤露天矿山和尾矿库,坍塌和爆破事故控制等方面取得较大进展。

5. 矿井新能源

1)总体目标

(1)到2020年的总体目标。

到2020年,分别形成矿区页岩气、致密气、煤层气和地热能等四种资源开发的地质理论、关键技术、先进工艺和核心设备，系统建立适合我国地质背景和储层条件下矿井新能源的资源评价与开发技术体系，并初步实现四种资源在煤矿开采过程中的绿色、环保、高效以及可持续开发。

由于矿井新能源中页岩气、致密气、煤层气和地热能的开发历史、地质条件、理论基础、工艺技术以及仪器装备的不同，造成了四种资源有效开发所面临的科学问题各有差异，其总体目标也就有所区别。

① 页岩气、致密气、煤层气。

a. 具有里程碑意义的成果：

a）不同矿区压力场、温度场和水动力场的分布特征与页岩、致密砂岩和煤储层压裂裂隙的耦合关系；

b）页岩和煤储层的构造变形作用及赋气机理；

c）煤层气、页岩气、致密气储层压裂改造方式及控制和监测技术；

d）国产新型压裂装备与清洁压裂液的研发；

e）复杂地质条件下矿区页岩气、致密气、煤层气开发的地质理论与工艺技术体系；

f）矿区深部煤层气开发的地质理论与工艺技术体系；

g）中国西部低阶煤煤层气有效开发的地质理论与工艺技术体系；

h）煤系地层煤层气、页岩气和致密砂岩气的"三气"共采技术体系和开发基础。

b. 引领性研究方向：在具有里程碑意义的成果中，b、e、f、h 四项成果可以形成引领世界技术发展的研究方向，也是中国煤层气和页岩气与国外相关技术的重要区别，只有解决好上述问题，未来几年我国才有可能在矿区煤层气、致密气和页岩气的开发中取得突破性成果，产量才能稳步提高，更好地服务于国家经济建设方针和能源安全战略的实施。

c. 创新人才培养：在岩石力学性质评价，裂缝预测，微-纳米孔裂隙结构，赋气机理，压裂液研发，储层改造方式，特殊地质背景的矿区煤层气、页岩气和致密砂岩气地质理论与技术体系以及"三气"共采等方面培养出 10～15 名在国际上有影响力的科学家。

d. 研究基地（中心）：建立几个具有国际影响力和吸引力的科研中心，主要包括页岩气和煤层气岩石力学性质研究中心、微-纳米地质综合研究中心、压裂装备与压裂液研发中心、西部低阶煤层气研究中心、深部煤层气和页岩气综合研究中心、"三气"共采综合地质理论与技术体系研究中心等。

② 地热能。

2020 年总体目标是矿井低温地热发电基础研究获得突破；大型矿业集团中利用矿井地热能代替传统化石能源进行热利用的企业超过 50%。

（2）到2030年的总体目标。

2030年的长远目标是：在单项资源核心技术突破的基础上，以煤矿开采为主线，形成系统的四种新能源资源评价与开发技术，确定共同开采、相互支持的技术流程，研发相应的成套技术装备，最终建立矿井新能源综合开发的地质理论和技术体系，尤其是在页岩气、煤层气和致密砂岩气等多气合采方面要突破关键理论与技术，解决煤系与相关地层中不同储层多气共聚、渗流差异和改造效果难题，实现矿区多种气体的高效、绿色、低成本开发，进而引领世界矿井新能源的研究方向，形成具有中国特色的多气综合开发体系。另外，在地热能方面，矿井低温地热发电基础研究要获得长足进展，矿井低温地热发电装机容量达10MW；我国大型矿业集团中利用矿井地热能代替传统化石能源进行热利用的企业超过90%。

2）标志性成果

（1）矿区煤储层、致密砂岩层和泥页岩层的时空分布与不同地质环境下储层改造与破裂机理；

（2）构造变形作用对页岩层微-纳米孔隙结构和富气机理的影响；

（3）基于不同地质背景与储层特征的纳米孔隙改造和孔裂隙控制技术；

（4）国产新型开发装备与高效增产与集输技术的研发；

（5）深部、高应力、煤体结构复杂、不同煤阶储层煤层气开发的地质理论与工艺技术体系；

（6）煤系地层煤层气、页岩气和致密砂岩气的"三气"共采技术体系和开发流程；

（7）矿井新能源四种资源的系统、同步、高效、节能、安全以及低成本的综合地质理论与技术工艺；

（8）建立我国矿井新能源开发方面的各项行业标准和管理制度；

（9）突破低温地热能发电研究瓶颈，矿井地热能发电研究获得长足进展，在煤矿、金属矿等建立兆瓦级的地热发电站，矿区地热能全面替代传统化石能源进行热利用；

（10）形成一批在矿井新能源开发方面的国际知名科学家，建立相应的研发实验室和研究中心，吸引各国优秀人才，实现中国在矿井新能源方面引领世界技术发展的新领域、新趋势和新方向。

4.2.2　实现途径

实现途径包括：

（1）加强优势方向。采矿学（如特厚煤层开采理论与技术、矿产及伴生资源共同协调开采、金属矿大规模崩落采矿、充填开采、深部开采、特大型露天煤矿开采、滑坡灾害演化过程及预测理论等）。矿山建设（多场多因素耦合作用下深部软岩大变形致灾机理及预测理论、深部工程重大灾害防控理论与技术对策等）。

（2）扶持薄弱方向。矿山安全（瓦斯灾害、通风与火灾、矿井水灾、粉尘、职业危害、矿井热害、安全监测监控、非煤矿山安全等），煤与瓦斯突出机理与预防理论，矿井水灾的致因理论，非煤矿山典型灾害预测控制技术、矿井重大灾害应急救援关键技术等。

（3）鼓励交叉方向。深井热害防治与矿井热能利用，深部、多因素耦合作用下采动应力分布，能量场的时空演化规律和矿山岩体动力灾害发生机理和防控理论，矿井多种新能源综合高效开发理论与关键工程技术等。

（4）促进前沿方向。以具有负泊松效应材料为基础的第三支护体系及配套装备技术，深部岩爆（冲击地压）动力学机理，预测及控制理论与技术，切顶卸压无煤柱自成巷开采关键技术与装备，以及无人工作面开采理论与技术等。

1. 采矿工程

（1）强化基础理论研究，加大支持力度。
（2）加强特色研究仪器、装备的研制。
（3）产、学、研紧密结合，面向现场。
（4）加大杰出青年人才的培养力度。

2. 矿山压力与开采沉陷

（1）国家政策支持与研究重点方向引导。

矿山压力与开采沉陷学科是以采矿学与岩体力学交叉为基础、以我国国民经济对资源的大量需求、强开采为背景发展起来的学科。我国是世界上第一采矿大国。各类众多复杂的开采实践，为形成具有我国特色、有国际影响力的矿山压力与开采沉陷理论体系，奠定了扎实基础。引领世界矿山压力与开采沉陷学科的发展，已经成为我国科学家的责任。因此，国家要大力支持矿山压力与开采沉陷学科的发展，为世界矿山压力与开采沉陷学科作出贡献。

（2）鼓励学科交叉与协同攻关。

矿山压力与开采沉陷学科的发展，需要多学科的交叉与融合。该学科的发展，仅仅依赖于采矿学与岩体力学是不够的，还需要工程地质学、地球物理学、固体与流体力学、计算机技术等学科的支持，特别是混沌、分形、自组织、灾变学等新兴的学科为矿山压力与开采沉陷学科的发展注入新的活力。因此，需要各个学科的科学家协作，共同担当起学科发展的使命，并由此培养出学科交叉型的新的科学家。

（3）重点研究岩层动力灾变相关问题。

矿山压力与开采沉陷的研究，必须以矿山岩体工程结构稳定性和岩层力学灾害防治为主线。随着开采规模的扩大，特别是随着向深部开采的转移，我国矿山动力灾害问题（如冲击地压、煤与瓦斯突出等失稳灾害问题）十分严峻。因此，矿山压力与开采沉陷学科要以把握矿山岩体工程结构失稳机理和规律为己任，以防治相应动力灾害为目标，开展持续不断的研究。

（4）强化国际合作。

通过国际合作，吸引全世界有影响力的科学家，加入到矿山压力与开采沉陷研究的队伍中，不仅可以快速形成具有国际影响的矿山压力与开采沉陷的理论体系，而且能够培养出具有国际影响力的矿山压力与开采沉陷技术专家，并形成具有国际影响力的研究团队，为国际矿山压力与开采沉陷学科的发展作出贡献。

3. 矿井建设

（1）建立建井工程学科国家科技创新团队。

（2）设立专项研究基金或联合基金，结合重大理论和工程问题进行研究，解决行业内重大基础性理论问题。

（3）设立矿井建设大型实验检测设备专项，开发专用研究装备与软件，打造高水平矿井建设理论与技术研究平台。

（4）以行业内有影响力的知名院校为主体，联合行业内知名企业，集中优势力量，形成联合攻关团队，就重点问题开展专项研究，对重点领域和重点方向给予资金和政策上大力扶持。

（5）加大对杰出青年人才的扶持和支持力度，培养出致力于研究矿井建设的杰出青年学者和专家。

（6）鼓励学科交叉。

4. 矿山安全

通过培养高水平人才，从国外引进相关专业领域优秀人才，积极鼓励国内人才到国际一流院校进行深造；加大创新力度，通过原始创新、引进消化吸收再创新和集成创新，积极探索新方法、新工艺，解决重大基础问题；通过理论与实践和工程结合，把最新的理论研究成果进行转化，形成新方法、新工艺并应用到工程实践当中去；在经费方面，国家自然科学基金委应起引领作用，国家对重大基础课题予以资助、支持和引领；高校、科研院所应放宽对资金使用的限制。

5. 矿井新能源

要实现矿井新能源"十三五"和中长期战略规划的总体目标，主要途径有以下几方面：

（1）加大国家自然科学基金对矿井新能源的支持力度，特别是在复杂地质条件下矿区页岩气、煤层气和致密砂岩气开发以及煤系多气综合开发方面，重点解决一些关键的基础科学问题。

（2）建立产、学、研、用一体化的科研团队，以国内知名科研院所和大专院校为基础，建立相应的研究中心，利用其理论研究和人才方面的优势，解决关键技术问题，并且积极联合地方研究机构和煤炭企业，发挥其现场经验和技术利用方面的优势，对实验室得到的成果和方法进行验证，真正达到科学研究指导现场实践，现场应用验证研究成果，相互支撑，共同促进技术的全面进步和发展。

（3）积极吸引国际知名专家和优秀人才来华研究，建立长期的国内外交流平台，把国外的先进技术和先进理念引入中国，结合特有的地质情况和储层条件，形成适合我国矿井新能源综合开发的技术体系。

（4）调动企业和地方的投资积极性，进而加大对该领域的科研投入，形成良性循环机制。

（5）建立矿井新能源一体化开发的国家标准和管理制度。统一的国家标准和规范的管理制度是保证该领域研究健康稳定发展的前提，也是各高校、科研院所以及地方企业在资源开发过程中的必须遵守的行为准则，从而保证矿井新能源的顺利开发。

4.3　矿物分离学科

4.3.1　发展目标

1. 总体目标

1）到 2020 年的总体目标

在深入探索矿物微观本质结构的基础上，开展矿物分离机制与方法、矿物分离过程强化及矿物分离工程科学等方面的基础研究，使矿物分离研究领域由资源粗加工朝精细化、深加工方向发展，逐步实现矿物分离绿色化。系统深入认知矿物本质，通过颗粒与颗粒、界面与界面以及矿物颗粒与药剂界面相互作用与机制的基础理论研究，建立微细矿物浮选新理论和构建高效利用的技术原型。研究物质分离强化的基础性科学问题，提出矿物分离强化学科资源高效利用的新方法。主要体现在以下几个方面：

（1）工艺矿物学。

通过矿物学领域的深入研究，在矿物晶体结构、表面原子电子结构、表面物理化学性质、表面吸附与反应、人工矿物相变机理、矿物表面微区痕量分析、矿物谱学等方面形成系统的基础理论体系，为矿物分离科学、矿物材料学等提供理论支撑，推进矿物分离科学的发展与进步。

（2）矿物分离机制与方法。

建立系统的浮选药剂分子组装与设计理论，发展浮选药剂分子组装设计定量能量评价方程以及矿物选择性分离指数方程，建立新型浮选药剂结构-吸附机理-浮选性能的相互关系；建立基于溶液化学的难选氧化矿高效分离界面化学理论，确定不同矿物间选择性分离的最佳溶液化学-界面作用条件，建立微细粒矿物选择性聚集、分散及与气泡碰撞、黏附的界面力-流体动力学控制理论体系；建立高氧化率硫化矿物浮选电化学理论，揭示磨矿-浮选体系中硫化矿物-捕收剂或调整剂界面的电化学作用及电化学反应机理，确定使药剂选择性捕收或选择性抑制硫化矿的电化学条件。

（3）矿物分离过程及强化。

依据"十二五"期间在物质分离领域的创新性成果，针对我国矿产资源品位低、矿物结晶粒度细、矿石结构与构造复杂的特点，围绕矿物分离过程及强化的重要基础科学问题及应用基础研究的关键技术，探索解决矿物加工中存在的重大基础科学问题，强化物质分离，改善复杂难选矿产资源的分离特性，形成矿物分离过程及强化理论与技术体系。

（4）矿物分离的绿色化。

以微细矿物颗粒分选过程强化的能量作用机制和分离热力学、动力学为切入点，聚焦矿物分离过程中基于不同能量场的颗粒气泡间的液膜薄化破裂机理和基于胶体表面化学的颗粒间表面力作用机制的研究，突破微细矿物颗粒体系高效分离的难题，初步建立矿物绿色化分离基础理论体系，并提出微细矿物颗粒高效分离的新方法。

（5）矿物材料。

力争在矿物材料领域内开展长期研究的一些重要科学问题和关键技术方面取得重大突破，使矿物材料科学成为由矿物学、材料、化工、无机非金属、冶金、高分子等相关学科密集交叉的前沿研究领域，进一步拓展现有矿物材料的科学内涵与应用领域；在钒、铁等合金材料、稀土材料、盐湖锂镁金属及重要非金属材料的提取分离及深加工等领域内展现其独特的优势。

（6）矿物分离工程科学。

涉及矿物处理过程机理、包含多变量的理论性数学模型在发展控制策略与优化算法中得到广泛应用；突破矿物单体解离度的量化、预测、表征与控制方面的关键问题；实现磨矿过程的智能化控制以及浮选过程高级优化与控制（即实现浮选回路的持续、稳定运行而不受矿物性质、操作条件的扰动）。

2）到 2030 年的总体目标

建立和完善现代微观矿物学基础理论体系；发展和完善微细粒矿物分离机制与方法，建立颗粒与颗粒、界面与界面以及矿物颗粒与药剂界面相互作用基础理论体系；深入研究物质分离强化的基础性科学研究方法，形成具有国际影响力的矿物分离强化学科理论体系，使矿物分离学科基础研究总体达到国际领先水平。具体体现在以下几个方面：

（1）工艺矿物学。

通过与相关学科知识的运用与融合，逐步完善或形成矿物结晶学、矿物晶体缺陷学、矿物相变学、矿物表面吸附原理、微观痕量工艺矿物学等相关的新兴交叉科学，使得矿物学变成一门更为系统的科学，把握矿物学与技术的制高点，为更多的科学工程技术服务。

（2）矿物分离机制与方法。

针对我国矿产资源特点，建立比较完善的复杂矿产资源高效清洁利用的界面化学基础理论，形成热力学和动力学调控的高效、低成本的选冶技术模型，为扩大铜、铁、铝、铅、锌、镍、锂和稀土等可经济利用矿产资源量提供具有自主知识产权的技术，建立基本无废水、无尾矿排放的示范矿山，逐步实现难处理矿产资源的高效综合利用，研究成果在国际上处于领先地位。

（3）矿物分离过程及强化。

在我国国民经济发展对矿产资源需求日益增长的大环境和我国对资源开发高效经济利用及环境保护意识增强的大背景下，形成具有国际影响力的矿物分离强化学科理论体系，为矿物高效分离理论与技术的发展作出贡献。

（4）矿物分离的绿色化。

进一步建立和完善矿物绿色化分离基础理论体系，实现矿物分离过程中微细颗粒的界面调控和矿浆多相流动过程强化，使微细粒矿物分离理论研究达到国际领先水平。

（5）矿物材料。

力争在钒资源开发及深加工利用、盐湖金属资源和稀土资源开发、重要矿物材料的人工合成及功能设计与制备方面取得关键性进展，使矿物材料成为支撑人类社会和高新技术发展的重要材料。一些当前难以突破的技术，如高性能合金材料、环境修复材料的制备与应用能得到基本解决。

（6）矿物分离工程科学。

探明被处理矿物的嵌布特征、组成、可磨性、粒度分布、颗粒的疏水性等性质的在线监测原理，形成理论体系；发展适用于矿物处理全流程的智能控制与优化算法，实现矿物解离与分离过程全流程的优化与集成；高度重视复杂多金属矿石的综合利用，发展和完善良好的、适用于不同原料性质的选矿厂全流程的仿真模拟系统。

2. 标志性成果

1）科学研究

（1）工艺矿物学。

在矿物晶体电结构、表面原子电子结构表征、矿物相变机理、突破工艺矿物学禁区（微区痕量）、矿物谱学等领域取得具有里程碑意义的成果。通过该领域系统深入的研究，形成现代矿物学理论体系之一，并成为矿物学领域引领性的方向，为矿物分离基础理论提供重要依据。同时，基本完成与矿物学密切相关学科的建设和发展，包括矿物分离科学、矿物材料学、矿物物理学、矿物谱学、矿物晶体化学、矿物环境学、矿物微细颗粒学等，使矿物学真正形成一门为矿物分离科学和相关学科提供理论支持的系统科学。

（2）矿物分离机制与方法。

矿物分离机制和技术取得具有里程碑意义的成果，包括浮选药剂分子组装设计与绿色合成，多元矿物体系固-液-气三相界面作用的物理化学基础研究，微细粒复杂矿分离过程参数的多因素耦合与调控机制，形成具有自主知识产权的国际领先的热点研究方向。

（3）矿物分离过程及强化。

在复杂难选铁矿的强化分离、鲕状赤铁矿选冶一体化综合利用、高镁锂卤水锂分离材料与技术等方面取得标志性成果；在解决微细粒复杂难选矿产资源强化分离过程的热力学问题和外场作用下矿物分离强化过程及强化过程中矿物转化规律等方面形成引领性的研究方向，并在全球热点中占有一席之地。

（4）矿物分离的绿色化。

在基于颗粒微细尺度效应的过程强化分选方向取得重大技术突破。主要体现在二次资源高效分选、矿山固废综合利用及矿山废水处理循环利用三个方向。在微细颗粒界面调控及分选过程强化方面形成引领性研究方向，特别是在微细粒分离过程中基于不同能量场的颗粒气泡间的液膜薄化破裂机理和基于胶体表面化学的颗粒间表面力作用机制这两个全球研究热点中占有一席之地。

（5）矿物材料方面。

预计在钒资源开发及深加工利用、盐湖金属资源和稀土资源开发及相关功能材料、非金属矿物材料开发与应用等领域取得重要的科技成果，在全球研究热点中占有一席之地，逐步形成引领国际的研究方向。

（6）矿物分离工程科学。

预计在以下方向取得具有里程碑意义的成果，包括基础理论模型的建立、在线实时检测技术的突破，实现矿物单体解离度的量化、预测、表征与控制；在原矿性质和操作条件实时变化的情况下，实现磨矿过程的智能化控制以及浮选回路的持续稳定运行。同时，将在以下领域形成引领性的研究方向，包括发挥矿物单体解离的纽带作用，在理论上建立磨矿与分选过程之间的关系，为开发适用于矿物处理全流程的控制策略与优化算法奠定基础；建立难检测矿物性质与过程参数的实时监测原理理论体系。

2）人才和基地

在矿物分离基础理论研究方面，形成 3～5 名在国际上有影响力的科学家，主要分布在中南大学、中国矿业大学、东北大学等高校及北京有色金属研究总院、中科院过程研究所、北京矿冶研究总院等科研机构。目前，矿物分离学科拥有矿物加工科学与技术等 3 个国家重点实验室，国家煤加工与洁净化工程技术研究中心等 5 个工程技术研究中心，1 个固体废弃物资源化国家工程研究中心，以及煤炭加工与高校洁净化利用等多个教育部重点实验室。上述研究基地主要分布在中南大学、中国矿业大学（北京、徐州）、东北大学、昆明理工大学、武汉工程大学、武汉科技大学、华东理工大学、中国科学院过程控制研究所、中国地质科学院郑州矿产综合利用研究所、北京矿冶研究总院等高校和科研院所。在此基础上，按照“十三五”规划建设并形成 2～3 个在国际上有吸引力的研究基地。

4.3.2　实现途径

1. 工艺矿物学

应用先进的分析测试手段，量子化学计算与创新的实验方法相结合，以矿物晶体模型—矿物表面特性—矿物相变基础理论研究—人工合成矿物参数精确化研究—微观工艺矿物学为研究路线，在原子级范围内深入探究矿物学基础理论，建立和完善现代微观矿物学基础理论体系。实现矿物学基础理论研究发展方向目标还要依靠政策扶持，一是通过发布自然科学基金指南，明确研究方向和研究内容，具有研究基础和实力的单位和个人自由申请项目，通过多个项目的研究和集成，形成该方向要求的基础理论体系。二是以国家自然科学重大项目为牵引，集成具有研究实力和基础的单位的力量，形成基础理论研究的协同研究团队，与自由申请项目研究相结合，明确任务、目标，分工协作开展研究，有计划地完成研究内容，实现发展目标。

2. 矿物分离机制与方法

针对矿物表面形态与性质,研究矿物溶解组分对矿物表面电性及浮选的影响;针对微细粒复杂难选矿物,开展浮选溶液化学的研究,主要研究浮选剂在溶液中的溶解、解离、缔合及吸附平衡作用,用以确定浮选剂对矿物起浮选活性的有效组分及浮选剂与矿物相互作用的最佳条件,进而确定矿物浮选或抑制的最佳条件,为合理筛选和选择浮选药剂配方及用量提供理论依据;针对气泡与气泡以及气泡对微细颗粒作用的微观机制及界面作用等相关浮选行为进行研究,确定优化浮选动力学参数的合理途径,建立微细矿物浮选新理论和高效利用的技术原型;通过药剂分子定量构效关系研究(QSAR)以建立分子自身结构与其物化性能之间的构效关系模型来推测和筛选药剂分子,结合浮选剂与矿物作用的最佳溶液化学环境,进行新型高效浮选药的界面组装设计与绿色合成;研究油泡浮选的捕收机理及应用。围绕浮选剂/矿物/界面溶液化学反应机制、矿物颗粒表面力与聚集分散行为机制等科学问题,建立基于矿物表面性质调控界面相互作用的理论,形成复杂低品位矿高效浮选分离与精加工新方法,为矿产资源高效利用、废水循环利用和尾矿综合利用提供重要理论支撑。

3. 矿物分离过程及强化

以超前的科学思想为指导,采取跨越式发展战略,广泛吸收基础科学与相关学科的知识与技术,促进学科交叉,强调以实现工程与技术变革与重大进步为目标,坚持创新,大力培养人才,推进国际交流与合作;加大理论与技术基础研究资金的投入,形成具有国际影响力的矿物分离过程及强化方向的理论体系,培养出具有国际影响力的矿物分离科学家,形成具有国际影响力的研究团队,为国际矿物分离过程及强化学科的发展作出贡献。此外,稳步支持学科基地建设并设定相关的重点支持方向与重点支持项目,其主要实现途径如下:针对我国矿产资源贫、细、杂的特点,基于力学原理、化学原理、外场作用研究物质分离强化的基础性科学问题;基于数值模拟,研究高效药剂对分离过程的强化的基础性科学问题;基于离散元方法,进行多目标协同强化机制研究,系统开展矿石原料粉碎力学特性、粉碎产品特性与施力方式的关系、大型磨机磨矿过程动力学、大型磨机离散元仿真分析等基础研究,建立新型破碎理论。针对工艺优化强化分选过程的基础性科学问题,构建不同类型难选矿产资源中具有利用价值组分高效回收的集成技术与理论体系,研发适宜的联合分选流程、选冶新方法和关键技术,实现复杂难选矿产资源的高效回收利用。

4. 矿物分离的绿色化

以微细尺度下矿物的物性认知为研究基础,以界面调控和过程强化为途径,研究矿物绿色化分离过程(二次资源的高效分选、矿山固废资源综合利用及矿山废水处理及循环)中的共性基础问题。在中煤二次资源高效分选方面:采用煤岩与矿物学分析方法,研究稀缺煤二次资源矿物赋存状况与颗粒的解离特性,探明煤岩连生体的选择性解离机理;以分选过程的能量作用机制和分离热动力学为切入点,聚焦矿物分离过程中基于不同能量场的颗粒气泡间的液膜薄化破裂机理和基于胶体表面化学的颗粒间表面力作用机制,为矿物的绿色化分离提供理论和技术支撑;重视开发多金属矿和多有用矿物复杂矿石的分选理论和技术,诸如白云鄂博铁-稀土-铌矿;进一步强化盐湖卤水资源锂镁分离提取的关键技术研究。政府应进一步加大对矿产资源分离绿色化的政策支持和项目科技投入力度,特别是对中煤二次资源高效分选、矿山固废资源综合利用和矿山废水处理及循环利用三个主要方向进行重点扶持资助,促进“政、产、学、研”的长久密切合作。

5. 实现矿物材料方向研究某些领域的突破

矿物材料在矿物界面化学、胶体化学、溶液化学、工艺矿物学研究基础上,进行铁、铌等资源的选冶基本行为及分选规律研究,提高共(伴)生资源的分离效率和综合利用率;重视对我国典型含钒页岩矿物组成、化学组成和钒的赋存状况的研究,建立含钒页岩系统的分类标准,并通过选矿与当前提钒工艺的有机结合,进一步优化提钒工艺;设立矿物材料领域专项基金,鼓励研究人员自由申请项目课题,优先对具有一定基础、对国计民生有重大意义的研究项目开展资助;切实提高项目指南的科学性、战略性和前瞻性,同时强化任务驱动,满足经济、社会、军事发展的重大战略需求,实现矿物材料方向某些领域的突破。

6. 矿物分离工程科学

从矿物性质与过程运行机理的角度出发,对矿物的破裂速率、泡沫特征与物料性质之间的量化关系等关键性基础问题进行研究,建立在线基础性模型;针对泡沫的偏色及颜色失真校正、泡沫图像表面其他的视觉特征与浮选工艺的关系等方面开展研究,同时,在原矿性质、操作条件实时变化的情况下,开展浮选过程高级优化与控制理论(即实现浮选回路的持续、稳定运行而不受矿物性质、操作条件的扰动)的研究;在此基础上,开发先进的智能控制与优化算法,解决具有多变量、多相流、强耦合、强非线性和不确定性等综合复杂的矿物处理过程的实时智能控制问题;实时智能优化调度大规模、多模式、多目标、不确定性矿物处理过程。同时,深入研究矿物特性在线检测、矿物处理过程参数监测等具有挑战性的科学问题,发展成套在线检测技术,解决矿物处理过程控制与优化中的关键科学与技术问题。

4.4 冶金工程学科

4.4.1 发展目标

1. 总体目标

《国家中长期科学和技术发展规划纲要》指出今后 15 年科技工作的指导方针是:自主创新,重点跨越,支撑发展,引领未来。在该方针的指导下,冶金工程学科发展的战略原则是:立足国内,面向世界,注重创新,结合应用。目标是:探索和发展冶金过程的新概念、新理论、新规律、新方法,为我国冶金工业可持续发展提供理论和技术基础支持,在 10~20 年的时间内达到国际先进水平,特别是在复杂矿资源的高效利用、节能减排、高品质金属材料冶炼方面,取得重要的科学理论和技术创新成果。

1)到 2020 年的总体目标

(1)科学研究。

冶金物理化学方面:获得高/低合金或关键金属冶炼过程热力学性质和热物性数据,建立合理的热力学模型,正确预报工艺参数;明确我国复杂共生矿分离和提取过程的相结构确定和物质转化规律;掌握渣-金间可控氧流冶金技术及熔盐电解短流程提取制备高品质金属基材料的基础理论;揭示多相快速反应体系的粒子(分子、离子、原子、团簇等)混合机理及过程强化规律;形成同位素示踪的冶金反应机理的现代冶金物理化学研究方法。

钢铁冶金学科:依托深厚基础的科学创新,建立面向未来的技术储备,形成引领世界的研发格局。具体来说,要加强钢铁冶金学科基础理论研究,为研制和开发新工艺、新技术、新产品提供理论依据,促进钢铁冶金学科与其他学科的交叉,基本达到以日本、韩国、德国为代表的国际先进水平,为我国逐步成为钢铁强国提供基础支撑。

有色冶金工艺技术方面:掌握硫化矿、复杂共生矿、低品位矿的生态化分离提取工艺,提出冶金材料一体化设计的理论,形成新一代大型电解槽的基础理论研究,探明外场作用下的有色金属冶金提取的基础理论,掌握特色资源的冶金反应器设计、优化和模拟方法。

冶金二次资源、能源与环境方面:充分发挥高校、科研机构在冶金、能源、环境等方面的多学科、多功能的优势,积极联合国内外创新力量,有效整合创新资源，构建冶金资源、能源及能源工程学科发展的新模式与新机制。重点建立3～5项重要基础理论体系，初步形成5～10项共性及关键技术和装备，建设3～5家符合我国产业需求的国际一流研发平台和技术转化中心，实现从跟踪为主向自主创新的转变、从关键技术引进向消化吸收再创新转变、从注重单项技术研究开发向系统集成创新转变、从单一的常规产品向多品种、高价值产业转变，从而总体提高冶金资源能源与环境工程科学领域的原始技术创新和系统集成创新能力。以期提高总体资源和能源利用率，减少"三废"排放，提值增效，支撑我国经济和社会的健康可持续发展。

在反应工程与过程强化方面：针对钢铁冶金、有色冶金、环境工程工艺技术，融合流体力学、应用数学、人工智能，以反应-分离强化和新型冶金反应器设计和为目标，通过多尺度反应工程学研究，建立系统的冶金过程单元数学物理模型，优化冶金过程单元技术，提升冶金过程自动控制水平，为传统冶金技术升级换代和信息化控制管理提供核心软件，同时为新工艺、新装备的开发提供理论依据。

（2）人才、基地和对行业的贡献。

从整体上看，我国冶金领域，无论是从业人才数量，还是科学研究水平，都已具有了很好的发展基础。但是，由于我国近10年来对待传统产业有"重生产轻科技"的倾向，在科技支持和人才培养方面，对冶金学科重视不够，造成能够产生重大原创性学术思想的拔尖人才较少。随着我国冶金科学技术的发展和国家实力的增强，到2020年，将培养出10名左右的世界级冶金学家和一批优秀人才，引领我国冶金科技的发展。同时在现有国家级研究基地的基础上，再建立一批国家级研究基地。

对于行业发展，到2020年，在金属材料冶炼方面，将为国民经济建设急需的高端金属材料生产提供冶炼技术，技术水平将达到日本、韩国、德国的先进水平；在冶金节能减排、资源综合利用方面，为达到国际水平提供理论和技术支持；为我国特色资源冶金提供理论和技术原型，达到国际领先水平。

2）到2030年的总体目标

（1）冶金物理化学基础科学方面：冶金反应的数据集成，向大数据冶金发展；提出适合我国冶金特点的新概念、新理论、冶金新方法；多相反应体系的多尺度分散相形成机制与物质在界面的传递规律。

（2）钢铁冶金技术方面：在钢铁冶金新工艺基础理论和新流程研究方面取得突破，实现跨越式发展；产品质量、节能减排和资源利用，全面达到和超越以日本、韩国、德国为代表的国际先进水平，实现特色复杂铁矿资源的大规模经济冶炼，使我国成为世界上的钢铁冶金学科的研究中心。

（3）有色冶金技术方面：大型铝电解槽及优化理论、低品位铝资源高效清洁利用及赤泥综合利用基础科学研究，底吹连续熔炼（炼铜、炼铅）理论及应用，复杂稀土资源高效利用的基础理论，复杂钨资源高效增值的冶金理论，特殊冶金基础理论及应用等成为世界范围内优势研究领域。

2. 标志性成果

形成低碳冶金和资源循环利用理论体系，建立完善的冶金物理化学数据库、冶金反应器优化设计、过程强化与控制方法。突破我国特色资源综合利用冶金技术和多数高端材料冶炼技术。培养造就 10 名左右具有国际影响力的冶金科学家，100 名左右的国家级领军人才。建成 5 个左右有重要国际影响力的冶金工程领域的研究中心。

4.4.2　实现途径

冶金工业是我国国民经济建设和发展的支柱产业。但面临着巨大的节能减排压力、严重的资源短缺问题和迫切的高端产品生产技术需求。要解决这些制约我国冶金工业可持续发展所面临的问题，在加强国家产业政策调整与引导的同时，必须加强基础理论研究与创新技术研发，开发具有自主知识产权的新工艺、新技术，推动冶金工业技术进步。

我国冶金工程科学的发展要立足国内，面向世界，结合应用，注重创新。特别是在"十三五"时期，要以国家重大需求为导向，紧密围绕碳素能源高效转化、冶金资源高效利用、高端材料高效生产等关乎我国冶金工业可持续发展的基础理论和关键新工艺、新技术，开展系统深入的科学技术研究。坚持有组织的科学研究与自由探索相结合、基础研究与技术创新并重、长期目标与短期目标兼顾的原则，针对过程冶金物理化学、能量高效转换与单元技术链接、矿产资源高效利用、液态金属的洁净化及凝固组织控制等，开展科学技术基础研究，力争通过基础理论的突破，在复杂矿资源综合利用、节能减排、高端金属冶炼等关键技术上建立工业技术原理，并通过产学研结合开发新工艺、新技术、新装备。

冶金工程是一个综合性学科，内容涉及化学、物理、反应工程、材料、环保、等科学技术的各个门类，因此要大力提倡在研究中打破门户之见，突破学科束缚，鼓励学科交叉和新技术应用，以创造性的工作推动学科发展。根据目前我国冶金工程学科的优势研究领域和潜在的可能形成的优势研究领域，国家应从政策上、资金上予以大力支持，尤其是把前沿重大课题纳入国家规划，加强对重点学科和创造性学术梯队的支持，稳定研究队伍。根据冶金工程学科的多学科交叉特点，加强协同创新，充分利用已有的协同创新中心、国家重点实验室、工程研究中心等平台，形成从校企合作、高校合作到学科合作以及团队之间的协同合作，强化其创新能力。建立有利于"开放、流动、合作"形式的研究体制，提倡产学研合作科研和人员流动，促进不同高校间学科交叉和优势互补。针对我国金属矿产资源的特点，结合不同高校间的研究优势，打破条块分割，优化学科布局。充分发挥各单位的人力、财力、设备的优势，重点在我国优势研究领域形成突破，积极赶超国际先进水平。加大冶金学科青年人才和创新团队的培养力度，对在重点、重大项目和人才项目上有创新潜力的团队给予更大的政策和经费支持，并形成长期的激励和资助机制，使他们尽快形成个人和团队的国际影响力，并在以上优势研究领域尽快取得突破性进展。

4.5　材料工程学科

4.5.1　发展目标

1. 总体目标

1）到 2020 年的总体目标

"十三五"期间将根据我国国民经济建设的重大需求和国际粉末冶金学科的发展趋势，以基础研究促进我国粉末冶金研究的理论水平、技术水平和材料性能的快速提升，并带动整个粉末冶金产业的升级。力争在高性能金属粉末制备技术、粉末近净成型新技术、粉末体高致密化制备的新原理和新方法，以及难熔金属与硬质合金、摩擦材料、高温结构材料、高性能钛材料等粉末冶金材料等方向的研究能进入世界前列，满足国民经济和国防建设的需要。通过金属凝固过程的深入系统研究，推动凝固学科可持续发展，促进液态金属近净成型、外场下金属凝固、大型铸锭和铸坯凝固组织细化、均质化和纯净化等若干方向进入世界前列。在材料成型学科方向，我国将在控制凝固与控制成型、非约束或半约束塑性成型、智能化成型加工、控温铸型连铸成型、组织性能与形状尺寸一体化控制成型、短流程近终形成型、材料/结构一体化成型加工、极端尺寸规格的高性能材料均质制备、钢铁材料复合轧制、钢铁短流程生产等理论与技术方面，形成若干引领性的研究方向，形成上、下游学科知识融合、前后加工过程衔接的研究团队和研究平台，在全球研究热点中占有一席之地。通过完善界面结合的冶金理论，提出界面结合区组织和性能调控的科学方法；掌握界面结合区性能退化规律，提出严酷条件下连接结构寿命预测的科学方法。通过对界面结合冶金过程中连接材料的新发现、界面结合机理、界面结合区组织和性能演变规律的深入研究，建立组织性能可控的界面结合冶金理论和高效结合技术。

到 2020 年，我国冶金材料工程学科方向，将形成 10～30 名在国际上有影响力的科学家、将形成若干个在国际上有吸引力的研究中心，其主要分布在已有优势的高校和科研院所。目前这些优势单位都具有相关的国家级重点实验室、工程研究中心，一直从事冶金材料工程领域的国际前沿技术和基础理论研究，已经具备了较好的基础。

2）到 2030 年的总体目标

在加强粉末冶金与化学、冶金物理化学、先进制造、信息、生物、新能源等学科交叉的同时，充分利用大数据、移动互联网和新的计算模式等信息技术和计算技术，推进粉末冶金智能制造。造就一批具有世界影响力的优秀科学家和创新团队，提升我国粉末冶金学科的国际影响力。造就一批在铸造领域具有世界影响力的优秀科学家和创新团队，提升我国在凝固领域的国际影响力和自主创新能力，为凝固技术领域的可持续发展奠定坚实的科学基础。通过对材料成型过程的系统深入研究，跨越式提升我国材料成型学科的自主创新能力，力争控制凝固与控制成型、非约束或半约束塑性成型、智能化成型加工、控温铸型连铸成型、组织性能与形状尺寸一体化控制成型、短流程近终形成型、材料/结构一体化成型加工、极端尺寸规格的高性能材料均质制备、钢铁材料复合轧制、钢铁短流程生产等理论与技术方向处于世界前沿；造就一批在材料成型领域具有世界影响力的优秀科学家、创新团队和研究中心；确立并巩固我国在材料成型领域显著的国际影响力和引领地位，使之在世界材料成型技术领域占有一席之地。通过对界面结合冶金过程与外加能场作用、结合界面区组织性能退化与严酷服役条件的相关性研究，建立连接结构寿命预测理论基础和结构完整性评定理论基础。

2. 标志性成果

1）粉末冶金

多场作用下粉末冶金材料近净成型制备技术，具有高效、优质、低能耗、低成本等的优势。近年来提出的在外加电场、磁场、温度场、应力场等多场作用下的粉末成型烧结方法，可有效利用多个外场作用，实现粉体的高效成型固结，通过控制晶体相的形核和长大过程，制备出细晶化、等轴晶化、晶粒多尺度化、结构复合化的高性能粉末冶金材料，对开发高端粉末冶金产品、提升粉末冶金工业整体水平具有重要作用。

2）凝固方向

基于非平衡凝固新技术的新材料制备基础，发展定向凝固、快速和亚快速凝固、微重力凝固、外场下凝固、强迫孕育和调控变质凝固等非平衡凝固新技术，制备具有特殊性能和功能的新型材料。研究非平衡凝固制备过程中的成分设计、非平衡组织形成机制和演化规律、特殊性能和功能调控技术，建立非平衡凝固制备下的成分、组织和性能的关系，丰富非平衡凝固理论和发展非平衡凝固制备新技术。

3）成型方向

在控制凝固与控制成型、非约束或半约束塑性成型、智能化成型加工、控温铸型连铸成型、组织性能与形状尺寸一体化控制成型、短流程近终型成型等方向将取得重大突破，打破传统的材料成型加工模式，缩短生产工艺流程，提高连续化生产效率。解决先进精密纯铜及铜合金材料、特种高质量有色金属层状复合材料以及高性能、难加工金属材料等的高效成型加工瓶颈问题；形成我国大规格、高性能铝合金材料均匀制备的成型科学理论体系，为国家重大工程所需的特大型厚板、薄板、型材和锻件的均匀制备技术研发和缺陷、残余应力工程的检测方法、技术与装备研发提供理论支撑；构建我国信息化、智能化的钢铁产业升级技术。主要解决基于物联网和云技术的钢铁生产信息化技术、钢铁生产复杂流程智能化自动控制系统、基于产品全寿命周期的质量信息与质量控制技术、基于大数据技术的钢铁行业大数据库平台系统等的问题。

4）界面结合冶金过程

目前国际上对界面结合研究过程的研究大多集中在元素物理和化学行为等冶金基础问题。在实现界面连接的途径等方面，对连接界面区组织和性能调控理论和方法的研究较少。我国在结合界面区组织和性能调控方面的研究与国际水平相当，通过"十三五"期间的进一步深入研究，可望在"组织性能可控的界面结合冶金过程理论与技术"方面取得标志性成果。

5）表面工程方向

极端复杂环境下的表面工程。在核、空间、超低温或超高温和其他极端环境下，装备零部件将面对强辐射、真空（紫外线）、原子氧、高低温侵蚀等更加苛刻的工作环境，表面工程可为这些工作在极端环境下的零部件提供有效的表面防护。我国开展了极端环境下润滑材料的失效损伤行为和可靠润滑技术的研究，开发了适用于核、空间环境的高性能特种润滑涂层材料。

面向绿色制造与再制造的表面工程技术。绿色制造与再制造是实现环境与社会可持续发展的重要途径。通过应用表面改性、PVD/CVD 气相沉积、喷涂、刷镀、堆焊等表面技术手段，可以显著提升新产品制造中零件表面的理化性能，增强零件使役性能，满足特殊功能需求，延长服役寿命，实现装备运行中的节能降耗。再制造是指将旧产品恢复或升级成其质量特性不低于新产品的过程，属于先进制造和绿色制造，但其面临着性能反演、异质界面等难题。表面技术在再制造中的应用，可以实现对损伤件的尺寸恢复或性能提升。

4.5.2　实现途径

1. 粉末冶金

1）粉末冶金学科需要加强的优势方向

短流程、近净成型制备技术及其基础理论。粉末冶金制备和加工技术正朝着高效、优质、低能耗、低成本的方向发展。短流程、近净成型是粉末冶金成型技术的重要发展趋势。加强净成型、高速成型、微注射成型、无模成型、数控压制、快速原型等成型技术的研究。

2）需要扶持的薄弱方向

（1）纯净/超细/球形活性金属粉末制备技术。

为满足 3D 打印、粉末微注射成型以及先进结构材料制备的要求，对金属粉末的需求将越来越迫切，势必带动相关粉末制备技术的发展。应加强对雾化制粉、超微细及非平衡制粉技术的研究。

（2）粉末高温合金设计原理和制备技术。

粉末高温合金涡轮盘是高温合金及航空发动机技术难度和重要性的一个主要标志。我国在粉末高温合金研发、关键设备建设等方面做了大量工作，取得了很大的成就，积累了丰富的经验，已经初步建成了粉末高温合金研究、开发和生产的体系，但基础理论研究相对薄弱。我国粉末冶金高温合金涡轮盘与先进航空发动机发展的要求和欧美国家的先进技术相比，还存在较大差距，存在粉末涡轮盘成本偏高、材料成熟度偏低、粉末涡轮盘纯净度偏低等问题。为满足高推重比航空发动机设计要求，亟须开展新一代粉末高温合金的研究，主要包括 750℃ 以上温度使用粉末高温合金设计、氩气雾化制粉、挤压开坯、锻造成型、双性能涡轮盘制造、双幅板涡轮盘制造、整体叶盘制造、纤维增强复合技术等。

（3）新型粉末致密化技术、强化烧结技术及其基础理论。

烧结密度对粉末冶金材料的性能起着决定性的作用。发展高精度控制、高热效率化、节能短时、环境友好的高致密化技术和强化烧结技术及其基础理论，对于提升粉末冶金材料性能具有重要意义。

（4）粉末冶金材料和制品的评价技术，粉末、压坯、烧结体的特性数据规格化和国际标准化。

3）需要鼓励的交叉方向

（1）多场作用下粉末冶金材料制备的基础理论。

传统材料制备方法采用单一（或两种）外场作用，限制了更高性能、更大尺寸、更新结构的合金材料的制备。采用电、磁、力、温度等多场作用下的粉末成型和烧结技术，研究多场作用下材料制备的基础理论，发展制备过程中的新概念、新理论、新方法，可以为制备高性能新材料奠定理论基础。

（2）难熔稀缺粉末冶金材料高效利用的新原理、新方法。

难熔稀缺粉末冶金材料高效利用的研究，是指通过建立难熔稀缺金属的物质流向图，为实现高效循环利用提供依据。建立金属生产及资源循环过程多产品系统环境影响分配及评价系统，开发稀缺金属资源循环中组元高效分离原理及新技术。开发适用于难熔稀缺金属二次资源的基本物化性质数据库，建立多介质金属分离理论体系，研发绿色冶金新技术和难熔稀缺金属资源的高效高附加值利用技术。引入现代新技术的交叉学科研究，结合生态环境材料制备技术，可提高资源利用率、降低能源消耗和改善环境。

（3）3D 打印用金属粉末材料与增材制造技术。

3D 打印用金属粉末材料，目前国内在成分设计、颗粒尺寸和球形度控制等方面和国外相比还存在较大差距，一些特殊需求的 3D 打印用金属粉末材料完全依赖进口，价格昂贵。开展 3D 打印用国产金属粉末材料设计、制备和表征分析等关键技术的研究势在必行。要力争制备出适合于医疗、航空、军用等高端领域的 3D 打印用金属粉末，开发制粉关键技术和工艺，研究粉末成分、粒度及分布、形貌、流动性、松装比等稳定性控制技术，以及粉末特性对 3D 打印制品性能的影响。

4）需要促进的前沿方向

（1）粉末冶金材料设计与制备工程智能化控制理论。

材料智能化制备与成型加工技术是一种先进的材料加工技术。它应用人工智能技术、数值模拟仿真技术和信息处理技术，以一体化设计与智能化过程控制方法取代传统材料制备与加工过程中的"试错法"设计与工艺控制方法，实现材料组织性能的精确设计与制备加工过程的精确控制，获得最佳的材料组织性能与成型加工质量。目前正在开展具有潜在应用前景的材料智能化制备与成型加工技术领域的研究，包括粉体制备、粉末注射成型、烧结、热等静压、喷射沉积、激光快速成型等材料制备技术，主要研究内容包括材料智能化制备与成型加工相关基础理论的建立、材料微观组织演化的模拟与仿真等。

（2）先进粉末冶金材料超精细结构控制。

超细、纳米及非均匀结构能够赋予材料更优异的性能，如高强度、高韧性或二者兼而有之。材料内部的组织和精细结构向物理冶金基础理论提出了挑战。这是当前材料领域研究的热点,粉末冶金制备超精细结构材料具有不可替代的优势,因而该方向将引领粉末冶金的发展。

2. 金属凝固

1）在凝固过程与控制方面需要加强的优势方向

（1）液态金属近净成型的技术基础。

金属材料制备和加工技术正朝着高效、低耗、精密、低成本和环保的方向发展,近净成型制造技术成为研究热点。该方向包括高性能大型复杂汽车和机器铸件的近净成型轻量化制造技术,也包括薄板、薄带等冶金产品的近终型制造技术。涉及包括工艺技术的基础研究,特别是更注重在这些工艺过程中凝固组织形成规律和控制的新技术的基础研究。

（2）大型铸锭和厚大铸坯凝固组织形成规律和细晶化、均质化技术。

大型铸锭和厚大铸坯是我国大型舰船和大型装备制造业的重大需求。但是,大型铸锭和厚大铸坯散热缓慢、凝固时间长,往往伴有组织粗大、宏观偏析严重等铸造缺陷,严重时甚至出现裂纹等铸造缺陷。大型铸锭和厚大铸坯凝固组织的细化和均质化,不仅可以提高其力学性能,减小宏观偏析,而且可以极大地改善其工艺性能。其研究内容包括大型铸锭和厚大铸坯凝固过程及组织形成规律、凝固组织细化和均质化技术。

（3）外场下金属凝固过程与组织调控技术。

我国在该领域的研究水平处于国际前沿,特别是微重力下金属凝固过程、脉冲电流和脉冲磁场下金属凝固过程与凝固组织细化技术。为满足机械、汽车、冶金等制造业的需求,加强外场下金属凝固组织形成规律的基础研究,开发高效、绿色金属凝固组织细化和均质化新技术,这是我国具有重大需求的研究领域。

2）在凝固过程与控制方面需要鼓励的交叉方向

（1）多尺度、多学科的凝固过程建模与仿真:数值模拟是揭示金属凝固过程及组织形成规律的重要手段,近年来对凝固涉及的流场、温度场、溶质场、应力场的数值模拟正逐渐成熟,对深化认识凝固基本规律、实现智能化制造具有非常重要的促进作用。今后的研究重点是多尺度、多学科的凝固过程建模与仿真,并发展热物理实验模拟技术,两者相互补充和印证。

（2）研究金属在亚快速凝固条件下组织形成规律,探索获得热处理技术不能得到的亚稳相组织,以及用凝固的方法取代热处理直接获得凝固亚稳相超性能工程材料,是具有重要潜在需求的研究领域,可望为金属材料的制造开辟新的工艺。

（3）研究不同合金体系在快速凝固条件下的行为，应用快速凝固技术开发新型功能材料，具有重要的、现实的社会需求。

3）在凝固过程与控制方面需要促进的前沿方向

（1）极端条件多场耦合作用下的凝固组织与过程控制：从毫克级雾化粉末到数百吨特大型铸件，金属的凝固行为有着巨大的差异。在极端条件下通过控制材料的凝固过程，是获得优异新材料的重要途径，故在超高压、快速凝固、微重力、超真空等极端条件下，结合应力场、温度场、电场、磁场等多场耦合作用，开展金属的凝固行为和组织控制研究，将大大拓展和丰富金属凝固理论。

（2）3D 打印是近年来迅猛发展的先进制备手段，面向金属制品 3D 打印的需求，研究金属微滴的凝固特性、凝固组织调控及具有均匀尺度特种金属粉末的制备技术。

（3）铸造金属复合材料、具有单向凝固组织特征和单晶组织的材料也是具有重要科学价值和应用需求的研究领域。

3. 材料成型

（1）针对国家重大工程的重点材料技术需求，布局重大、重点基础科研项目，为国民经济和国防建设作出贡献；

（2）注重人才队伍的培育，注重基础与应用基础研究，充分利用学科、特色资源与行业技术优势，鼓励和支持原始创新，力争实现跨越式发展；

（3）针对有一定发展前景、涉及新材料应用的创新成型方法，科学合理地布局研究项目类型，促进其发展和完善，尽快达到应用水平，使成型科技创新原理快速转化为生产力；

（4）重视学科交叉和高新技术及理论在材料成型加工中的渗透，开展面向材料成型加工工艺的跨尺度设计理论与技术、材料成型加工过程多尺度模拟与预测技术的研究，建立成型加工数据库专家系统，发展虚拟成型加工体系；

（5）针对各领域技术进步所带来的丰富外场条件，优先发展材料短流程近终型高效成型理论与技术，鼓励开展材料智能化成型加工技术研究，力争早日取得突破，并鼓励各种成型方法的自由探索，不断涌现以短流程、近终型、精确控性、智能化为特点的创新成型方法，为解决材料成型加工领域重大需求的共性与关键技术问题提供理论依据和原创性技术，提升我国材料成型加工理论与技术的水平。

4. 界面结合冶金过程

我国目前在界面结合冶金过程方向的研究比较分散，为实现本方向研究的总体目标，应进一步整合全国的科研力量，科学分工，围绕这一方向研究中的关键科学问题，一方面要积极鼓励自由探索，扩大自由探索的资助项目数量；另一方面要对自由探索中有重要创新潜力的研究，组织重点项目群或重大专项来开展研究。

4.6　安全工程学科

4.6.1　发展目标

1. 到 2020 年的总体目标

1）完善安全科学与工程学科体系，满足社会和经济发展的需求

安全科学与工程是一门新兴学科。通过 5 年的发展，建立完善的学科知识体系和知识结构；确立科学合理的本科、硕士和博士培养目标和培养方案，从而适应我国社会和经济发展对安全学科人才的需要。同时，安全法律、安全法规及标准等逐步完善，形成安全技术及管理的标准化体系。

2）形成一批重大科研成果，原始创新能力明显提升

形成一批对安全科学与工程学科发展具有推动作用的重大科研成果，在事故灾害的孕育机理及规律、预测、防控基础等方面取得重大突破。如多灾种耦合灾害动力学演化与预测理论及方法、全过程事故情景构建风险评估与综合研判、公共安全监测探测与应对技术原理，以及灾害事故条件下生命安全保障技术基础，建立并形成各类事故灾难的防控基础理论体系。

3）形成一批安全技术成果，对事故、灾难控制能力明显提升

全面提升灾害事故风险评估、防治方法、应急救援、决策指挥、恢复重建等应用技术水平；全面形成与国家防灾减灾目标相适应的科技支撑能力；初步建成高等院校、科研机构、中介服务机构、企业和政府部门联动的安全科学与工程创新体系，加快安全生产科技成果产业化，以满足安全学科发展的需要。

4）建设一流的科研基地，科研条件显著改善

充分发挥国家重点实验室、高校和研究院所在基础研究方面的优势，加强研究平台建设，到 2020 年，将形成 4～5 个国际一流水平的安全科学与工程研究中心。

5）培养一批优秀人才，国际影响力显著提升

加大安全科学与工程人才培养力度，到 2020 年，将培养 20～40 名在国际上有影响力的科学家。加强人才的国际合作与交流，提升我国科学家的国际影响力。

2. 到 2030 年的总体目标

1）建立成熟的安全科学与工程学科体系，服务于社会和经济的发展

经过 15 年的发展，建立成熟的安全科学与工程学科知识体系和知识结构；反复修改与完善本科、硕士和博士培养方案，服务于我国社会和经济的发展。进一步完善安全法律、安全法规及标准化建设，形成安全技术及管理的标准化体系。开展安全科普教育，使全民安全意识明显提高。

2）形成一系列重大科研成果，达到国际领先水平

通过共性、关键性重大安全科学与工程学科理论、方法和原理的研究，进一步完善我国主要灾害的防治基础理论。在重大灾害事故形成机理及诱发和传导机制、安全监测技术基础、安全预测机理和方法、安全应急决策和事故救援技术基础、典型行业安全技术理论等方面取得重大突破，总体水平达到国际领先水平。

3）建设全方位灾害防控体系，引领全球灾害防控

建成全国范围的灾害立体监测网，实现对灾害事故实时、高效的综合立体性连续监测；实现由减轻灾害向灾害风险管理转变，由单一减灾向综合防灾减灾转变，由区域减灾向全球联合减灾转变。

4）建设一流的科研基地，形成国际安全科学与工程研究中心

持续发挥国家重点实验室、高校和研究院所在基础研究方面的优势，加强研究平台建设，到 2030 年，将形成 3～4 个安全科学与工程国际研究中心。

5）培养一批科学家和研究群体，引领学科发展

到 2030 年，将造就一批引领国际的优秀科学家和创新群体，培养 20～40 名国际优秀科学家和 3～5 个创新研究群体。

3. 标志性成果

到 2020 年、2030 年的主要标志性成果如下所述。

1）构建完整的安全科学与工程学科知识结构

在安全科学、安全技术、安全系统工程、安全应急与管理、职业安全健康等方面，建立完善的科学理论体系和完善、成熟的学科人才培养机制。形成 7～9个创新研究群体，在清华大学、中国科学技术大学、中国矿业大学、中南大学、中国石油大学以及其他科研院所形成具有一流创新能力的研发队伍。根据理论和实践研究成果，制定一批适用于各行业的技术、管理标准。

2）建立多灾种耦合事故灾难动力学演化机制及预测理论

研究揭示事故和灾难孕育、演化机理；揭示事故链触发临界条件及各类衍生、次生灾害的传播机制；结合我国的经济、文化、制度等，建立事故、灾难的孕育、发生、演化、传导、变异的机理模型。

基于系统工程理论、非线性系统科学理论和安全系统动力学理论，建立安全预测基础理论体系。深入研究安全预测机理，形成较为完善的安全预测技术科学体系；运用神经网络、模糊理论、灰色理论、熵理论、人因安全理论、耗散结构理论、支持向量机、遗传算法、专家系统等人工智能技术和方法建立灾害预测数学模型，发展科学的多因素耦合安全智能预测方法。

3）构建全过程事故情景风险评估与综合研判方法

以安全预测理论研究为内动力，以安全信息技术实现为平台，突破现有技术瓶颈，构建全过程事故、灾难情景，实现安全预测的实时化、智能化，建立各类型事故、灾难临界状态数据库；在融合各类事故、灾难基本特性的前提下，开发出智能的事故、灾难临界状态判别系统，在安全预测分析和临界判别的基础上，形成多学科、多技术手段的事件、灾难危险源辨识和预警理论体系，制定出事故、灾难综合防控能力的评估系统标准和危险分级判据。

4）发展公共安全监测、探测与应对技术原理

以数据仓库、数据挖掘和网络技术为依托，开发出具有处理大数据能力的安全信息采集、分析和评估系统，将安全监测的数据信息用于安全的定量评价工作；并采用安全评价中系统工程的原理和方法，为安全监测提供方向指导。

在公共安全灾害社会响应与危机管理方面，以公共安全监测、探测技术为手段，完善灾害预警信息发布机制，实现灾害信息实时快速交换和信息共享，完善"政府主导、部门联动、社会参与"的社会应急响应机制和社会危机管理，提升危机管理水平。

在公共安全灾害应急救援与恢复理论方面，以公共安全监测、探测技术为手段，搭建全国范围内的应急救援社会服务平台，建成自然灾害应急救援指挥体系，提升应急救援能力和水平，为自然灾害的应急救援和灾后恢复工作提供动力。

5）发展灾害事故条件下的生命安全保障技术基础

当前还难以杜绝高危行业事故的发生，应采取有效措施保障重要生产设备和人民生命财产的安全。根据高危行业事故发生发展机制、衍变特点，在重大灾害现场勘察、无线救灾通信、遇险人员定位等技术方面取得重大突破，尽量减少事故造成的损失。

6）建设有国际影响力的研究基地

建设 7～9 个具有国际影响力的安全科学与工程研究基地，开展国际交流与合作。另外，目前我国安全科学的研究已形成跨部门、跨专业、跨地区的联合模式，因此要加强科技资源的整合，提高组织重大科技活动的能力。

4.6.2 实现途径

1）提高对安全科学与工程学科的认识

提高科研管理工作者、其他学科研究人员和组织机构对安全科学与工程学科的认识。通过安全科学与工程学科研究的成功案例，展示该学科在解决错综复杂问题时所具有的优势，提高人们对该学科的认识。

2）加大人才培养力度，形成研究规模

完善安全科学与工程人才培养体系，吸纳和培养大批海内外创新型人才，从事安全科学与工程的研究工作。培养一批具有深厚学科知识和创新能力强的博士、硕士研究生，充实研究队伍，形成规模化的研发团队。

3）建设研究基地和成果转化基地

充分发挥现有国家级研究平台在基础研究方面的优势，加快各行业安全类国家重点实验室、工程技术中心等机构的建设，形成具有国际竞争力的研究平台；加快安全科技成果转化和科技创新步伐，支持有条件的企业进行科技创新，鼓励建设企业成果转化基地。

4）依靠国家政策扶持，制定符合我国国情的安全生产科技发展规划

制定切实可行的安全科学与工程中长期科技发展规划，充分利用和整合政府部门、高校、科研院所以及企业等的安全科研资源，加强安全科学技术基础理论

研究，构建多层次科研合作渠道。建立安全生产科技专项基金，提供长期稳定的支持。创办安全科学与工程领域的科技刊物。

5）加大资金投入力度

重视安全科学与工程科技研发，加大科研资金投入力度。充分发挥国家、社会、企业各自的优势，设立安全科学与工程交叉学科的专项研究基金，给予高校和科研机构足够的科研资金投入，使科研工作者充分发挥他们的创新能力，提升我国安全科学与工程总体科技实力。预计 15 年内，将安排 30 亿～50 亿元资金，支持学科建设和发展。鉴于安全社会科学的特性，政府公共财政投入应占主体，约 60%；企业投入约 20%；社会投入约 10%；高校和科研院所自筹约 10%。

第5章 优先发展领域

5.1 石油工程学科

油气工程学科领域未来多年的研究与发展，将针对非常规、低渗透、深层、深水及老油田等难动用剩余油气储量的安全高效钻探、开采及储运等工程问题，优先研究和解决以下主要基础理论与关键技术课题。

5.1.1 中长期（2030年）优先发展领域

1. 非常规油气高效开发模式与钻采工程

页岩油气、致密油气、煤层气、重油和油砂、天然气水合物等非常规油气资源，是国内外备受关注的战略性接替化石能源。然而，非常规油气储量具有"量大、质差"的自然赋存特点，采用常规的油气工程理论和技术手段难以实现有效动用，必须下大气力进行专门的基础理论研究，为实现非常规油气工程领域重大瓶颈技术突破提供科学动力。

未来15年，研究重点包括：非常规油气储层的多尺度多场耦合渗流机理、物理模拟、数值模拟、精细描述及高效开发模式；重油和油砂、天然气水合物等固态油气资源的高效开发模式及地下转化为液态或气态的相变理论与控制机制；先进井型设计与优选、井网优化及钻采工程设计控制理论基础；页岩、致密等油气储层体积破碎性压裂完井的力学机理、科学评价方法及设计控制新技术；山区页岩气丛式水平井高效开发新模式及安全、环保、优快钻采工程设计控制基础理论、关键技术及风险评估方法等。

2. 海洋深水油气田开发模式及安全高效钻采与储运工程

近5年全球的重大油气发现有70%来自海洋深水区；未来10年，勘探开发水域将从近海向远海深水区拓展，油气工程作业水深纪录将有可能突破4000m，甚至有望突破5000m；海洋深水区油气产量有望占全球海上油气产量的30%以上。在该领域，我国具有自主知识产权的深水油气工程技术装备与国际先进水平相比有较大差距，迫切需要进行应用基础研究与技术装备自主研发。未来15年，将针对我国南海深水区和海外深水合作区的复杂作业工况，重点探讨深水油气工程的风险因素及其影响规律、安全高效作业机制及设计控制方法，创新发展深水油气工程关键技术与装备等。

5.1.2 "十三五"规划（2020 年）优先发展领域

1. 低品位油气田和老油田高效钻采工程与提高采收率

低品位油气田主要是指低（特低）渗透、致密、重油、页岩等难动用油气储量，具有"量大、质差、难开采"的基本特征；老油田主要是指我国东部已实施过 3 次采油的高含水油田，其进一步挖潜与提高采收率的技术难度很大。未来很多年，我国油气产量在很大程度上仍将依靠老油田挖潜和低品位油气田的高效开发。在"十三五"期间，将深入探讨物理、化学、微生物等不同方法在低品位油气田和老油田高效开发中的适用性及协同作用，同时为创新发展经济有效的钻采工程技术与装备提供理论基础。

2. 深层、深水等复杂油气田安全高效钻采工程

"深层"主要是指我国塔里木、四川、松辽等盆地埋藏超过 4500m 垂深的油气藏，以及一些海外合作区块的深层油气藏；"深水"主要是指我国南海深水区（如荔湾、流花、琼东南盆地等油气勘探开发区），以及西非、赤道几内亚、刚果、澳大利亚、巴西等一些海外深水区块的油气藏。未来很多年，深层和深水领域仍将是我国油气勘探开发的重点和热点领域之一。同时，也面临着许多油气工程技术挑战，需要持续进行专门的应用基础理论研究。在"十三五"期间，有必要深入探讨深层和深水油气工程安全高效作业机理与设计控制方法，创新相应的钻采工程关键技术与装备等。

天然气管网系统安全可靠性设计控制理论与关键技术基础。在油气管网安全可靠性方面，天然气管网首当其冲。天然气管网属大型开放式系统，不可控风险因素多，运行物理过程复杂，系统响应及失效模式具有独特性。未来很多年，将针对我国多样化和复杂化的天然气管网系统安全可靠性问题，进行重点研究：天然气管网系统不完整性与失效机理及安全可靠性组成机制，天然气管网单元与系统的不确定性，天然气管网系统运行与供气安全可靠性及其设计控制方法，天然气管网各单元及系统的目标可靠性确定方法，以及远海深水区天然气的生产集输与 LNG 加工处理等。

5.2　矿业工程学科

5.2.1　中长期（2030 年）优先发展领域

1. 采矿工程

1）矿产资源科学开采的理论与支撑技术体系

我国资源种类繁多、开采条件复杂、安全与环境压力大，迫切需要提出和建立一整套适合我国的科学开采理论与关键的支撑技术体系。

2）矿产资源高效与智能开采理论与技术

形成矿产资源智能开采、安全开采、高效开采的理论与技术体系。主要包括智能化开采的采矿工程布置，围岩控制与设备研发，智能采矿在数字化采矿关键技术与软件开发、地下无人采矿设备高精度定位等方面的应用。

3）无煤柱自成巷开采技术

形成不同煤层条件无煤柱自成巷开采基础理论与技术体系。主要包括无煤柱自成巷开采工程布置、技术工艺、成巷围岩稳定控制材料与设备研发、成巷全过程智能监控技术与装备等。

4）难采矿产资源的安全高效开采系列技术

研究煤矿与金属矿的深井开采、高瓦斯突出煤层开采、西部急倾斜与特厚煤层开采、金属矿溶浸采矿、水患威胁煤层安全开采等。

5）露天矿高大边坡稳定理论与防治技术

研究矿山边坡灾变模式与机理、矿区边坡灾变时空演化规律、矿山边坡稳定性评价与计算、矿山边坡灾变信息采集与预警、矿山边坡生态恢复与环境保护等。

6）海洋采矿理论与技术

研究海洋资源勘探、开采与环境保护，天然气水合物的高效开发基础理论与开采技术。

2. 矿山压力与开采沉陷

矿山开采中的核心问题是如何有效防治岩层力学灾害。因此，随着深部开采规模的越来越大，复杂条件下深部岩层力学灾害机理及相应防治理论体系，应该作为矿山压力与开采沉陷学科优先支持的前沿课题。

1）多尺度矿山岩体结构特性

研究微观、细观损伤演化与宏观断裂破坏之间的本质关系、各种尺度缺陷演化和协同作用机制、岩体物理力学参数与结构形式间的定量关系与矿山岩体跨尺度结构的数学表征方法。

2）矿山多种、多相耦合动力灾害演化与防控理论

研究多场耦合煤岩体的变形破坏规律及其动力响应特征、采动应力场时空分布规律、深部及西部薄基岩厚/特厚煤层开采过程中能量场的时空演化规律与多因素耦合致灾机理。

3）深部采掘覆岩运动与应力场时空演化理论

研究多因素耦合覆岩结构破裂演化力学模型、多因素耦合覆岩结构与应力场之间时空演化力学关系、无煤柱自成巷开采覆岩运动与矿压显现规律、巷道围岩分区破裂的机理及支护方法。

4）承载岩体流变、破坏与稳定性理论

研究复杂环境下软岩、高应力硬岩和破坏岩体流变行为及本构模型、矿山岩体拉伸蠕变实验方法和拉伸蠕变破坏的微细观机制、采场顶板和巷道围岩稳定性控制理论。

5）恶劣环境下复杂岩体结构非线性演化理论

研究深部、复杂岩体结构及多因素耦合作用下，矿山围岩灾害演化过程非线性动力学理论。

6）矿山岩体强度和本构理论

研究高应力、多相、多过程耦合作用下矿山岩体力学的本构理论，NPR 岩体力学本构理论。

7）矿山岩体力学实验新理论和新方法

研究多相介质、多过程耦合作用下岩石性态的实验技术，三轴试验岩石内部结构演化的观测技术，多尺度岩体微结构破坏及其相互作用过程的实时扫描和影像重构技术，矿山结构的大型物理模型及实验系统。

8）矿山岩体复杂演化过程数学模型与算法

研究多尺度、多场耦合渗流特性研究及新的渗流理论，不同流态的数学模型的高效算法与模拟技术基础，以及高应力、复杂赋存条件、多相、多过程耦合作用矿山岩体结构变形、破坏和稳定性数值模拟方法与多种数值模拟方法耦合分析及软件间搭接技术基础。

9）极端条件下矿山工程结构与环境互馈机理

研究地震等极端环境作用下下矿山采空覆岩与周边工程结构互馈理论与矿山采空覆岩灾害预警及灾害防控理论。

10）开采沉陷新理论和矿山生态环境恢复技术基础

研究矿山压力与围岩控制、地表沉陷灾害、水环境破坏、大气环境破坏和生态环境灾害动、静态预测模型和预测方法；开采沉陷监测与控制的基础理论与应用；固体物直接充填采空区回收"三下"压煤理论与技术方法。

3. 矿井建设

1）深部井筒建设岩层破坏机理

研究深厚表土层与深部岩层的地压分布规律，岩层的孔隙水压力、孔隙率和骨架应力间的理论关系，深部人工冻结孔隙裂隙岩层的本构关系、加载与卸载力学行为、破坏准则和强度理论。深部裂隙含水岩层的注浆液运动机理；纳米浆液制备及其在微裂隙岩层中的流动规律与驱水机理；浆液颗粒大小与注浆压力、岩土层孔隙、裂隙的相互作用关系；不同形式孔（裂）隙的浆液注入计算理论。复杂地层钢-高强混凝土复合井壁的物理力学特性及其与岩土层间的水、力相互作用规律，深井井壁结构在围岩非均匀多相复合压力下的整体稳定理论。

2）深部井筒建设破岩机理与监控方法

研究深部压力下岩层钻进大直径井筒的钻头结构及破岩机理；全机械化立井掘进机的技术理论及装配式井壁的结构形式及稳定理论。超深立井凿井全过程、全方位的监测监控原理和方法，立井掘进机刀具形式与破岩过程、进度监控理论与技术原理。

3）超深部煤巷围岩支护机理与控制方法

我国的煤炭开采深度逐年增加，预计到 2030 年，我国很多煤矿将达到 1500m

以下的超深部开采，因此需要研究 1500m 以下超深部高应力强烈采动作用下巷道围岩联合支护机理与控制方法。

4）复杂困难巷道应力转移机理

目前关于巷道研究的重点是支护方式。但对于动压影响高应力巷道而言，卸压等应力转移也是控制围岩稳定性的有效途径，目前相关研究较少，未来将探索爆破、水力压裂等围岩应力转移机理与方法。

5）煤巷智能化快速掘进理论及技术原理

研究煤巷智能化快速掘进应力场、裂隙场、渗流场时空演化规律，巷道智能化快速掘进煤岩准确识别及巷道围岩控制理论与技术原理。

6）煤巷定量化支护方法

由于煤矿地质力学环境的复杂性，目前开展了大量的地质力学测试、煤岩体力学性能测试等，形成了动态信息设计法。但目前还无法做到定量，未来将进一步开展地质力学条件与煤巷支护形式与参数的适应性及定量化支护方法研究。

7）岩巷围岩变形破坏机理

研究巷道围岩吸水强度衰减规律及其大变形破坏机理；巷道围岩吸附膨胀能量机理的量子力学研究；巷道围岩软岩结构效应及破坏模式的物理模拟技术；巷道围岩复杂工程地质力学环境环境条件下的支护荷载力学模型；巷道围岩在高应力场作用下的岩爆过程模拟试验；巷道围岩破坏时的气体运移试验研究。

8）深部岩巷及硐室群稳定性控制技术原理

研究深井井筒及巷道大断面交叉点及硐室群稳定性控制技术、NPR 锚杆（索）支护材料与技术等。

9）高强度开采采场支护机理及稳定性控制基础

研究复杂采矿扰动条件下采场－支架围岩关系及围岩控制理论；高强度大扰动开采覆岩结构的形成、承载、垮落或失稳机理；大断面采场煤壁损伤与宏观应力场耦合作用规律；动静载荷综合作用下煤壁灾变过程演化进程及控制理论；高强度开采工作面支护强度随采高跃升变化的尺度效应理论；冲击载荷下支架液压系统动力学响应特性基础理论；无煤柱自成巷开采巷道围岩稳定性控制机理；充填开采矿压显现规律及支架－围岩关系及围岩控制理论；深部采场围岩大变形作用机制与控制理论。

4. 矿山安全

1）煤矿瓦斯灾害预防理论与方法

利用交叉学科理论和宏细微观研究手段，深入研究煤与瓦斯的相互作用机制及突出机理，煤与瓦斯突出多参数预警理论及方法，采动压力作用下煤岩体应力场、裂隙场、渗流场耦合规律及人工导流方法，低透气煤层增渗原理及方法，煤尘瓦斯爆炸致灾机理及防治方法。

2）通风及火灾防治基础理论与技术

开展煤层自燃带来的煤岩体的热损伤破坏与裂隙形成及分布规律，煤田火区的发生发展演化规律，介观尺度、微观尺度煤层自燃机理研究，矿井通风仿真理论基础与灾变通风风流运动规律与防治原理。

3）矿井水灾防治基础理论与技术

研究深部矿井突水预测理论与模型，研究矿井水回灌调蓄及水生态修复基础理论，为矿井水害及其应用奠定理论基础。

4）粉尘、职业危害防治理论与方法

研究超细粉尘产生机理及在巷道中的运动规律，防控技术原理，粉尘治理过程中气、液、固多相流扩散、耦合机理，采区大功率设备噪声频谱特性分析及控制方法，以及粉尘、噪声等职业危害的发病机理及防护技术原理。

5）矿井热害防治理论与技术

研究矿井深部开采热环境对人体机能的影响规律、矿山深部地热的输运与储存理论、制冷降温系统监测监控技术原理和矿井节能型制冷装备技术原理。

6）安全监测监控理论与方法

研究矿山重大灾害动态演化及实时自动监测预警理论与方法，矿山灾变环境及灾害致灾过程监测方法和矿山灾害防治过程及效果探测、监测、评估理论与方法。

7）非煤矿山安全

研究冒顶片帮和中毒窒息两类事故的物理与数值模拟、监测及预警理论与技术原理、非煤矿山水害和火灾防治技术原理、边坡和坝体稳定性监测和失稳超前

预报技术原理、精细化爆破技术原理。

5. 矿井新能源

1）页岩气

重点开展复杂与深部条件下泥页岩储层环境及其结构物性耦合研究，泥页岩层变质变形作用与富气区评价及其资源潜力研究，基于地质背景和储层特征的泥页岩层纳米孔隙改造和裂缝控制技术与渗流机理研究，国产成套、新型储层改造设备的研发。

2）致密气

重点开展致密储层微观结构、含气性评价及致密气"甜点"预测研究，致密气储层组合特征、非均质性与渗流机理研究，复杂地层条件下应力场、温度场和水动力场的时空分布特征与储层压裂孔裂隙的耦合关系及储层改造技术、国产大型压裂装备和技术研发。

3）煤层气

重点开展深部、高应力、煤体结构复杂、低煤阶煤层气开发的地质理论与工艺技术体系，煤层气单井与井网提高解吸-扩散-渗流速度及持续稳产技术研究，煤系地层煤层气、页岩气和致密砂岩气的"三气"共采技术体系和开发基础研究。

4）地热能

重点开展矿区热储层承载能力基础研究，包括资源评价方法、尾水回灌与地热能恢复理论、人工热储层控制方法研究等；矿区中低温地热能发电基础研究，包括矿区中低温地热能规模化发电模式研究、设计控制方法、综合风险评估方法、以及与环境的关系研究等；矿区干热岩地热研究，包括矿区高温岩体的区域分布规律与岩石圈动力学过程的关系研究、高温超深岩体钻井理论研究、干热岩发电与综合利用的基础研究、评价体系基础研究等；废弃老矿井转化为地热井以及地热能系统可持续开发利用的基础研究，包括老矿井热力场研究、热质交换研究、地热系统精细化运行研究、老矿井采热与环境的关系研究等。

5.2.2 "十三五"规划（2020 年）优先发展领域

1）深部工程重大灾害防控理论与技术

重点探索煤炭深部开采中的顶板塌方、岩爆以及冲击地压等灾害产生的地质与工程条件，揭示工程岩体在高应力条件下与环境温度、湿度相互作用形成的大变形致灾机理；掌握各种灾害的成灾演化规律，提出基于灾变驱动力的深部岩体灾变动力学模型；形成以灾害驱动力监测为核心的灾害前兆信息的获取与灾害的预警手段；开展 NPR 岩石力学与支护理论的研究，形成以能量安全释放为核心，以 NPR 支护材料为主的配套装备技术体系。

2）矿产资源科学开采的理论与支撑技术体系

在科学采矿理论指导下，建立比较完善的我国科学采矿理论与支撑技术体系。针对不同地区、不同资源条件，形成矿产资源的高效、安全、共（伴）生资源协调共同开采的关键支撑技术体系，最大限度地回收地下矿产资源，减少或消除开采引起的环境破坏，对采矿扰动破坏的环境进行修复，使采矿生产与矿区环境协调发展，建立起我国矿产资源科学产能的评价体系。主要研究方向有：特厚煤层开采理论与技术、矿产及伴生资源共同协调开采、金属矿大规模崩落采矿、充填开采、深部开采、特大型露天煤矿开采等。

3）露采边坡稳定性监测预警的理论与支撑技术体系

针对地表位移监测预报滑坡地质灾害等传统方法存在的不足，建立边坡滑面的滑动力监测、表征滑坡发生的充分必要条件的理论方法与技术支撑体系，运用多学科理论，建立相关的实验和评价系统，并采用室内和现场测试、物理和数值模拟等综合研究方法，结合现代通信与计算机等高新技术手段，研发具有我国自主知识产权的滑坡地质灾害监测预报新方法、新理论和新装备，实现对滑坡灾害全过程的超前监测预警目标，促进矿山安全可持续开采，提高并巩固我国在国际滑坡监测领域的引领地位。

4）矿井多种新能源综合高效开发理论与关键工程技术

在页岩气、煤层气、致密砂岩气及深井热害防治与热能利用等新能源核心技术突破的基础上，以煤炭开采为主线，确定共同开发、相互协同的技术流程，研发相应的技术装备，最终形成系统的、有中国特色的 4 种新能源综合开发理论与关键工程技术体系，引领国际矿井新能源的研究方向。

5）矿山多种、多相耦合动力灾害演化与防控理论

研究多因素耦合动力灾害的地质构造条件、原岩应力特征及相互作用机制水-气 应力影响下断续煤岩体的变形破坏规律及其动力响应特征，采动应力场时空分布规律及对多因素耦合动力灾害孕灾过程的控制机理，深部及西部薄基岩厚/特厚煤层开采过程中能量场的时空演化规律与多因素耦合致灾机理，多因素耦合动力

灾害的监测预警理论与综合防治方法。

6）煤矿灾害预防理论与方法

研究大尺度煤与瓦斯突出模拟实验及发生规律，含瓦斯煤体破坏物理场效应规律及动力灾害预警理论，深部开采煤层隐蔽火源定位方法与发展趋势超前判识，煤尘、瓦斯爆炸火焰与冲击波传播规律与致灾机理，矿井深部开采热害成灾机理研究及矿井微环境评价等。

1. 采矿工程

1）复杂煤层条件的煤矿开采理论与技术

研究特厚煤层及 10 m 以下厚度的急倾斜煤层高效、安全开采理论与技术；"三下"充填开采；煤层群与残采煤层高效开采；深井切顶卸压无煤柱自成巷开采方法与灾害防治。

2）自动化与智能化开采的基础理论与技术

研究煤矿、金属矿、地下矿、露天矿等的安全高效智能采矿。

3）高强度开采采场与巷道围岩控制理论与技术

研究地下矿高强度开采的围岩控制；露天矿排土场、尾矿库稳定与灾害防治技术；围岩与边坡变形的自动监测原理与系统研发；矿岩高效破碎理论与技术。

4）露天矿高大边坡稳定理论与防治技术

研究基于地质与力学相结合的矿山边坡灾变模式与机理；矿区（广域）边坡灾变时空演化规律；矿山边坡稳定性三维评价与三维算法；矿山边坡灾变信息采集与预警；矿山边坡生态恢复与环境保护。

5）金属矿高效开采

研究金属矿露天转地下及协调开采的开采方法与岩层控制理论与技术、大规模崩落采矿、深井大规模充填开采、低品位矿床溶浸采矿。

6）与环境协调的难采矿床开采

研究煤与瓦斯共采理论与技术、矸石不上井与高效充填开采、水资源保护与综合利用性开采、适应煤炭与金属矿区的环境保护与土地复垦理论与技术。

2. 矿山压力与开采沉陷

1）矿山多种、多相耦合动力灾害演化与防控理论

研究多因素耦合动力灾害的地质构造条件，原岩应力特征及相互作用机制，水-气-热-应力耦合作用下断续煤岩体的变形破坏规律及动力响应特征，采动应力场时空分布规律及对多因素耦合动力灾害孕灾过程的控制机理，深部及薄基岩厚/特厚煤层开采时空演化规律与多因素耦合致灾机理，多因素耦合动力灾害的监测预警理论与综合防治理论。

2）深部采掘覆岩运动与应力场时空演化理论

研究深部多因素耦合覆岩结构破裂演化力学模型、采动应力场分布与变化规律、覆岩结构与应力场之间时空演化关系；深部工作面无煤柱自成巷覆岩结构演化力学模型、采动应力场时空演化规律。

3）矿山多尺度煤（岩）体渗流力学

研究矿山岩体多尺度、多场耦合作用渗流特性及渗流理论，不同流态数学模型的高效算法与数值模拟技术。

4）承载岩体流变、破坏与稳定性理论

研究复杂环境下软岩、高应力硬岩和破坏岩体流变行为及本构模型，矿山岩体流变与水力学行为之间的耦合关系，深部、多因素耦合采动围岩结构失稳判据及稳定性演化规律，采场顶板和巷道围岩稳定性控制理论。

5）矿山围岩灾害演化非线性动力学理论

研究深部、多因素耦合矿山岩体工程结构孕灾系统演化非线性动力学理论，深部、多因素耦合矿山岩体工程结构灾害预警及防控理论，矿山岩体力学数值方法，多相介质多场耦合作用的数值分析方法，多种数值模拟方法耦合分析及软件间搭接技术，高应力、复杂赋存条件、多相、多过程耦合作用矿山岩体结构变形、破坏和稳定性数值模拟方法与数值模拟技术。

6）极端条件（地震）下矿山采空覆岩与周边工程结构互馈理论

研究极端条件（地震）下矿山采空覆岩与周边工程结构互馈理论、极端条件（地震）下矿山采空覆岩灾害预警及灾害防控理论。

7）矿山采掘过程中矿山环境演变规律

研究矿山压力与围岩控制、地表沉陷灾害、水环境破坏、大气环境破坏和生态环境灾害的动、静态预测模型和预测方法，开采沉陷监测与控制的基础理论与应用，固体物直接充填采空区回收"三下"压煤理论与技术方法。

3. 矿井建设

1）深部井筒建设基础理论与稳定性控制原理

研究深厚表土层的冻结壁力学特性及稳定性控制理论、深部压力钻井护壁泥浆性质及支护机理、多相应力场耦合作用的井壁力学特性及对稳定性的影响。复杂地层的井壁稳定性控制理论、复杂地层多相应力耦合环境下立井深孔爆破机理及对围岩应力状态的影响规律。全机械化凿井工艺配套理论与技术，含水岩土层装配式井壁的稳定性及设计理论。

2）煤巷围岩应力场演化及地质力学数据库建立

研究深部煤矿高地应力场参量多层次分析理论与跟踪反演、深部高地应力巷道围岩空间三维应力测试方法与演化规律、综合应力场演化规律、综合应力场演化致生煤岩体损伤与灾变破坏机理及应力场突变诱发振动能量传播、衰减与作用规律。

3）困难巷道支护理论与方法

研究千米深井巷道、冲击地压巷道、强烈动压巷道、极软强膨胀性软岩巷道围破坏机理及其控制对策与技术。

4）松软破碎围岩巷道注浆加固浆液扩散及对围岩改性机理

重点研究不同注浆参数下浆液扩散及对围岩的改性机理，松软破碎围岩巷道注浆加固材料、机理与技术。

5）煤巷支护材料、构件及围岩的匹配性研究

研究锚杆、锚索、托板、球垫、螺母等力学性能匹配性、锚杆与锚索预紧力的匹配性及不同预紧力组合对围岩稳定性的影响，研究金属支架各构件的力学性能匹配性，研究巷道支护构件在巷道掘进、工作面回采全过程受力状态及性能的变化规律。

6）中生代岩巷支护理论与方法

重点研究中生代侏罗白垩纪煤系地层力学特性、巷道围岩变形破坏机理及围岩大变形控制理论与方法。

7）海下开采软岩巷道支护理论与方法

以龙口矿区为代表的海下开采已成为我国煤矿开采的一大特色。重点研究海域下软岩工程岩体的特殊物理力学特性、围岩破坏机理及其大变形控制理论与技术。

8）矿井支护机械化基础理论

研究矿井支护机械化快速掘进基础理论、巷道掘–锚–运一体化配套关键技术、围岩稳定性控制材料及支护技术。

9）大扰动高强度开采工作面围岩控制理论

研究大扰动高强度开采支架围岩关系理论、高强度开采围岩大变形机制与支护强度确定理论、高强度开采煤壁灾变尺度效应理论、高强度开采煤壁能量聚集及耗散机理、破碎煤岩体工作面围岩控制理论。

10）动静载荷作用下工作面支护理论

研究冲击载荷作用下支架液压系统稳定性理论、煤壁失稳与护帮机构相互作用机理、重复采动下支护系统可靠性、抗冲击高性能液压支架优化设计、动静载荷作用下支架状态动力学响应机理。

11）大倾角或急倾斜煤层采场围岩控制理论

研究大倾角或急倾斜顶板–支架–底板系统稳定性判据及失稳机理、大倾角或急倾斜煤层覆岩垮落结构、大倾角或急倾斜煤层围岩与支护体耦合作用机理。

4. 矿山安全

1）煤矿瓦斯灾害预防理论与方法

在深部开采条件下，研究大尺度煤与瓦斯突出模拟实验及发生规律，含瓦斯煤体破坏物理场效应规律及预警理论，含瓦斯煤层改性机理及方法，煤尘、瓦斯爆炸火焰与冲击波传播规律及致灾机理。

2）通风及火灾防治基础理论与技术

构建煤自燃相关特征与环境压力、环境温度关系模型，研究深部开采煤层隐蔽火源定位方法和深部开采煤层隐蔽火源发展的趋势超前判识方法，复杂空区下工作面开采煤自燃基础及矿井通风仿真理论基础问题。

3）矿井水灾防治基础理论与技术

研究矿井水灾孕育机制及监测预警理论、构造及富水性精细探测基础理论、华北型煤田岩溶及陷落柱预测理论。针对地质体异常地球物理方法探测解译多解性、探测距离有限等缺陷，在理论和实验上开展岩层电性特征正演及反演模拟。

4）粉尘、职业危害防治理论与方法

研究超细粉尘产生机理及运动规律及粉尘治理过程中气、液、固多相流扩散、耦合机理。深入研究采区大功率设备噪声频谱特性规律及粉尘、噪声等职业危害的发病机理。

5）矿井热害防治理论与技术

研究深部矿井开采热害成灾机理及微环境评价技术原理，研究新型矿井降温方法和装备基础及矿井热害监测及降温效果评价方法。

6）安全监测监控理论与方法

研究煤岩层层状介质条件下及空区环境中振动、声波、电磁波和电位等信号的传播规律，以及卸压带、应力集中区及煤层瓦斯对振动、声波、电磁波和电位等信号传播的影响规律；研究矿山灾害风险因素感知传感理论、技术及方法，灾害源定位原理和方法，矿山隐蔽灾害区域精细探测、评估理论与方法。

7）非煤矿山安全

研究边坡、坝体稳定性监测和失稳超前预报技术原理，采空区探测、监测技术原理和精细化爆破技术原理及效果评价方法

5. 矿井新能源

1）页岩气

泥页岩储层精细描述研究。包括空间展布特征和纵向组合关系、岩相的组合模式和划分类型、岩石组成、矿物成分、黏土含量及孔隙结构。

　　页岩岩石力学性质研究。包括压裂效果影响的模拟和评价、岩石力学性质变化对裂缝形成的影响、储层脆性和韧性变形特征及其对赋气状态和含气量的影响。

　　页岩储层渗流机理研究。包括气体在微纳米孔隙中的分布特征、孔裂隙结构连通性、裂隙结构储气特征、临界解吸压力与渗流机理及其对产气量的影响。

　　水文地质条件综合研究。包括地下水动力场分布特征、储层产出水量对地层压力和产气量/产能的影响、渗流过程对页岩气吸附解吸的影响。

　　裂缝综合评价。包括产状和类型、空间展布规律、裂缝对不同性质储层气体渗流机理和产气量变化的影响。

　　压力系统、地应力和地温研究。包括页岩地层的压力场、地应力场和地温场分布特征与变化规律，压力场和地应力场分布特征，对地层压裂效果、裂缝形成的控制作用、页岩气体吸附/解吸的影响及赋存状态的影响。

　　页岩气储层改造增加渗流性研究。包括微观渗流机理、页岩的压裂效果评价、对渗流能力和产气量的影响、储层保护措施。

　　水平井分段压裂及对页岩性质和产气量的影响分析。包括压裂水平井流场特征和实测压恢曲线特征、水平井裂缝流动干扰、水平井分段压裂的影响因素。

2）致密气

　　储层成因类型及空间展布研究。包括储层纵向分布、储层的成因分析、储层空间分布预测、预测有利致密气储层发育岩性岩相区带。

　　致密气储层特征与储集机理研究。包括储层储集空间特征及孔喉量化表征，储层成岩作用，成岩相及其孔隙（含裂缝）演化特征，储层"七性（岩性、烃源岩特性、电性、物性、地应力各向异性、脆性和含油气性）"以及储层含油孔喉下限，建立不同类型致密气储层评价标准，并对致密气储层分类评价、储层形成机制与控制因素进行研究。

　　致密气储层"甜点区"主控因素及其分布预测。包括储层"甜点区"类、储层"甜点区"发育的控制因素、储层"甜点区"储集机制与模式、研究区带致密气储层"甜点区"分布预测。

　　致密气赋存状态及其对成藏的影响因素分析。包括致密气赋存状态、成藏机理及主要控制因素、成藏模式。

　　致密气藏钻井技术。包括储层水平井、大斜度井钻井技术，以及储层气体欠平衡钻井技术。

　　致密气储层压裂改造技术。包括储层大型压裂技术、储层水平井水力喷射分段压裂技术、储层二氧化碳压裂技术。

　　致密气储层开发技术和方法。包括井间动态监测技术、复杂结构井提高低渗气藏采收率技术。

3）煤层气

矿井采动区煤层层气赋存与运移的动力学特征及其机理研究。包括矿井采动区裂隙场、应力场、温度场和水动力场时空演化规律与耦合作用，采动区多场耦合作用对煤层气解吸-扩散-渗流作用机理与影响效应，采动区多场耦合作用条件下煤层气运移动力学特征及运移规律。

矿井采动区煤层气安全高效抽采评价理论与方法研究。包括矿井采动区煤层气安全高效抽采评价理论与方法、主控因素及敏感性分析、敏感指标选取与临界值确定、采动区煤层气安全高效抽采效果评价模型。

煤与煤层气共采的时空协同作用与安全高效开采理论与技术研究。包括重点围绕煤炭与煤层气共采的基础理论、地质评价、煤炭生物气化及微生物增储增产、煤层气高效抽采模式、高瓦斯矿井煤炭安全高效开采、煤与煤层气共采的时空协同作用机制与优化理论。

4）地热能

矿井地热能形成机理和热力特征基础研究。包括矿井地热能成因、传热方式、热力场特征、矿井地热与地下水交换过程、地下热流体分布、热储层多相多场热耦合传递与运移特性、地热尾水回灌等基础研究。

矿井中低温地热能发电基础研究。包括矿井中低温地热能高效开发基础研究、矿井中低温地热能发电模式与控制理论及可靠性研究等。

矿井干热岩地热研究。包括矿井高温岩体的区域分布规律与大地构造格局的关系研究、高温岩体地热开发过程与温度场、应力场、变形场的扰动机制研究、人工储留层中热耦合理论研究等。

矿井地热能可持续开发利用研究。包括矿井地热流体的补给与内部循环研究、地热尾水回灌中多相多场运移特性研究、高矿化度地热流体的防腐防垢研究、地热能开发利用监测理论研究、地热能开发利用与环境的关系研究等。

5.3　矿物分离学科

5.3.1　中长期（2030 年）优先发展领域

1. 工艺矿物学

人工矿物相变及组分迁移理论研究。包括在一定物理化学条件下，多组分熔融体系冷却过程中组分迁移、晶核生长与发育、多晶体系相互耦合、矿相变换规律的研究；外场作用对矿物形成的影响及机制，人工矿物晶体结构、杂质成分、体相性质、表面原子结构与性质的研究；人工矿物表面结构表征和微区组分痕量的检测与分析；人工矿物表面活性、稳定性、吸附特性等性质的研究；人工矿物表面改性与调控等。

2. 矿物分离机制与方法

微细粒复杂矿分离过程参数的多因素耦合机制，包括研究矿物分离过程的多相界面行为，通过调控矿物的表面性质、分选介质的性质等，结合分离过程的多因素耦合作用及优化控制技术，强化矿物间的分选差异，实现不同矿物的高效分离；微细粒复杂矿分离的过程优化原理与调控机制，包括通过调控固-液、固-固界面的化学反应及质能传递行为，实现有价矿物性能调控，强化有价矿物与脉石矿物、杂质元素的分选差异，形成微细粒复杂难处理矿高效分离提取的理论及关键技术。

3. 矿物分离过程及强化

力学强化分选过程的基础科学问题研究。在物料分离过程中，物料的破碎和磨碎是选别前的准备作业。在物料分选过程中，碎、磨作业的重要意义不仅在于它占整个矿物加工过程总能耗的80%左右，而且直接影响到有用矿物和脉石矿物的解离，从而影响到目标产物的质量和回收率。现有的一些破碎理论均建立在当时的有关物质强度、结构等的基础上，目前需依据断裂力学、物质结构理论、破碎过程的模拟与仿真解决矿石破碎过程中的基础性科学问题，进而形成并发展新型高效破碎理论与技术基础。

4. 矿物分离的绿色化

微细颗粒分离界面调控和实现微细粒高效分离。基于对微细颗粒体系的物性认知，针对矿物绿色化分离过程（二次资源的高效分选、矿山固废资源综合利用及矿山废水处理及循环）中微细尺度分离的共性基础问题，建立矿物分离界面调控-过程强化方法及理论体系，实现低品质资源的高效分选。

5. 矿物材料

重要战略矿物材料资源的开发及应用。以钒、盐湖金属资源、稀土、优势非金属矿产以及铁矿资源的高效分离提取、深度加工和复合利用的一体化为目标，研究、开发新型合金材料与功能材料，实现材料性能的飞跃，满足社会及科技发展的需求。

6. 矿物分离工程科学

重点发展在线检测新原理及技术、矿物处理过程控制模型、矿物分离过程优化、矿物处理过程全流程的集成控制与优化。

5.3.2 "十三五"规划（2020年）优先发展领域

1. 工艺矿物学

矿物晶体与表面微观结构及物理化学性质研究。重点研究晶体理论模型的精修、完善，晶体点、线、面、体缺陷以及晶体结构对称性等对晶体性质的影响，晶体化学结构及化学性质的微观谱学表征；矿物新生表面原子弛豫和重构效应；矿物表面原子的电子结构及状态，晶体表面的微区检测与表征；矿物表面活性与吸附特性；矿物单体解离、镶布与嵌镶关系、赋存状态等现代矿物工艺学；矿物表面改性的基础理论；矿物学现代分析测试新方法等。

2. 矿物分离机制与方法

基于矿物-水溶液界面相互作用的浮选剂分子界面组装设计与绿色合成，包括基于矿物晶体物理化学性质和表面活性质点价键特性差异，研究浮选剂各基团结构与活性的构效关系及与矿物表面的选择性作用机制，进行新型浮选剂分子界面组装和设计，研究新型高效低毒浮选剂剂的绿色合成方法；研究多元矿物体系固-液-气三相界面作用的物理化学基础，包括微细粒氧化矿物表面力与流体动力学力的界面相互作用及氧化矿物固-液（回水）-气三相界面相互作用与浮选机制；研究复杂多元矿物体系浮选分离机制，揭示矿物间交互影响机制，强化多元矿物浮选分离效率；基于尾矿高效回收与利用的多组分特性的表面性质调节。

3. 矿物分离过程及强化

外场作用强化物质分离过程基础研究。以电磁学、机械振动学为学科基础，通过将物理场与矿物加工过程相互融合与渗透、共同作用以强化分选过程，并对外场作用强化物质分离过程进行系统的研究，揭示电脉冲、磁脉冲、微波、超声波等外场对物质分离过程强化的影响规律与机理，诸如外场强化作用过程中矿物组成、物相及结构的演变规律等，形成外场作用强化物质分离过程的理论与技术体系。

4. 矿物分离的绿色化

微细颗粒分选过程强化的能量作用机制和分离热动力学。微细尺度条件下，矿物分离体系的溶液化学环境复杂，对矿浆体系的高效分散、固-液-气的界面调控以及分离体系的能量作用机制提出了更高要求。聚焦矿物分离过程中基于胶体表面化学的颗粒间表面力作用机制及基于能量场作用下的颗粒气泡间的液膜薄化破裂机理，形成微细颗粒高效分选的流动过程强化方法。

5. 矿物材料

重要战略矿物材料资源的基础研究及应用。立足于我国资源特点及国计民生重大战略需求，优先开展特殊页岩钒资源、盐湖资源、稀土矿产资源、优势非金属矿产资源和复杂共（伴）生铁矿资源开发利用过程中的重要基础理论研究，解决当前这些资源高效开发利用过程中的理论瓶颈问题，为资源开发利用技术的突破奠定基础。同时，利用以上矿产资源为重要原料开展相关新型材料研究工作。

6. 矿物分离工程科学

重点发展在线检测新原理及技术、矿物处理过程控制模型、矿物解离过程与机制、矿物分离过程优化、矿物处理设备的模拟与控制。

5.4　冶金工程学科

5.4.1　中长期（2030 年）优先发展领域

1. 冶金物理化学

（1）大数据冶金；
（2）复杂矿高效提取和分离理论；
（3）二次资源再生及循环物理化学；
（4）冶金复杂体系物相的确定与反应机理；
（5）冶金、材料一体化过程与环境的交互作用。

2. 冶金反应工程

（1）完善和建立包括各种传输过程动力学参数的基础数据库；
（2）超重力冶金、微波冶金、加压湿法冶金等新工艺技术；
（3）金属材料制造过程的模拟与数字化；
（4）冶金新流程设计与大系统优化。

3. 钢铁冶金

（1）复杂铁矿的选冶一体化及绿色炼铁基础理论；

（2）多工艺高效融合的炼铁新流程理论；

（3）钢铁冶金洁净化理论与工艺，夹杂物形核、长大、去除和控制基础；

（4）以高锰高铝钢为代表的新一代高强度高延展性钢的冶金基础理论；

（5）特种钢制备的高效特种冶金基础；

（6）"渣-金-耐材"界面的多元多相反应及高端耐火材料开发。

4. 有色金属冶金

（1）复杂多元有色金属资源清洁提取与高效分离理论；

（2）外场或极端体系中元素深度分离富集方法与理论基础；

（3）湿法电冶金基础理论，矿浆电解及应用基础理论；

（4）新型热还原法直接制备金属及合金的新理论、新方法；

（5）离子液体及应用理论。

5. 冶金资源、能源与环境

（1）清洁能源在冶金生产中规模化应用理论与技术；

（2）工业生态链接技术和系统运行机制；

（3）大宗和战略有色金属清洁冶炼技术；

（4）物质流和能量流耦合优化及动态运行机制。

5.4.2 "十三五"规划（2020年）优先发展领域

1. 冶金物理化学

1）关键冶金热力学数据获取

针对特色及复杂矿物资源利用过程、特殊钢和高端有色金属冶金生产中出现的复杂和极端冶炼体系，利用现代实验测试技术和方法，以及理论模型计算，获取相关体系基本的热力学性质和物性数据，建立满足我国冶金工业需要的热力学数据库。

2）非平衡态热力学理论与应用

研究反应过程体系的物相平衡和热力学性质随反应进度的变化规律，渣-金间组元的热力学平衡（如碳氧浓度积）及移动变化，熔渣内物相的局部平衡和演变规律以及对脱硫、脱磷的影响，相界面受扩散作用产生的稳态近似平衡，夹杂物与钢液和熔渣的非平衡态及夹杂物的去除和变性处理。

3）冶金熔体结构

采用新的现代测试手段，研究液态金属、熔渣、熔盐和熔锍的结构，建立结构与性能的关系和理论模型，精确描述冶金熔体性质及在冶金反应过程中的变化规律。理论模型计算包括分子动力学模拟和第一性原理计算，研究体系和对象包括非均相体系（如异相质点、两相流体等）、非牛顿流体等特殊体系。

4）冶金过程物相结构演变规律

采用在线、原位试验和测试技术，结合定量结构分析的理论和技术，确定反应物质的相结构与含量以及在冶金反应过程中的物相演变规律，揭示冶金过程的反应机理和物质转换途径。为各类冶金资源的利用、能源的高效转化及过程强化提供指导。

5）低品位、复杂多金属矿产资源冶金新理论

结合我国金属矿产资源的特点，深入开展从复杂矿物原生资源到金属产品的选冶、提取分离和精炼的物理化学基础研究。提高反应选择性（选择性氧化、还原、氯化、浸出等）和收得率，减少能耗和物耗并从源头上消除污染，形成新的冶金理论和新工艺。

2. 冶金反应工程

1）宏观反应动力学

借助于最先进的原位在线观测技术及越来越精确的实验测量技术，完善化学反应及传输动力学参数的测定及典型数据库建设工作。同时，结合计算流体力学、信息科学等领域的最新科技成果，建立更高精度的宏观动力学模型，以进一步提升过程模拟与操作解析水平。

2）反应器设计与流程设计与优化

通过研究实际冶金反应器内的各种传递过程和冶金化学反应规律，模拟和解析单一和多个关联反应器的操作规律，实现冶金反应器以及系统的优化设计、比例放大，优化完善既有流程，开发新的冶金工艺流程。

3）特殊冶金与过程强化

研究外场在矿物预处理、浸出、焙烧、水溶液结晶等过程中的强化作用机制，以及外场条件下各种组元在冶炼过程中的矿相转变规律、界面迁移规律和高效分

离理论。深入开展难处理金矿生物氧化预处理–提金应用基础研究。

3. 钢铁冶金

1）低碳炼铁理论与新工艺

基于功能分解及需求优化，研究高炉炼铁工艺与 COREX-3000 熔融还原炼铁工艺两者之间的高效融合理论；基于我国特色资源高效利用的非焦冶炼新工艺基础理论；高炉低碳冶炼新技术基础理论。

2）炼铁全流程优化配矿的专家系统

针对国内外不同类型的铁矿石，全面系统研究其在烧结、球团、高炉、非高炉反应器中的工艺特性及互补、交互反应等规律，基于各工序兼顾及系统融合的理论，开发炼铁全流程优化配矿专家系统，实现铁矿石资源的高效使用。

3）新型高品质钢的热力学基础与冶金理论

研究以高锰高铝钢和稀土钢为代表的新一代高强度高延展性钢的基础热力学和冶金过程理论，实现稳定化生产。针对高端铁基合金材料的特种技术，进行基础理论、过程数值模拟仿真。

4）钢中非金属夹杂物基础理论研究

以提高金属洁净度和产品质量为目标，结合钢中多元素脱氧、渣–金反应基础理论以及数值模拟和仿真，研究钢中夹杂物的形核、长大、去除、无害化和有益化过程，以及在金属凝固前沿的行为，保证高端金属产品生产和大宗产品的低成本高效冶炼。

5）"渣–金–耐材"三元界面反应的多元、多相平衡及耦合规律

研究元素在渣–金界面及两相内的反应和传质过程，研究金属液中的第二相粒子在"渣–金–耐材"界面的行为，强化反应过程，开发新型冶炼工艺，促进高端炼钢用耐火材料的研发。

4. 有色金属冶金

1）多矿相复杂有色金属资源清洁提取与高效分离

研究多金属矿相赋存特性。包括金属矿物在提取分离过程中的热力学数据变化规律；不同温度场和气氛条件下矿相结构、界面性质及界面反应的演变规律，

以及杂质组元变化行为；高效萃取、膜分离等过程的反应机理和过程强化；金属及氧化物选择性氯化分离理论；目标金属与杂质分离的技术基础研究。

2）重金属高温富氧强化冶炼理论及装备

采用富氧熔炼、吹炼、精炼方法，开发清洁短流程重金属冶金工艺。富氧底吹熔炼、闪速熔炼处理多金属复杂物料（如铜、铅、锑等原生物料，阳极泥、城市矿山二次物料等），实现资源高效综合回收；冰铜富氧底吹连续吹炼，实现底吹连续炼铜；富氧侧吹、闪速熔炼冶炼铜、铅、锑等重金属工艺的技术升级。

3）高纯金属材料制备

研究金属材料高纯化冶金理论，采用靶向分离、分子设计、真空蒸馏、区域熔炼等方法进行元素深度富集和分离。开发高纯稀土、锌、镓、锗、铜等高纯金属制备新技术。重视精细化制备的高纯金属节约化利用、多技术组合应用，提高高纯金属利用率，以及开发高附加值特殊功能性金属产品。

4）电化学冶金理论与应用

研究离子液体或其他熔盐电解制备铝及合金的基础理论。电化学辅助浸出技术用于复杂多金属矿（如稀土矿、含钛复合矿等）的选择性分离回收利用。继续开展渣-金间可控氧流冶金新技术，以及其他相关可控电化学（测试）技术改进优化。开展清洁高效电化学短流程技术开发，包括熔盐电解直接制备功能化合金/金属碳化物复合材料粉末等；开展新型固体电解质及电池/超级电容器关键材料研发、新兴电池（如液态金属电池）的基础研究等。

5. 冶金资源、能源与环境

1）二次冶金资源利用

研究固体废弃物和二次冶金资源高效、高值化循环再利用的新概念、新方法和新工艺。重视高温冶金渣热能和资源高值化的耦合利用。电子废弃物处理过程中多金属（包括微量稀贵金属）的反应行为和分离技术。重视二次冶金资源中非金属成分的资源化利用。

2）冶金过程碳素能源转变与能量高效利用

以微观反应机理为切入点，系统研究以碳素为代表的能源在炼铁流程中的转变行为，探索其在燃烧及还原和氧化过程的关键环节，建立能源结构优化准则和调整机制，实现炼铁过程能量高效利用。

3）中低温烟气余热高效回收与利用

冶金生产过程产生的低温烟气余热资源，量多面广。但因其热负荷不稳定、烟气含尘量大、具有腐蚀性等特点，一直未充分回收利用。现阶段需要对其用于发电过程中的工质热物性和循环工质的选择，以及混合工质的流动与传热，有机工质传热强化，烟气余热按质梯级回收，系统的经济性、稳定性等进行深入系统研究。

4）冶金过程污染物的形成、输送及控制研究

研究冶金工艺中不同反应体系和条件下有害元素及污染物的生成和转化机制，以及在生产链乃至区域内输送和对大气、水环境的影响，研究污染物源头控制与治理的理论和方法，从而实现冶金工业的生态化。

5.5　材料工程学科

5.5.1　中长期（2030 年）优先发展领域

1. 粉末冶金

未来 15 年的突破点主要是发展高性能、高形状复杂度、智能化的粉末冶金材料制备的新原理、新技术。有可能形成的引领性研究方向包括：纯净/超细/球形活性金属粉末制备技术；短流程、近净成型制备新原理、新技术；多场作用下粉末冶金材料制备技术及理论；难熔金属与硬质合金材料制备技术；粉末冶金材料快速精密成型与智能控制技术及理论；粉末高温合金设计原理和制备技术。

2. 金属凝固

由于金属凝固涉及的材料种类、成型方法、制品尺寸多种多样，研究体系非常庞大。为此，一方面要加强共性基础科学问题研究，深入研究凝固过程；另一方面还要结合国家的战略需要，实现重点突破。

1）铸件、铸锭和铸坯高品质、低消耗制造技术基础

研究铸件、铸锭和铸坯不同工艺条件下凝固过程和组织形成规律，为开发高品质、低消耗制造技术奠定理论和技术基础。研究重点是铸件、铸锭和铸坯凝固组织细化和均质化的基础理论和新技术，物理外场在其凝固过程中的作用规律及关键科学问题和应用的技术瓶颈，铸造过程中的近净成型新技术，铸造及热处理一体化制造技术。

2）基于凝固新技术的新材料制备基础

发展定向凝固、快速和亚快速凝固、微重力凝固、外场下凝固、强迫孕育和调控变质凝固等新技术手段。采用这些凝固新技术进行各向异性、多孔结构、非平衡、压稳相等新材料制备，研究凝固制备过程中的成分设计和组织形成机制及演化规律、材料的特殊性能和功能调控技术。

3. 材料成型

1）材料智能化成型加工技术

材料智能化成型加工技术是一种先进的材料加工技术。它应用人工智能技术、数值模拟仿真技术和信息处理技术，以一体化设计与智能化过程控制方法取代传统材料制备与加工过程中的"试错法"设计与工艺控制方法，实现材料组织性能的精确设计与制备加工过程的精确控制，获得最佳的材料组织性能与成型加工质量，被认为是 21 世纪前期材料成型加工新技术中最富潜力的前沿研究方向。

材料智能化成型加工技术的发展目标，是实现材料生产循环的在线设计和闭环控制，即实现在线设计材料的成分、组织性能及最优的工艺参数，并自动以最优的工艺参数完成材料的成型加工过程，最终达到对产品形状尺寸、表面质量和组织性能的在线精确控制。

（1）需要解决的关键科学问题。

① 材料成型加工过程的非定常和非线性问题；

② 外场作用下的材料成型加工工艺中的科学问题；

③ 基于人工智能的过程模型建立及精确模拟仿真；

④ 材料智能化成型加工过程的多因素作用、多尺度控制理论；

⑤ 材料成型加工在线检测、决策规划及控制理论和技术；

⑥ 材料智能化成型加工的关键装备设计理论及集成方法。

（2）主要研究方向。

① 难加工金属材料智能化无约束柔性成型理论与技术；

② 高性能金属材料智能化半约束塑性成型理论与技术；

③ 先进金属材料智能化增材成型理论与技术。

2）面向全流程质量稳定控制的综合生产技术

目前钢铁工业产品质量面临的主要问题是量大面广的钢材产品质量档次低和稳定性差。为适应国家产业转型升级的需要，钢铁企业在未来较长时间内的产品结构调整任务主要是提高产品质量和稳定性。因此，有必要开展新一代的钢铁生产过程控制技术研究，解决控制系统在生产批次之间、品种规格之间的适应性问题，大幅度提高复杂工况下产品质量的控制能力和稳定性。

主要研究内容包括：

（1）基于智能建模及数据挖掘的产品质量优化及决策支持；

（2）微观组织性能在线闭环控制；

（3）生产异常检测及故障诊断等。

3）高精度、高效轧制及在线热处理成套装备技术

为适应产品质量提高、品种开发能力增强对工艺装备提出的更高要求，具有高精度轧制能力及多功能在线热处理能力的成套技术和装备就成为重要的发展方向，尤其是关键装备的国产化及产业化。

主要研究方向包括：

（1）高精度轧制和在线检测技术；

（2）高性能交直交轧机主传动技术；

（3）先进的全流程板形控制技术；

（4）新一代轧制模型控制技术；

（5）新一代控轧控冷技术；

（6）多功能柔性超高强钢冷轧板连续退火生产技术；

（7）在线热处理技术；

（8）三辊轧机/高精度棒线材定减径机组技术；

（9）无头与半无头轧制技术。

4）材料/结构一体化

瞄准航空航天、交通运输等高端装备所需的大型、复杂、轻质、多功能关键材料/构件，开展跨材料成型与构件制造学科（或学部）交叉研究，探索创新原理与方法，解决型/性协同的多尺度结构与连接界面的形成机理与多物理场作用规律等关键科学问题，满足我国重大工程与战略新兴产业持续发展对大规格材料/结构一体化的需求。

需要解决的关键科学问题：型/性协同的多尺度结构与连接界面的形成机理与多物理场作用规律。

主要研究方向包括：

（1）大型复杂结构壁板蠕变时效型/性协同的多尺度结构形成机理与多物理场作用规律；

（2）超轻质多孔结构与材料热处理状态影响抗冲击行为与吸能特性的机理；

（3）同质/异质材料性能与连接界面对混杂结构承载与吸能的影响规律与作

用机理；

　　（4）超轻质材料/结构的创新设计原理与制备方法。

4. 界面结合冶金过程

　　结合该方向的总体发展目标，其中长期优先发展领域是：连接结构完整性和寿命可控的界面结合冶金理论与技术。

　　围绕上述优先发展领域，可重点支持以下研究：

　　（1）界面结合区缺陷理论与预防技术；

　　（2）严酷条件下连接结构的寿命预测理论与方法；

　　（3）连接结构完整性理论与评定技术。

5. 表面工程

1）纳米改性中间层对新型先进材料厚涂层的影响机制

　　基于精密连接工艺的作用，以高强度金属为基体，通过研究纳米改性中间层的设计与影响机制，开展微纳米化表面活性处理，在外加复合能场的作用下，实现基体与高耐磨的增韧陶瓷等新型先进材料厚涂层牢固的精密连接。具体研究包括：纳米改性中间层的设计与影响，改善陶瓷与金属基体的润湿性的表面活性处理，外加能量多场耦合作用下的陶瓷与金属的精密连接，多能量场耦合作用的表面熔敷层质量调控机理，轻合金材料的激光-电弧复合热源高效堆焊机理等。

2）多能量场耦合作用下金属玻璃材料动态沉积成层组织演化研究

　　针对航空航天与武器装备战略产业用高性能大型复杂轻合金构件高完整性成型和高性能成型的科学难题，结合我国航空航天领域战略发展对轻质高强、高可靠性和功能高效化本体结构的紧迫需求，主要研究基于服役环境效应的高非晶含量铝基金属玻璃覆层、多组元微合金化高熵合金覆层、异质界面新型钛铝基覆层设计、载能束与沉积成型材料间的交互作用行为、载能束诱发沉积成型材料组态演化机制等，为新型超轻结构综合防护提供基础支撑。

3）新一代涂层的高强度结合机理及其制备技术

　　采用模拟仿真和聚焦离子束扫描电镜微观观察技术相结合，研究分析粉末粒子碰撞过程中能量分配和转移过程，阐明粒子共沉积行为；分析粒子有效塑性分布和界面微区温度演化；研究涂层内三类界面的相组分、结合方式、结合率等粒子微观中间参量，建立中间参量与结合强度之间的力学模型；归纳总结复合涂层的设计准则；发展制备高结合强度涂层的技术和装备。

4）"空天海"极端环境下光学元件的多功能保护涂层的研发

研究涂层材料的关键光学性质（透射、反射或吸收）在极端环境下的退变过程和机理；通过理论计算与实验相结合的方式，理解结构对关键光学性质的影响规律与物理机制；研究设计和制备新型纳米结构的复合涂层，实现关键光学性质与其他性能（耐磨耐蚀、抗粒子撞击、抗辐射、防污染等）的集成；利用物理气相沉积（PVD）技术制备"智能"涂层，将其应用于极端环境下光学元件的损伤防护。

5.5.2 "十三五"规划（2020年）优先发展领域

1. 粉末冶金

1）多场作用下高性能粉末冶金材料制备及其近净成型技术

（1）科学意义和国家需求。

高性能粉末冶金材料，如高强韧钢铁合金、高强低模医用钛合金、高性能硬质合金等，广泛应用于航空、航天、机械、国防装备和医疗等领域。同时，汽车工业、制造业、建筑业、化工和国防等工业的高速发展对高性能粉末冶金材料的需求量也逐年增长。粉末冶金近净成型技术顺应了粉末冶金工业高效、优质、低能耗、低成本发展趋势。因此，开展多场作用下高性能粉末冶金材料制备及其近净成型技术方面的基础研究，对开发高端粉末冶金材料，提升粉末冶金工业整体水平有重要的促进作用。

（2）发展态势和我国优势。

粉末冶金技术能够制造出传统熔铸等成型方法所不能制得的具有独特结构和性能的材料和零件。近十几年来，粉末成型新方法的研究受到高度重视，如：温度场和应力场作用下的温压成型方法、强磁场和应力场作用下的动磁压制成型方法，以及强电、力、温度三场作用下的放电等离子烧结成型方法等。开展了精密成型、微细成型、快速成型等新理论、新技术的研发，包括温压成型、喷射沉积、注射成型、高速压制等。此外，高性能材料制备与零件成型一体化的新理论、新工艺探索，实现粉末冶金产品的高性能、低成本和短流程制造成为粉末冶金领域的重要发展趋势。特别是近年来提出的外加电场、磁场、温度场、应力场等多场作用下的粉末成型烧结法，可有效利用多个物理场的作用，实现粉体的高效成型固结，通过控制晶体相的形核和长大过程（晶体相的种类、尺度、形态和分布），有效抑制晶粒生长，从而制备出细晶化、等轴晶化、晶粒多尺度化、结构复合化的高性能超细晶粉末冶金材料。为深入研究材料的结构性能关系这一课题提供了新方法。

我国粉末冶金具有以下优势：先进的粉末冶金成型技术研究，如温压成型、喷射沉积、注射成型、高速压制等都取得了重要成果，电、热、力三场作用下的粉末成型领域的研究始于 21 世纪初，在成型工艺与材料组织、性能之间规律的研究方面具有了较好的基础，在技术开发和装备制造方面也取得了重要进展。

（3）发展目标。

围绕制约高性能粉末冶金材料及其零件成型技术发展的瓶颈，以多场作用下的粉末成型烧结基础理论为切入点，结合材料成分设计与优化，通过解决高性能粉末冶金材料及其零件制备过程中的关键科学问题，建立多场作用下的粉末成型与烧结技术及相应装备的设计制造技术，形成多场作用下的粉末冶金零件制备关键技术，为满足国家急需，制备出高性能粉末冶金零件提供技术支撑。同时，造就一批在粉末冶金领域具有国际影响力的优秀科学家和创新团队；提升我国在粉末冶金领域的国际影响力和自主创新能力，为粉末冶金工业的可持续发展奠定坚实的科学基础。

（4）关键科学问题与主要研究方向。

涉及的关键科学问题有：多场作用下非晶/纳米晶粉末制备、组织和性能评价的基础理论，多场作用下高性能粉末冶金材料制备、组织和性能评价的基础理论，多场作用下高性能粉末冶金零件的近净成型技术基础研究，多场作用下粉末近净成型装备设计、模拟、制造的基础理论等。

2）先进粉末冶金材料近净成型制备技术及超精细结构控制

粉末冶金材料在航空航天、能源交通、工业装备、信息产业等领域发挥着不可替代的作用。随着国防军工和国民经济的发展，对高性能先进粉末冶金材料（难熔金属、硬质合金、高温合金、轻质金属、弥散强化铁基和铜基材料等）的需求不断增加。汽车、航空航天器等领域的发展为高温合金、高性能铁铜基粉末冶金材料的应用及整机轻量化的发展为铝、镁、钛等轻金属材料的应用提供了广阔的空间。制造业和石油矿产开采业的发展对加工工具的性能提出了更高的要求，需要大量的超细晶（或纳米平均晶粒度≤0.2μm）和超粗晶（平均晶粒度≥6μm）及涂层硬质合金材料。亚微米、纳米晶等超微细结构材料具有优异的力学性能和一些特异的物理化学性质，但普遍存在的块体材料尺寸过小，难以满足高端应用的要求，常规固结工艺难以控制粉末中晶粒的快速长大等问题，目前已经成为制约其发展和应用的主要问题。超精细结构的设计和制备过程中精细结构的控制是高性能先进粉末冶金材料制备的关键。

另外，难熔金属、高温合金等材料温塑性差、加工成型困难，传统的粉末压制-烧结，以及冷、热机械加工技术，原材料浪费大，加工周期长，产品尺寸精度不高，难以成型三维结构复杂的零件。一些薄壁、微型、三维结构复杂的零件也难以采用传统机械加工的方法制备，需要开发这些先进粉末冶金材料的近净成型制备技术。

我国在粉末注射成型、激光或电子束快速成型等近净成型制备技术方面处于世界先进水平。随着 3D 打印、粉末微注射成型等技术的迅速发展，以及具有精细结构的粉末冶金材料应用的拓展，迫切需要研究这些具有精细结构的先进粉末冶金材料近净成型制备和材料精细结构调控技术。

"十三五"期间，将重点支持超精细结构粉末冶金材料的近净成型制备技术及超精细结构控制，力争使我国在精细结构轻质（Ti、Al、Mg）和难熔金属（W、Mo、Nb、Ta）粉末冶金材料及复合材料、特种结构金属陶瓷（超细晶、超粗晶材料等）方向的研究占有国际领先地位，缩小铁铜基材料及制品与国际先进水平的差距。

该领域的关键科学问题：新型成分和结构设计原理，近净成型制备过程粉末与成型剂的相互作用规律，固结过程超精细结构演变规律与控制原理。

该领域支持的主要研究方向：含亚稳相的多元多相粉末冶金材料成分和结构设计理论；超精细结构多相粉末的制备和成型的新原理、新方法；粉末冶金近净成型和烧结过程超精细结构演变规律与控制方法。

2. 金属凝固

1）低消耗热制造

金属材料热加工是材料和能源的高消耗过程。对于要经过铸造、锻造、热处理多环节加工过程的最终构件，热加工的材料消耗和能源消耗占总消耗的80%以上。中国在材料热加工过程的资源消耗比发达国家高20%以上，发展铸、锻和热处理综合协同的热加工制造流程，对于降低材料和能源消耗具有重要意义。

基于产品最终性能的热加工综合协同的热制造是降低热加工消耗的重要方面。传统热加工注重单个环节的提升，但单个热加工环节的最优化并不能保证最终产品的最优化。因此，引入制造的理念，以最终产品最优化和资源消耗最低化为目标，综合协同热加工各环节，使其达到综合最优化是现代热加工的必由之路。

为此，需要在以下几个方向上布局研究：

（1）热加工材料基因表达与演变；

（2）材料非均匀性与变形和固态相变；

（3）外场在热加工全流程中的作用及其协同。

2）发展基于 3D 打印和绿色再制造的均匀尺度特种金属粉末的制备

我国在 3D 打印领域起步较晚，但近年来已经引起国家和社会的广泛关注，发展较快。开发用于 3D 打印的特种均匀金属粉末，将大大推动该领域的发展。该领域的关键科学问题是均匀尺度条件下金属微滴组织调控的机制。主要研究方向为宽温度范围、宽尺度范围均匀金属液滴的制备技术及组织调控。

3）液态金属近净成型的技术基础

集成化、整体化、轻量化、精密化是现代航空航天、高速铁路、汽车、输变电设备等工业领域对铸件铸造技术的发展提出的新目标。将复杂结构设计为一个整体零件一次成型制造，只有通过铸造方法才能实现。凝固相关的铸造组织（相组成、晶粒尺寸和形貌等）及铸造缺陷（缩松、缩孔、应力、裂纹等）问题更加突出。实现复杂结构件精确成型，并实现组织、结构与性能优化的协调控制成为工业技术领域的新课题。

4）极端条件多场耦合作用下的凝固组织与过程控制

利用电场、磁场等物理场量、微重力、超重力以及高能束流进行凝固过程的控制成为获得非常规组织性能材料的有效手段。将电场、磁场引入到凝固过程的控制中，可利用电磁力、电迁移效应、电热效应等改变凝固过程的传热传质条件，实现凝固过程的控制。恒定的电磁场可以抑制自然对流，而交变磁场可以施加强制对流。对这两种电磁场的合理利用可有效地进行凝固过程、组织和成分偏析的控制。高能束流不仅可以控制凝固过程的多层次输运，强化凝固约束条件，而且能够改变熔体结构与凝固特性。因此，揭示电磁场及高能束作用下多元多相合金凝固组织的演变规律，成为发展凝固技术的新方向。

3. 材料成型

1）材料短流程近终型高效成型理论与技术

随着经济的发展和世界资源、能源的日趋紧张，可持续发展战略与环境保护已受到各国的普遍重视。材料的成型加工是能源、资源消耗的大户，其产品的成型加工过程、使用与回收再利用对环境有重大的影响。因此，以下几个方面已成为材料成型加工技术的主要发展方向：

（1）打破传统的材料成型加工模式，缩短生产工艺流程，简化工艺环节，以实现近终型、短流程的连续化生产，提高生产效率；

（2）发展先进的成型加工一体化的短流程成型加工技术，实现组织与性能的精确控制，以提高传统材料的使用性能，或改善难加工材料的加工性能，开发高附加值材料；

（3）发展材料设计、成型与加工一体化技术，实现先进材料与零部件的高效率、近终型、短流程成型。

近年来，短流程、近终型、高效率、高性能等材料成型加工新技术与新工艺受到美国、日本、英国等工业发达国家乃至世界各国材料科学与工程界的高度重视，成为了研究开发的热点之一，得到较快发展。《我国中长期科学和技术发展规划纲要》的多个重大专项都涉及材料的成型加工问题，其中短流程、近终形成型加工是重点发展方向。

需要解决的关键科学问题包括：

（1）成型加工过程的流变塑变、相变与界面耦合作用规律与控制理论；

（2）成型加工全过程的组织形成、演化与遗传特征及其控制理论；

（3）成型加工中组织-性能-构形的一体化控制理论与技术。

主要研究方向包括：

（1）金属材料控制凝固及控温铸型连铸新原理与技术；

（2）金属材料控制成型及半约束塑性成型理论与新方法；

（3）材料成型加工新理论与新技术、新工艺。

2）大规格高性能材料均质制备

建立适应中国有色金属材料加工实际情况的大规格、高性能材料均质制备全过程的铸锭均质化、变形与热处理组织均匀化、残余应力极小化的系统原理与方法，形成成分与制备多场对组织性能均匀性、残余应力极小化的作用规律与机理的理论体系，在大规格、高性能材料均匀制备的基础理论研究方面满足国家重大工程的紧迫需求。

需要解决的关键科学问题：成分与制备多场对组织性能均匀性、残余应力极小化的作用规律与机理。

主要研究方向包括：

（1）铸锭组织与成分宏/细观不均匀性与内应力的形成规律与机理；

（2）大幅度改变传统轧制、锻造、挤压等加工方式的应力-应变场、温度场均匀性，促进变形组织宏/细观均匀性的成型加工创新方法；

（3）高性能、大规格合金材料热处理过程中温度场、应力场及多相组织对过饱和固溶体时效析出行为的影响规律及非均匀作用机理；

（4）淬透层深度与淬火残余应力的相互影响规律与机理，创新残余应力极小的调控、表征原理与方法；

（5）大规格材料成型全过程的多尺度结构、内应力非均匀形成与演变的跨尺度模拟、仿真与表征。

4. 界面结合冶金过程

优先发展领域是：组织和性能可控的界面结合冶金理论与技术。

围绕上述优先领域，可重点支持以下研究：

（1）界面连接材料的微合金化理论与技术；

（2）界面结合区组织和性能调控理论与技术；

（3）复杂能场下的界面结合冶金理论。

5. 表面工程

1）多功能复合智能结构涂层设计和制备成型一体化技术

研究包括 800℃ 以上抗高温氧化、高硬高韧、抗冲刷与钛合金基材结合优异的纳米结构涂层；新型耐盐雾和海水腐蚀、优异的热稳定性、抗磨损、高温下超硬高韧的压气机叶片纳米结构保护涂层；微细晶粒结构涂层复合制备；金属基复合材料的扩散障涂层设计和制备；新一代超音速火焰喷涂涂层；新一代热障涂层的设计和制备；适用于管材内壁涂敷的 PVD 技术等研究。

2）等离子喷涂-物理气相沉积（PS-PVD）技术的研究和开发

重点实现形状复杂、多联涡轮叶片高性能涂层的高效均匀沉积；满足固体氧化物燃料电池、光催化、热电转换等器件的不同功能膜对涂层结构的特殊要求，实现功能膜层组件的一体化制备。

6. 多外场冶金材料制备工程的科学基础

1）多场作用下粉末冶金材料近净成型制备技术

粉末冶金近净成型技术具有高效、优质、低能耗、低成本等优势。近年来提出的在外加电场、磁场、温度场、应力场等多场作用下的粉末成型烧结方法，可有效利用多个外场作用实现粉体的高效成型固结，通过控制晶体相的形核和长大过程，制备出细晶化、等轴晶化、晶粒多尺度化、结构复合化的高性能粉末冶金材料，对开发高端粉末冶金产品、提升粉末冶金工业整体水平具有重要作用。

关键科学问题和主要研究方向：多场作用下粉末冶金材料制备、组织和性能评价的基础理论；多场作用下粉末冶金零件的近净成型技术基础研究；多场作用下粉末近净成型装备设计、模拟、制造的基础研究等。

2）基于凝固新技术的新材料制备基础

发展定向凝固、快速和亚快速凝固、微重力凝固、外场下凝固、强迫孕育和调控变质凝固等凝固新技术，制备具有特殊性能和功能的新型材料。研究凝固制备过程中的成分设计、凝固组织形成机制和演化规律、特殊性能和功能调控技术，建立凝固制备过程中成分、组织和性能的关系，丰富凝固理论和发展凝固制备新技术。

关键科学问题和主要研究方向：凝固组织细化和均质化基础理论和新技术；物理外场在凝固过程中的作用规律和应用技术瓶颈；铸造过程中的近净成型新技术；铸造及热处理一体化制造技术等。

3）材料短流程近终型成型理论与技术

近年来，短流程、近终形、高效率、高性能等材料成型加工新技术、新工艺受到世界各国材料科学与工程界的高度重视，并得到较快发展。打破传统的材料成形加工模式，缩短生产工艺流程，提高连续化生产效率。发展先进的成型加工工艺，实现组织与性能的精确控制，以提高传统材料的使用性能，或改善难加工材料的加工性能，开发高附加值材料。发展先进的材料设计、成型与加工一体化技术，实现材料与零部件的高效率、近终型、短流程成型。

关键科学问题和主要研究方向：成型加工过程的流变塑变、相变与界面耦合作用规律与控制理论；成型加工全过程的组织形成、演化与遗传特征及其控制理论；成型加工中组织-性能-构形的一体化控制理论与技术；高性能大规格合金材料多场作用下时效析出行为，成型全过程的多尺度结构、内应力非均匀形成与演变的研究等。

4）界面结合区组织和性能调控理论与技术

材料界面结合区域的组织和性能发生变化，对结构的整体性能和服役可靠性产生重要影响。界面结合冶金过程是研究热、力、电、光、声、化学等多种能量单独作用或复合作用下，实现金属本身及其与其他材料间同质或异质界面结合的原理、界面连接材料与技术、连接结构性能和寿命的新型工程学科方向。通过对界面结合冶金过程中新型连接材料、界面结合机理、界面结合冶金过程与外加能场作用、界面区组织性能退化与严酷服役条件的相关性研究等，建立组织性能可控的界面结合冶金理论和高效结合技术，以及连接结构寿命预测和结构完整性评定理论基础。

关键科学问题和主要研究方向：界面连接材料的微合金化强化原理；极端非平衡条件下界面结合冶金过程的热力学与动力学；界面结合冶金过程中的缺陷萌

生及演变理论；复杂能场下的界面结合冶金理论；严酷条件下结合界面的寿命表达方法与评定理论等。

5）多能量场耦合作用下金属玻璃材料动态沉积成层组织演化研究

针对航空航天与武器装备战略产业用大型复杂轻合金构件高完整性成型和高性能成型的科学难题，结合我国航空航天领域战略发展对轻质高强、高可靠性和功能高效化本体结构的紧迫需求，主要研究基于服役环境效应的高非晶含量铝基金属玻璃覆层、多组元微合金化高熵合金覆层、异质界面新型钛铝基覆层设计、载能束与沉积成型材料间的交互作用行为、载能束诱发沉积成型材料组态演化机制等，为新型超轻结构综合防护提供基础支撑。

关键科学问题和主要研究方向：外加能量多场耦合作用下的纳米改性中间层的设计制备与精密连接；改善覆层与基体的润湿性的表面活性处理；外加能量多场耦合作用下的精密连接；多能量场耦合作用的表面熔敷层质量调控机理；轻合金材料的激光-电弧复合热源高效堆焊机理等。

7. 资源高效利用材料冶金过程科学基础

1）资源高效利用高性能粉末冶金材料制备

国防军工、航空航天、制造业和石油矿产开采业等的发展，对难熔金属、硬质合金、高温合金、轻质金属、弥散强化铁基和铜基材料等高性能粉末冶金材料的需求不断增加。迫切需要研究这些先进粉末冶金材料的制备和结构性能调控技术，从而实现我国优势资源的高效利用。同时，研究稀缺金属资源循环中组元高效分离新技术原理，开发稀缺金属资源的高效高附加值利用技术。

关键科学问题和主要研究方向：轻质金属（Ti、Al、Mg 等）、难熔金属（W、Mo、Nb、Ta 等）、特种结构硬质合金（超细晶、纳米晶、超粗晶以及梯度合金等）、复合材料、金属陶瓷、铁铜基材料等新型成分和结构设计原理与制备技术；多元多相先进粉末材料制备和成型新方法；粉末冶金烧结过程超精细结构演变规律与控制机理等。

2）高品质、低消耗凝固制造技术基础

对于要经过铸造、锻造、热处理等多环节加工的最终构件，热加工过程的材料消耗和能源消耗占总消耗的 80% 以上。我国在材料热加工过程的资源消耗比发达国家高 20% 以上，发展铸、锻和热处理综合协同的热加工制造流程，对于降低材料和能源消耗具有重要意义。基于产品最终性能的热加工综合协同的热制造是降低热加工消耗的重要方面。因此，引入制造的理念，以最终产品最优化和资源

消耗最低化为目标，综合协同热加工各环节，使其达到综合最优化。

关键科学问题和主要研究方向：热加工材料基因表达与演变；材料非均匀性与变形和固态相变；外场在热加工全流程中的作用及其协同研究等。

3）高品质钢铁材料复合轧制加工技术

复合材料是一种节材、节能、节约资源的绿色材料，对于重大工程建设节约成本，提高材料利用效率有重要意义。国外正朝高强、高耐蚀、轻量化、高效率、低成本复合方向发展。我国金属复合方法还集中在机械、爆炸、爆炸/轧制等传统复合方法，生产效率低、品种少、质量差。研究与开发高效率、全轧制复合、高界面强度、特殊用途的层状与同轴复合材料产品，并得到工程应用。

需要解决的关键技术：

（1）层状与同轴复合的材料设计及高效率组坯技术；

（2）复合界面相变与组织控制技术；

（3）界面扩散阻隔材料设计与性能控制技术；

（4）特殊用途金属间化合物轧制复合与热处理制备技术；

（5）全轧制过程协调变形与控制技术；

（6）层状与同轴复合材料的冷成型技术。

针对普钢及特殊钢的高端产品要加快升级、降低成本，开发关键品种生产技术，尤其是新兴产业关键品种的生产技术。提高量大面广钢材产品的质量、档次和稳定性是产品升级的重中之重，应全面提高钢铁产品性能和实物质量，加快标准升级，有效降低生产成本，实现减量化生产。鼓励有实力的钢铁企业开发高端钢材品种，同时防止高档产品同质化发展。

主要研究方向包括：

（1）低成本、高性能微合金化技术；

（2）组织和性能精确控制技术；

（3）表面质量控制技术；

（4）细晶化和均质化技术；

（5）特种成型技术；

（6）精准热处理技术；

（7）大型锻件生产技术；

（8）特种钢板热处理技术；

（9）高等级特钢型材、不锈钢无缝管、高质量合金钢等生产技术。

4）高性能基础结构材料界面结合冶金理论与技术

以钢铁为代表的黑色金属和以铝、镁、钛为代表的轻质有色金属是国民经济、国防工业、科学技术发展中重要的基础结构材料。针对这些材料的界面结合冶金过程的研究是工业发达国家的重点研究领域。目前我国是世界钢铁生产大国，但主要是低端钢铁产品的生产，在超细晶粒钢、超高强度钢、耐候钢、耐热钢等生产和研究方面与国际先进水平相比还有较大差距，缺乏对高端钢材界面结合冶金过程基础理论、连接材料设计、高效连接方法、结构完整性和寿命评定理论与方法等的深入研究。对以铝、镁、钛为代表的轻质有色金属材料，需要掌握轻质金属材料界面结合冶金过程的基础理论，实现轻质金属材料高效、可靠的界面结合和界面连接结构的长周期安全服役。

关键科学问题和主要研究方向：界面连接材料的微合金化理论与技术；界面结合区缺陷理论与预防技术；界面结合区性能退化规律；严酷条件下连接结构的寿命预测理论与方法；连接结构完整性理论与评定技术等。

5）多功能复合智能结构涂层设计和制备成型一体化技术

研究包括 800℃ 以上抗高温氧化、高硬高韧、抗冲刷与钛合金基材结合优异的纳米结构涂层；新型耐盐雾和海水腐蚀、优异的热稳定性、抗磨损、高温下超硬高韧的压气机叶片纳米结构保护涂层；微细晶粒结构涂层复合制备；金属基复合材料的扩散障涂层设计和制备；新一代超音速火焰喷涂涂层；新一代热障涂层的设计和制备；适用于管材内壁涂敷的 PVD 技术等研究。

关键科学问题和主要研究方向：极端环境下涂层材料损伤规律与纳米结构薄膜的自适应和失效行为表征；极端环境下多性能"智能防护"集成涂层的结构设计与制备优化；多载能束复合热源作用下熔敷成型层微观组织结构的演变规律及残余应力的影响规律；智能纳米结构膜层/涂层与服役环境的自适应和失效行为的表征和机理研究；异质界面成型层性能反演设计与结构组织演化规律等。

5.6　安全工程学科

5.6.1　中长期（2030 年）优先发展领域

1. 安全科学核心基础理论

安全科学是研究减少或减弱生产和生活中危险、有害因素对人身安全、设备设施、环境社会等的不利影响而建立起来的知识体系，为揭示安全问题的客观规律提供理论与应用技术基础。优先发展领域包括以下几个方面。

1）安全科学与工程核心理论体系研究

研究安全科学自身以及安全科学同经济、社会相互关系的客观运动规律，以及如何利用这种客观规律促进安全科学、安全工程与经济、社会协调发展的应用原理、原则和方法。主要包括安全科学、安全工程学、安全行为学、安全法学、安全经济学等，形成完善的安全科学与工程学科理论体系。

2）现代事故致因理论研究

研究能反映生产安全系统安全结构形态产生、演化共性规律，且能进行其危险度预测、控制的安全结构理论；研究现代控制理论状态空间和生产安全事件、安全信息和生产活动三因素空间映射分析方法，揭示典型行业的生产安全结构系统演化致灾共性规律和事故预测、控制机制；发展新的事故致因理论，揭示事故风险孕育和演化规律。

3）优先发展灾害智能监测、预测、应急和事故救援技术基础研究

研究致灾关键因素的可测理化参数和致灾指标、智能传感技术基础；研究复杂系统信息获取及大数据处理与分析方法，建立非线性系统科学基础理论及基于人工智能的安全预测理论及预测模型；研究遇险遇难人员定位与搜救、事故处置实时监控及信息传输技术基础；研究重大灾害事故的应急救灾辅助决策系统，开发救援指挥辅助决策系统；重点对矿山救援生命监测、快速救援技术和装备进行研发。

4）重大自然灾害及灾害链的孕灾环境、形成机理和演变规律，多灾种耦合作用成灾机理

重点研究地震、地质、气象、海洋等重大突发性自然灾害及灾害链的形成机理，提高预测预报科技水平；搭建自然灾害信息共享平台，推进自然灾害研究全球化进程的基础理论；利用计算机、遥感技术和地理信息系统技术等现代化手段，建设灾害预测预警系统，实现实时监测、科学预警的基础理论研究。

5）高危行业事故灾害成灾机制及防治技术原理

研究矿山、石化、能源等高危行业的事故、灾害的成灾机制及防治技术原理。研究矿井瓦斯、火灾、热害、水灾、井喷和尾矿库致灾理论及防控方法；不同尺度下的煤自燃机理、石油和天然气等常规能源的火灾爆炸动力学机理；氢爆炸突变的动力学机制及其抑制方法、动力电池的热失控机制和防控方法基础；低渗透、非常规、深层、深水等难动用剩余油气资源开发过程中异常工况与装备故障机理，以及安全监测与智能诊断、风险控制基础理论等。

6）城镇地区公共安全基础理论与方法

研究城镇地区安全系统规划技术与方法，建设工程与设施安全保障技术，恐怖灾害风险评价理论与方法，监测、监控和预警技术，重要基础设施（主要为生命线系统网络、道路交通运输系统网络）脆弱性评估方法与理论，安全应急综合协同体系，安全社区理论等，为促进我国城镇化进程中的安全保障提供理论支持。

2. 安全监测、探测、预测、预警和应急关键技术

研究事故风险关键因素的可测理化参数和致灾指标、智能传感技术、复杂系统信息获取、非线性系统科学基础理论等；研究重大突发事件应急响应及处置技术，构建重大突发事件应急资源管理系统和应急响应辅助决策系统。

主要研究内容包括以下几个方面。

1）安全监测与探测智能传感技术

结合微电子技术，通过软件技术实现高精度的信息采集，具有一定的编程自动化能力，功能多样化。

2）大数据处理分析与仿真技术

采用传感技术，收集海量的安全监测数据，形成完备的监测数据仓库，运用数据挖掘等技术进行数据的分析和处理；采用现代数字模拟和虚拟现实技术，开展复杂多变环境下的信息分析和灾害重现研究，实现主要灾害的智能诊断和仿真模拟。提高安全监测精度。

3）融合安全评价的专家预警系统

在安全监测的基础上，构建安全评价专家系统，辅助智能决策，为应急提供决策依据。建立极端条件下工程装备早期/隐含故障与生产过程异常工况的安全监测与智能诊断、预警技术基础。构建基于人工智能、网络技术的重大事故预警信息编码技术、预警信息发布的技术标准，形成互联互通和信息共享的重大事故预警信息系统。

4）灾害应急救援技术

根据重大突发事件发生发展呈现的力学、理化特性，研究遇险遇难人员生命探测、定位与搜救、信息传输、安全避险、事故处置、实时监控技术及装备。

5）突发事件灾后恢复与重建关键技术

研究包括灾后公共卫生与社会管理系统快速修复理论与方法，灾害影响与损失快速评估方法与技术，灾后恢复重建动态监测与效果评估方法，以及基础设施、生态环境、生命线与生产线的恢复与重建技术等。

3. 系统风险评价技术

研究生产和社会系统的风险分析、评价和管理，主要包括以下几个方面。

1）综合风险评价指标体系

研究系统危害和危险因素识别、事故灾害后果评价，以及系统各类风险在不同时空尺度的内在联系、耦合机理和演化特性，建立综合风险评价指标体系，建立单项和综合风险的定量评价方法。

2）安全系统控制技术

研究生产和社会系统的控制理论，研究扰动起源论、轨迹交叉论、变化论、耗散结构理论、协同理论、突变理论等的创新应用，并发展安全系统控制技术。

3）系统安全防护技术

研究系统安全防护层理论、系统安全性能化设计理论、系统安全脆弱性分析方法以及系统事故防范技术。

4）系统信息技术

研究复杂系统的信息获取技术以及上、下级之间的信息流，人机系统的信息流，环境的信息流，致灾源和危险源信息流等，建立现代化的安全信息管理体系和系统。

5）安全系统管理方法研究

开展安全系统管理原则与原理研究、新型安全系统管理体系的研究与建设，以及国家政策与安全生产、安全生产投入与产出的基本规律，政府、企业安全生产管理的基本原理和规律等。

4. 高危行业重大事故防控技术

1）矿山事故防控机理与主要灾害治理技术

研究煤矿瓦斯动力灾害综合防治技术；矿井水害防治方法与技术；智能机器

人应用于矿山安全监控与预警技术；煤矿煤自燃与瓦斯爆炸耦合灾害理论与控制技术；煤矿安全物联网技术与预警技术；煤矿事故应急救援红外图像监测技术；矿山安全避险、应急救援关键技术；矿山安全监控与预警智能机器应用技术；矿山尾矿灾害形成机理及预防基础理论与方法；矿山工程地质灾害监测与预警技术。

2）石油化工事故防控机理与主要灾害治理技术

开展石油化工工业生产中在线安全监测与检测技术、故障诊断与预警技术研究；开展石油开采中诱发的火灾、爆炸及毒物泄漏监测及控制技术研究，石油、天然气城市地下管道的无开挖安全监测、在线损伤识别、模型修正、健康诊断监测技术研究；石油开采中诱发的火灾、爆炸及毒物泄漏监测与控制技术研究；事故灾害反演技术研究。研究石油和天然气、氢能、大型锂系动力电池等新能源火灾爆炸灾害的防控技术；动力电池的热失控机制和火灾安全评价技术；低渗透、非常规、深层、深水等难动用剩余油气资源开发过程中异常工况与装备故障的大数据侦测、预警与风险感知技术。

3）建筑消防行业事故机理与主要灾害防控技术

发展多技术协同的城市主要灾害（火灾、爆炸等）防控技术；发展建筑结构失效评价与防护的技术方法、火灾等灾害环境下城市建筑（地下工程）的关键节点和结构的失效预测模型与防护技术；发展基于疏散路径保护与多信息智能诱导耦合的人群疏散与动态优化疏导技术。

4）城市火灾、爆炸等主要灾害防控技术

研究城市区域火灾等主要灾害的风险分析方法，基于城市区域灾害风险和物联网技术，综合优化灾害防控技术、装备和应急救援力量（如城市消防站等），建立城市灾害防控网络体系。

5. 职业安全健康

完善职业安全健康相关法律法规规章体系及科学合理的政策评估指标体系；建立符合国情的、针对不同行业特点、不同规模用人单位的职业健康管理体系；建立符合实际生产情况的毒理学计算参数和参数数据库，结合法规和标准的需求，提出安全健康领域风险预警和风险管理的分级策略；建立粉尘（纳米级）危害、化学品危害、有害物理因素的评价体系；开展职业工效学、个体防护、女工劳动保护等的研究；职业病监测、健康风险评估及预警系统评估等。

5.6.2 "十三五"规划（2020年）优先发展领域

优先开展安全科学与工程学科体系建设、灾害事故演化机理与安全应对机理及防控技术等研究，包括以下内容。

1. 安全科学与工程学科体系研究

研究和健全安全科学与工程学科体系、知识结构、人才培养方案，满足我国社会、经济发展对安全科学与工程人才的需求。

2. 多灾种耦合灾害动力学演化机制、预测理论及方法

研究灾害事故建模理论、模拟方法与动态仿真技术；研究灾害事故固有规律、随机因素和人为干预的相互作用及影响机理；研究次生衍生灾害事故与事件链动力学演化规律。基于确定性与随机性双重性规律的、现场监测探测数据的灾害事故预测理论，研究不同尺度灾害事故及大数据精细预测基础理论方法和技术；基于监测探测和模拟预测的预警分级理论。

3. 全过程事故情景分析、风险评估与综合研判理论及方法

研究灾害事故全过程情景分析理论与方法，综合考虑突发事件基于情景分析的多维度风险评估理论及方法，基于事件链演化规律和多灾种耦合的风险评估原理与方法。复杂条件下的应急决策生成、动态调整理论及方法，突发事件应急综合研判理论及方法，基于多主体理论的多部门配合与冲突解决机制，信息不对等和不确定性条件对各层面功能的影响机理，部分功能破缺情况下的区域自组织与功能恢复机制，多渠道多向交叉应急信息流的分解与反馈机制。

4. 城市公共安全监测探测与应对技术原理与基础

主要研究灾害事故环境下传感器数据采集及空间定位技术原理，多传感器件协同和多传感信息融合的理论和方法，大数据挖掘与分析理论与方法，不完备信息的融合建模与信息处理方法，灾害事故典型特征参数监测探测技术原理，公共安全物联网基础理论，互联网公共安全信息搜集、自动分类和识别方法，网络信息传播、信息阻断和消除方法。开放式应急系统设计理论及方法，应急系统的原型设计理论，综合应急系统的设计程式化与标准化，灾害事故应对技术基础、技术装备设计原理。

5. 灾害事故条件下生命安全保障技术基础

研究典型灾害事故环境下人体生理损伤机理，多灾害参数耦合条件下人体生

理反馈原理，基于人体工效学的极端条件下人体防护技术基础，复杂灾害条件下生命探测和人员搜救技术基础、技术装备设计原理。灾害事故条件下个体和群体心理行为规律，人员行为对灾害事故演化的影响机理，灾害事故环境下人员疏散规律、疏导技术基础，避难空间优化配置原理，应急资源需求预测与优化配置方法，应急救援力量的优化调度原理，路径规划动态决策理论和方法。

6. 高危行业事故灾害成灾机制及防治原理及方法

研究矿山、石化、能源等高危行业的事故、灾害的成灾机制及防治原理；研究矿井瓦斯、火灾、热害、水灾、井喷和尾矿库致灾理论及防控方法；不同尺度下的煤自燃机理、石油和天然气等常规能源的火灾爆炸动力学机理；氢爆炸突变的动力学机制及其抑制方法、动力电池的热失控机制和防控方法基础；低渗透、非常规、深层、深水等难动用剩余油气资源开发过程中异常工况与装备故障的大数据侦测、诊断、预警与风险感知理论基础与关键技术等。

7. 城市火灾、爆炸等主要灾害防控原理及技术

研究城市区域火灾爆炸等主要灾害的动力学机制及风险分析方法，基于城市区域灾害风险和物联网技术，综合优化灾害防控技术、装备和应急救援力量（如城市消防站等），建立城市灾害防控网络体系。

第6章 政策措施

6.1 人才队伍建设

6.1.1 创造宽松自由的科研环境，形成和谐诚实的科学文化

将国家自然科学基金发展战略的源头创新类的研究项目系列、科技人才类的人才培养系列、创新环境类的科研环境建设等方面有机融合、相辅相成，形成更加明确的国家研究团队；同时，在人才的培养使用、科研管理、待遇等方面制定灵活、实用的政策，参考国外基金项目管理的先进经验，以科学家为中心，实行研究项目的科学家"负责制"，使真正的科学家在优越的科研环境中能够一心一意地从事科学研究。

6.1.2 制定科学、合理的评价制度与考核标准

制定科学、合理、公正的成果评价制度与考核标准，针对需要解决的科学问题，重点考核科学家到底解决了什么科学问题或科学问题的哪个方面。鼓励基金申报者、特别是青年科学家要熟悉现场，要从工程实际中发现并凝练、升华、抽象出科学问题，专注关键科学问题，深耕有发展前途的研究方向，形成特色鲜明、独一无二的专业学术研究方向，最终解决科学问题。注重创新，特别是原创。

6.1.3 培养优秀人才，形成创新团队

培养具有国际视野、国际领先水平的冶金与矿业学科优秀研究人才和创新团队，吸引本领域世界高水平科研人才加盟合作开展研究。

6.1.4 引导人才队伍投入本学科基础研究

将国家发展战略、研究热点问题与现场实际凝练的科学问题有机结合，使得基础研究或应用基础研究成为有源之水，并具有明显的前瞻性，吸引人才投入本学科基础研究。培养本学科人才队伍具有国际视野，理论抽象的思维方式，能将具体工程问题抽象为学术问题并具有使其模型化的能力。

6.2 经费投入保障

6.2.1 设立专项资金

在整合现有科研力量、技术资源、试验平台的基础上，设立优先发展课题专项资金，实施高等院校和科研机构共同参与的联合攻关。

6.2.2 重点支持关键研发项目

吸引海外优秀人才参与，鼓励高层次国际合作。对重要科学基础问题、具有引领世界先进水平的关键核心技术研发项目等进行重点支持。

6.2.3 经费来源多元化

一方面，从本学科基础研究发展趋势出发，科学预测科研经费需求，结合考虑国家财政科研投入的可能，积极争取国家财政持续稳定增加科学基金投入。另一方面，促进国家创新体系各单元的协同发展，进一步加强与国家相关科技管理部门、社会团体、地方科技管理部门和企业的战略协作，完善联合资助机制，充分发挥科学基金的辐射效应，积极引导社会资源投入基础研究，调动各方面的积极性，促进科技资源共享，推动产、学、研、用相结合，增强科学基金引导科技资源配置的能力。

6.2.4 规范财务管理

健全科学基金财务管理体系，提高科学化、精细化管理水平。坚持量入为出、收支平衡的原则，认真编制预算，提高预算的科学性、完整性和可行性。规范预算执行，健全动态监控机制，保障项目经费准确、及时、安全拨付。进一步完善资助项目经费的财务管理制度，通过抽查审计强化依托单位的监管责任，保障项目经费依法、高效、合理使用。建立健全内部财务管理制度，加强行政经费和项目组织实施经费的管理与监督，严格控制各项管理性支出，努力降低管理成本，提高管理效率。

6.2.5 加大基础研究经费投入力度

一方面，扩大研究项目的资助量；另一方面，增加项目的资助强度，同时要宽容失败。提高项目经费中的人员费用，特别是研究生科研补助的比例。结合行业发展、国家重点工程或重大装备制造的需求，设立联合基金或专项基金，引导专项创新活动。

6.3 宣传贯彻活动

6.3.1 遵循科研规律

切实遵循基础研究发展规律和创新人才成长规律，改进创新研究和人才评价体系，防止简单量化、重数量轻质量、急功近利等倾向，努力营造平等争鸣、鼓励探索、宽容失败、激励创新的学术文化氛围。加强以尊重科学、公正透明、激励创新为核心理念的科学基金文化建设，不断提升科学基金的文化凝聚力。大力弘扬求真务实、勇于创新的科学精神，不畏艰险、勇攀高峰的探索精神，团结协作、淡泊名利的团队精神，报效祖国、服务社会的奉献精神。

6.3.2 宣传和维护科研诚信

大力倡导和促进科学道德和科学伦理建设，科研人员应以科学至上为宗旨，以诚信为本，推动基础研究健康发展。加强学术规范建设，提高科研实践能力。

6.3.3 同行参与，凝聚共识

对于重大项目或重点项目，同行的参与和贡献对项目最终研究成果的水平有重要影响。在立项前组织研讨，就研究内容和研究目标凝聚同行的共识。在项目执行期间，组织同行进行专题研讨，一方面展示前期的研究成果，另一方面就后续研究进行咨询。对重大项目或重点项目的研究成果应及时公示，可使同行共享其研究成果，避免重复立项和重复研究。

6.4 过程监督管理

6.4.1 落实科学基金依法管理责任制

按照《国家自然科学基金条例》规定，落实科学基金依法管理责任制，切实维护依托单位、科技人员和评审专家的合法权益。

6.4.2 完善评审机制

积极探索创新评审机制，及时资助具有潜在深远影响力、高创新价值或具有变革意义的研究项目，提升原始创新能力。加强评审专家库建设，建立专家信誉评价机制，保障评审质量。推进评审制度化和规范化建设。建立对同行评审发展状况定期跟踪监测与评价的制度，完善同行评审监测体系。

6.4.3　改进项目管理

充分利用科学基金信息服务与共享平台,开展项目管理工作,完善项目研究结果公开评价管理机制。采取多种形式开展项目结题审查,简化工作程序,减轻科研人员和评审专家负担。加强科学基金资助项目的成果管理,充分利用科学基金信息服务系统和国际化数据平台,实现成果数据共享和向社会公众开放。鼓励科学家在国内外核心期刊上发表成果,促进学术交流。加强研究成果的有效集成,积极开展自主创新成果宣传活动。

6.4.4　加强绩效评估

建立和完善尊重基础研究发展规律、体现科学基金工作特点的绩效评估机制。完善绩效信息反馈体系和工作机制,持续改进科学基金管理工作,提升管理科学化和规范化水平。实施绩效公开制度,提高管理透明度和绩效信息监测水平,加大信息披露的力度,提高科学基金绩效管理能力。

6.4.5　强化信息服务

进一步完善网络化、数字化及安全、可靠和高效的科学基金业务支撑服务体系和信息共享环境。

6.4.6　加强战略决策咨询,健全咨询工作组织管理机制,坚持科学民主决策

完善科学部专家咨询委员会工作机制,充分发挥咨询专家的作用。加强战略咨询,定期听取科技界对学科发展等方面的战略与决策的咨询意见。加强立项咨询,充分发挥科学家群体和有关学术团体的决策咨询作用。凝聚多领域专家智慧,组织开展学科布局与建设的政策调研,加强学科前沿动态与发展趋势战略分析,引导学科全面布局与健康发展。

6.5　其 他 建 议

6.5.1　学科发展规划方面的建议

基础研究应着眼于国计民生,因此建议基金的学科规划应该紧紧围绕国家的中长期科技发展规划,同时兼顾自由探索基础研究项目。应与国家大工程计划和我国相关产业发展紧密配合,有针对性地组织国内优势研究力量开展关键基础科学问题的研究和共性瓶颈技术的攻关,同时大力推进研究成果的快速产业化和工

程应用。

（1）统筹做好科学的总体规划。在广泛征求意见的基础上，形成结合国家需求、跨部门、协同发展的总体规划，增强战略规划的严肃性，克服短期行为和防止利益分割。在规划编制过程中，注意面向国家需求，瞄准冶金与矿业学科的发展趋势，凝练能够突破的重点发展领域，重点突破发展过程中的瓶颈和共性的关键技术问题。

（2）建立有利于基础研究的良好环境。在鼓励把握学术前沿，开展自由探索研究的过程中，为科研人员营造一个宽松的工作环境和评价机制，在允许探索的同时也宽容失败。避免在科技成果的评价中过于注重对生产力的直接作用。

（3）加强国际合作。通过积极开展实质性的国际合作，可更快地取得突破，同时提高科研人员的研究水平。如与国际相关机构开展项目群的联合资助，积极承担和参与主办国内外高水平国际学术会议，鼓励研究生出国参加本领域的大型国际学术会议等，通过广泛开展实质性的合作与交流，扩大我国学者在冶金与矿业领域的国际影响力，引领冶金与矿业学科的研究潮流。

（4）学科发展规划适应社会需要。学科的规划与建设既要考虑社会当前的需要，又要考虑社会长远的需要；既要考虑实践发展的需要，又要考虑科学自身发展的需要；既要考虑知识创新的需要，又要考虑知识传承的需要。

（5）优化环境、改善条件、增加投入，是加快学科发展的保证。鼓励科学探索、有利学术创新的，思想解放、学术自由的学术环境，不断拓宽、改善国际学术交流的渠道和环境。

6.5.2　项目管理方面的建议

（1）继续加大基础研究方面的科技投入力度。国家相关部门对基础研究的长期、稳定投入是加强基础研究的根本保障，加大投入力度不但可以使基础研究不断深入，还能加快研究成果的更快工程化和产业化。

（2）提高项目经费中人工费的比例。研究生是科研工作的生力军，是科研计划和项目的直接执行者，因此需要大幅度提高参与科研工作的研究生补贴标准，提高人工费在项目总经费中的比例。

（3）设立联合基金资助。基础研究与工程实践有着非常密切的关系，通过开展与地方政府、大型企业的联合资助，或与大型企业联合成立研究基地，在技术攻关过程中凝练基础科学问题，在突破关键技术难题的同时，推动基础理论的发展。

（4）制订明确的科学基金发展规划，使各类科学基金定位准确、分工明确。在国家科技规划的基础上，对各类科学基金进行合理分工，使其各有重点，各司其职，协同"作战"。国家基金围绕国家目标，以国家重点科研机构和高等院校的优势项目、优秀人才为主要资助对象，根据"强优"原则，采取重点投入的方式，集中优势力量进行科学攻坚；部门、行业、地方的科学基金作为国家基金的辅助力量，以国家科研计划的配套研究、辅助研究为主要资助对象，并且要避免与国家科学基金资助的项目重复；社会团体科学基金和单位科学基金要把国家科学基金、部委及地方基金项目的孵化作为主要目标。

（5）促使科学基金与其他科技投入计划密切合作。围绕国家的优先资助领域，使国家科学基金加强与国务院有关部门的合作，做好与国家重大科技计划的衔接工作，并积极推荐项目和人才，开展重大需求领域的联合资助工作；与大型企业合作，建立联合研究基金和专项合作基金，促进以企业为主体的技术创新体系建设；与中西部省份合作，加大地区基金的资助力度和强度，重点解决西部大开发和中部崛起过程中的基础科学问题；而部门、地区和行业的科学基金也要在同一层次上与其他科技投入计划开展合作，实现科技资源整合。

（6）完善资助格局，明确项目定位，不断提高科学基金资助效益。按照资助格局的总体战略布局，准确把握各类项目的功能定位，深入调研，分类指导，稳步推进，抓紧修订和完善相应管理办法，改进资助管理模式，加强资助成果管理，不断提高科学基金资助效益。

6.5.3 项目评审方面的建议

这一环节在近年来争议比较大，也确实存在需要改进的地方。评审过程中的漏洞、泄密和不公正会极大地损害国家自然科学基金的公信力。为此，提出以下建议：

（1）建立促进源头创新的评审标准和评审方式。评审标准上要重视选题的长远意义，以及申请团队的创新能力和潜力，对"非共识"和交叉学科项目，要作为特殊现象制定"例外"评审标准和规则。评审方式上要利用现代通信技术和网络技术，提高评审效率，同时重视评审程序的规范性，建立严肃的评审纪律和保密制度，并有明确的奖罚措施；尝试并扩大匿名评审的规模，同时研究解决项目评审中的知识产权问题。

（2）遴选优秀评审专家，建立评审专家的信誉档案，培养高素质的评审专家队伍。通过一定的方式和规则对基层单位推荐的评审专家进一步遴选，让学术思想敏锐、视野宽广和科学道德良好的专家进入评审队伍。同时探索建立专家质量评估指标体系，对专家的水平、能力、学术修养和道德进行评估，建立专家信誉档案，通报认真负责的成果鉴定专家名单。

（3）邀请海外专家参与项目评审工作，推进评审国际化。评审能否做到公开、公平、公正，不仅影响科技工作者的研究热情，而且关系到自主创新的成败。

（4）对于近年来呼声很高的基金盲审机制，即申请书中不体现申请人的任何个人信息，对此不赞同。因为研究者本身的学术地位、所处平台的研究实力以及以往的论文发表记录是申请者研究实力的综合体现，也一定程度上决定了研究项目的执行质量。因为完全屏蔽研究者本身信息的做法是不科学的，也是不合理的。

（5）基金申请书曾经要求在申请书中提供申请者本科、硕士、博士等阶段的求学经历以及导师，但这个举措的有效性有待检验，也的确发生过申请者的申请书发到了其博士生导师手中的情况。因为这个信息仅是在申请书中，而非数据库中，所以无法有效规避这个问题。有效规避这一问题的举措可以采用国际期刊论文通行的做法，即采用在线填写，或者基金申请表中有类似的功能菜单，将此类信息导入数据库，且不出现在评审的 pdf 格式的文件中。申请者本科生、硕士生、博士生求学单位、博士后工作单位，以及以前的研究生（含硕士生、博士生）导师及博士后合作导师，均在回避评审的专家之列。这一信息必须真实、客观，作为申请者诚信记录的要求之一严格执行。同时申请者可以自己填写需要申请回避的评审专家，以防因相关利益冲突而造成对申请书评价失实的问题。

6.5.4　项目资助环节

在项目的资助环节，突出问题是参与项目研究的研究生的劳务费问题。要充分调动这些研究生的积极性，就要妥善解决这个问题。由于我们国家的特殊体制，研究生的劳务费一直处于很低的水平，而美国院校中部分专业可以从美国国家自然科学基金（NSF）中给研究生和博士后发放的劳务费甚至超过 80%的比例。作为社会关注的国家自然科学基金，应该有"敢为天下先"的精神，将可发放给研究生（博士生、硕士生）和博士后的劳务费比例大幅度提高，给全社会率先垂范，给予付出创造性工作的青年研究人员实质性的尊重和肯定，支持他们以更加饱满的热情投入到研究工作中。

对于近年来新出台的"连续两年面上项目未获资助者暂停一年申请资格"调整为"连续两年面上项目未上会者暂停一年申请资格"更为合理。如果某研究人员连续 2 年获得上会资格，说明申请书获得函审专家的肯定，但由于种种原因未能通过会审，剥夺其继续申请的权利不是十分合理。因此建议对该规则进行调整。

附　录

附录1　学科"十二五"期间资助重点项目一览表

序号	项目编号	项目名称	负责人	承担单位	学科	起止年限	经费（万元）
1	51134006	深水环境下易凝高黏原油-天然气输送系统流动保障基础问题研究	张劲军	中国石油大学（北京）	E0404	2012/2016	280
2	51134002	高磷鲕状赤铁矿深度还原高效利用基础研究	韩跃新	东北大学	E0411	2012/2016	300
3	51134005	深井热害防治与矿井热能利用	何满潮	中国矿业大学（北京）	E0410	2012/2016	300
4	51134007	结构分析方法在湿法冶金物理化学中的新应用	曾德文	中南大学	E0412	2012/2016	280
5	51134001	海底隧道围岩稳定性及其控制机理研究	张顶立	北京交通大学	E0409	2012/2016	300
6	51134003	金属纤维多孔材料微结构形成与控制基础研究	汤慧萍	西北有色金属研究院	E0416	2012/2016	300
7	51134004	气体钻井技术基础研究	刘清友	西南石油大学	E0403	2012/2016	280
8	51234008	铁铝复合矿中非铁元素分离与提取新工艺的基础研究	姜涛	中南大学	E0414	2013/2017	290
9	51234010	中低品位红土矿非铁元素提取与分离工艺基础研究	白晨光	重庆大学	E0414	2013/2017	290
10	51234007	页岩气藏开采基础研究	姚军	中国石油大学（华东）	E0403	2013/2017	280
11	51234009	有色金属复杂资源低温碱性熔炼基础研究	郭学益	中南大学	E0415	2013/2017	300

续表

序号	项目编号	项目名称	负责人	承担单位	学科	起止年限	经费（万元）
12	51234003	铁矿烧结烟气污染物协同控制与高值转化基础研究	张春霞	钢铁研究总院	E0411	2013/2017	300
13	51234004	尾矿坝稳定性评价与安全监控基础性研究	杨春和	中国科学院武汉岩土力学研究所	E0405	2013/2017	280
14	51234006	页岩气开采岩石力学	陈勉	中国石油大学（北京）	E0403	2013/2017	300
15	51234001	火法冶金过程若干物理化学问题原位在线研究方法	郭占成	北京科技大学	E0412	2013/2017	300
16	51234002	超快速冷却条件下低碳钢中纳米碳化物析出控制及综合强化机理	王昭东	东北大学	E0416	2013/2017	300
17	51234005	矿山顶板灾害预警	何富连	中国矿业大学（北京）	E0402	2013/2017	280
18	51334001	CO_2 应用于炼钢的基础理论研究	朱荣	北京科技大学	E0414	2014/2018	300
19	51334002	冶金法从多晶硅中去除硼和非金属夹杂物的基础研究	张立峰	北京科技大学	E0415	2014/2018	300
20	51334004	新型电热冶金法制备太阳能级多晶硅的应用基础研究	邢鹏飞	东北大学	E0415	2014/2018	300
21	51334007	致密油储层提高采收率关键理论与方法研究	岳湘安	中国石油大学（北京）	E0403	2014/2018	300
22	51334008	难处理钨矿物资源高效利用物理化学	赵中伟	中南大学	E0412	2014/2018	300
23	51334006	金属材料超塑成形关键技术基础研究	李志强	中国航空工业集团公司北京航空制造工程研究所	E041604	2014/2018	300
24	51334005	煤矿瓦斯水合分离与储运应用基础研究	吴强	黑龙江科技大学	E0410	2014/2018	300
25	51334003	控压钻井测控理论及关键问题研究	柳贡慧	北京信息科技大学	E0407	2014/2018	322

续表

序号	项目编号	项目名称	负责人	承担单位	学科	起止年限	经费（万元）
26	51434004	高品质特殊钢加压下熔炼和凝固的基础研究	姜周华	东北大学	E0414	2015/2019	340
27	51434003	深部低渗透高瓦斯煤层瓦斯抽采基础研究	尹光志	重庆大学	E0402	2015/2019	330
28	51434009	海洋深水浅层钻井关键技术基础理论研究	杨进	中国石油大学（北京）	E0407	2015/2019	390
29	51434006	深部大变形巷道围岩破坏与稳定性控制研究	王卫军	湖南科技大学	E0409	2015/2019	340
30	51434008	非晶复合材料设计和调控制备的科学基础	张海峰	中国科学院金属研究所	E0416	2015/2019	340
31	51434001	硫化矿加压湿法冶金的机理研究	蒋开喜	北京矿冶研究总院	E0412	2015/2019	398
32	51434002	深海金属矿产资源开采系统对复杂工作环境的响应机理研究	阳宁	长沙矿冶研究院有限责任公司	E0406	2015/2019	320
33	51434005	新一代长寿命大型铝电解槽节能与控制基础研究	王兆文	东北大学	E0415	2015/2019	350
34	51434007	多场耦合作用下制备高性能粉末冶金 TiAl 合金板材的基础研究	张国庆	中国航空工业集团公司北京航空材料研究院	E0416	2015/2019	360
35	51534008	安全科学原理研究	吴超	中南大学	E0410	2016/2020	250
36	51534001	低品位含钒资源高效利用的物理化学研究	闫柏军	北京科技大学	E0412	2016/2020	310
37	51534007	含蜡原油常温输送机理及流动改性方法研究	宫敬	中国石油大学（北京）	E0404	2016/2020	280
38	51534005	电子废弃物资源化过程中多种混合金属的物理分离机理与纯化	许振明	上海交通大学	E0411	2016/2020	300
39	51534002	区域应力场与开采扰动的多尺度协同机制及冲击地压孕育的多场耦合机理	纪洪广	北京科技大学	E0402	2016/2020	300

续表

序号	项目编号	项目名称	负责人	承担单位	学科	起止年限	经费（万元）
40	51534009	高性能粉末冶金钨钼材料制备与服役应用中的科学问题	范景莲	中南大学	E0417	2016/2020	320
41	51534004	含蜡原油管道安全经济输送的基础问题研究	刘扬	东北石油大学	E0404	2016/2020	280
42	51534003	诱导下岩体断裂冒落时空演化	任凤玉	东北大学	E0409	2016/2020	280
43	51534006	致密气藏储层干化、提高气体渗流能力的基础研究	张烈辉	西南石油大学	E0403	2016/2020	290
44	51634009	金属矿分离废水分质处理分级循环利用物理化学基础	孙伟	中南大学	E0411	2017/2021	250 [D27]
45	51234003	铁矿烧结烟气污染物协同控制与高值转化基础研究	张春霞	钢铁研究总院	E0411	2013/2017	300
46	51534005	电子废弃物资源化过程中多种混合金属的物理分离机理与纯化	许振明	上海交通大学	E0411	2016/2020	300 [D28]
47	51134002	高磷鲕状赤铁矿深度还原高效利用基础研究	韩跃新	东北大学	E0411	2012/2016	300
48	51034006	高岭石径厚比的控制及其对橡胶纳米复合材料性能的影响	刘钦甫	中国矿业大学（北京）	E041105	2011/2014	260
49	50834006	含钙镁矿物浮选基础理论研究	胡岳华	中南大学	E041102	2009/2012	210
50	50234010	铅锑锌铁复杂多金属硫化矿选冶提取新技术基础与应用	邱定蕃	北京矿冶研究总院	E0411	2003/2006	200 [D29]

附录2　学科"十二五"期间批准的重大项目一览表

序号	项目编号	项目名称	负责人	承担单位	学科	起止年限	经费（万元）
1	51490650	页岩油气高效开发基础理论	陈勉	中国石油大学（北京）	E0403	2015/2019	1500
2	51490651	页岩非线性工程地质力学特征与预测理论	陈勉	中国石油大学（北京）	E0403	2015/2019	612
3	51490652	多重耦合下的页岩油气安全优质钻井理论	葛洪魁	中国石油大学（北京）	E0403	2015/2019	336
4	51490653	页岩地层动态随机裂缝控制机理与无水压裂理论	赵金洲	西南石油大学	E0403	2015/2019	296
5	51490654	页岩油气多尺度渗流特征与开采理论	姚军	中国石油大学（华东）	E0403	2015/2019	256

附录3　学科"十二五"期间批准的创新研究群体项目一览表

序号	项目编号	项目名称	负责人	承担单位	学科	起止年限	经费（万元）
1	51221462	煤炭资源高效洁净加工理论与应用研究	赵跃民	中国矿业大学	E0411	2013/2015	600
2	51521063	复杂油气井钻井与完井基础研究	高德利	中国石油大学（北京）	E0403	2016/2018	600
3	51421003	充填采煤的基础理论与应用研究	缪协兴	中国矿业大学	E04	2015/2020	1200

附录4　学科"十二五"期间批准的国家杰出青年基金项目一览表

序号	项目编号	项目名称	负责人	承担单位	学科	起止年限	经费（万元）
1	51125016	金属粉体的湿法冶金制备及其形态结构控制	胡文彬	上海交通大学	E041601	2012/2015	200
2	51125017	矿山岩体分形重构与能量灾变理论	鞠杨	中国矿业大学（北京）	E0409	2012/2015	200

序号	项目编号	项目名称	负责人	承担单位	学科	起止年限	经费（万元）
3	51125018	湿法冶金	齐涛	中国科学院过程工程研究所	E041202	2012/2015	200
4	51125019	油气藏渗流力学	张烈辉	西南石油大学	E0403	2012/2015	200
5	51225401	冶金过程可控氧流新技术的基础理论研究	鲁雄刚	上海大学	E04	2013/2016	200
6	51225402	粉末冶金与粉体工程	王金淑	北京工业大学	E0417	2013/2016	200
7	51225403	矿物资源精细化加工的基础理论与应用实践	杨华明	中南大学	E041105	2013/2016	200
8	51225404	原位溶浸采矿理论与技术	梁卫国	太原理工大学	E0406	2013/2016	200
9	51325401	高性能金属材料相变行为、强化机理与组织控制	刘永长	天津大学	E0416	2014/2017	200
10	51325402	石油工程岩石力学	金衍	中国石油大学（北京）	E0407	2014/2017	200
11	51325403	矿井瓦斯抽采与安全	周福宝	中国矿业大学	E041003	2014/2017	200
12	51425403	核用湿法冶金	陈靖	清华大学	E041202	2015/2019	400
13	51425402	高活性合金熔炼与铸造	苏彦庆	哈尔滨工业大学	E041603	2015/2019	400
14	51425406	提高采收率与油田化学	戴彩丽	中国石油大学（华东）	E0403	2015/2019	400
15	51425404	地铁安全科学与工程	钟茂华	清华大学	E0410	2015/2019	400
16	51425401	冶金过程的外场控制与应用基础	王强	东北大学	E0418	2015/2019	400

续表

序号	项目编号	项目名称	负责人	承担单位	学科	起止年限	经费（万元）
17	51425405	冶金环境工程	曹宏斌	中国科学院过程工程研究所	E0420	2015/2019	400
18	51525401	合金凝固行为与控制	王同敏	大连理工大学	E041603	2016/2020	350 [D30]
19	51525402	深部岩体损伤与破裂及其致灾机理	朱万成	东北大学	E0409	2016/2020	350 [D31]
20	51525404	低渗与致密油气藏压裂酸化	郭建春	西南石油大学	E0403	2016/2020	350 [D32]

附录 5　学科"十二五"期间批准的联合基金项目一览表

序号	项目编号	项目名称	负责人	承担单位	学科	起止年限	经费（万元）
1	U1260201	压水堆核电站蒸汽发生器用690合金传热管的应力腐蚀行为及机理	李晓刚	北京科技大学	E04	2013/2016	240
2	U1260202	基于金属化球团法处理钢厂含锌铁回收料关键技术研究	张建良	北京科技大学	E04	2013/2016	240
3	U1260203	伺服电机驱动的连铸结晶器非正弦振动控制系统及其关键技术研究	方一鸣	燕山大学	E04	2013/2016	200
4	U1260204	凝固、冷却及热处理一体化柔性调控无取向硅钢夹杂物与析出物的基础研究	许云波	东北大学	E04	2013/2016	240
5	U1360201	连铸坯低压缩比轧制造特厚板的机理研究	张炯明	北京科技大学	E04	2014/2017	200
6	U1360202	含 Cr 危固的 Cr、Ni 固化与解毒机理及微晶玻璃应用研究	张深根	北京科技大学	E04	2014/2017	200
7	U1360203	超薄电工钢片定子铁芯制造过程的尺度效应及控形控性方法	李淑慧	上海交通大学	E04	2014/2017	200
8	U1360204	含铬钢渣解毒机理及高效资源化利用研究	薛向欣	东北大学	E04	2014/2017	200
9	U1360205	高炉喷煤新技术的研究	吕庆	华北理工大学	E04	2014/2017	200
10	U1460201	利用 XRD-XRF 进行铁矿石矿物定量与表征方法的基础研究	郭兴敏	北京科技大学	E04	2015/2018	200

续表

序号	项目编号	项目名称	负责人	承担单位	学科	起止年限	经费（万元）
11	U1460202	超深、超高温、超腐蚀极端环境下气井油管腐蚀机理和耐蚀性能评价方法的研究	张涛	中国科学院金属研究所	E04	2015/2018	200
12	U1460203	第三代汽车用钢中锰钢的连续退火生产新工艺的基础研究	罗海文	钢铁研究总院	E04	2015/2018	200
13	U1460204	高性能节约型双相不锈钢的组织性能设计与热加工制备的基础研究	刘振宇	东北大学	E04	2015/2018	200
14	U1560201	带式低温碳热直接还原铁工艺的关键技术基础研究	郭培民	钢铁研究总院	E04	2016/2019	220
15	U1560202	高铁轴承钢冶金缺陷形成机理及其控制原理研究	任忠鸣	上海大学	E04	2016/2019	260
16	U1560203	以 CCM-I-ESRW 为核心技术的新流程制备大型镍基合金铸锭的基础研究	郭汉杰	北京科技大学	E04	2016/2019	220
17	U1560204	低密度、高弹性模量、高强韧性钢的理论与技术基础研究	易红亮	东北大学	E04	2016/2019	240
18	U1560205	颗粒尺度下的高炉数学模型的开发与应用	余艾冰	东南大学	E04	2016/2019	280
19	U1560206	新型冷轧薄带板形电磁调控技术基础研究	杜凤山	燕山大学	E04	2016/2019	240
20	U1560207	基于洁净钢高效生产的新型电磁冶金技术研究	王强	东北大学	E04	2016/2019	220
21	U1560208	超洁净与均质化高铁轴承钢连铸坯生产应用基础研究	朱苗勇	东北大学	E04	2016/2019	260
22	51134011	镍基、铁镍基合金油井管第二相的演变及其对耐蚀性的影响	陈长风	中国石油大学（北京）	E04	2012/2015	200
23	51134008	全氧高炉炼铁关键技术基础	张欣欣	北京科技大学	E04	2012/2015	240
24	51134009	钢包底喷粉精炼新工艺应用基础研究	朱苗勇	东北大学	E04	2012/2015	240
25	51134010	汽车排气系统用超纯铁素体不锈钢的高温疲劳行为和冷凝腐蚀机理研究	李谋成	上海大学	E04	2012/2015	200
26	51134020	煤田火灾防治理论与方法	王德明	中国矿业大学	E0422	2012/2015	240
27	51134021	煤直接液化过程中活性氢的形成及其对加氢液化的作用机理	魏贤勇	中国矿业大学	E0422	2012/2015	220
28	51134022	振动流化床干法分选细粒煤的基础研究	赵跃民	中国矿业大学	E0422	2012/2015	220
29	51134023	一矿一面集约生产安全通风技术基础	周福宝	中国矿业大学	E0422	2012/2015	200
30	51134018	浅埋深薄基岩采动岩体破断及渗流基础	谢和平	四川大学	E0422	2012/2015	240
31	51134024	煤矿安全生产监控与通信基础研究	孙继平	中国矿业大学（北京）	E0422	2012/2015	220

续表

序号	项目编号	项目名称	负责人	承担单位	学科	起止年限	经费（万元）
32	51134025	大断面巷道快速掘进与支护基础	杨仁树	中国矿业大学（北京）	E0422	2012/2015	240
33	51134019	煤田火区形成演化过程及灭控理论与方法研究	邓军	西安科技大学	E0422	2012/2015	240
34	51134013	超（超）临界机组锅炉受热面安全及寿命管理	李廷举	大连理工大学	E0422	2012/2015	220
35	51134015	低成本、长寿命活性焦脱硫关键技术基础	吴少华	哈尔滨工业大学	E0422	2012/2015	230
36	51134016	超（超）临界机组锅炉受热面安全及寿命管理	徐鸿	华北电力大学	E0422	2012/2015	215
37	51134017	燃煤电厂烟气大规模 CO_2 捕集过程关键问题研究	陈健	清华大学	E0422	2012/2015	230
38	51134012	大断面巷道快速掘进与支护基础研究	颜事龙	安徽理工大学	E0422	2012/2015	240
39	51134014	煤直接液化过程中氢自由基的形成及加氢液化反应机理	胡浩权	大连理工大学	E0422	2012/2015	230
40	U1261201	西部浅埋煤层薄基岩采动破断规律与灾变控制研究	缪协兴	中国矿业大学	E0422	2013/2016	240
41	U1261202	矿井地震精细探查与重大灾害源识别理论与方法	刘盛东	中国矿业大学	E0422	2013/2016	240
42	U1261203	煤矿瓦斯灾害源的高分辨率地震探测基础研究	彭苏萍	中国矿业大学（北京）	E0422	2013/2016	240
43	U1261204	燃煤电厂烟气汞及典型重金属排放和脱除机理研究	徐明厚	华中科技大学	E0422	2013/2016	240
44	U1261205	煤矿难润湿性煤层采掘面煤尘扩散机理及防治技术基础研究	程卫民	山东科技大学	E0422	2013/2016	240
45	U1261206	高强度开采地表生态环境演变机理与调控	邹友峰	河南理工大学	E0422	2013/2016	240
46	U1261207	浅埋薄基岩大开采空间顶板动力灾害预测与控制	Syd S·Peng	河南理工大学	E0422	2013/2016	240
47	U1261208	低阶煤的温和热溶解聚及其高效液化的基础研究	水恒福	安徽工业大学	E0422	2013/2016	240
48	U1261209	煤直接液化残渣与低变质烟煤制备气化用水煤浆的基础研究	李文	中国科学院山西煤炭化学研究所	E0422	2013/2016	240
49	U1261210	大型燃煤发电机组节能诊断理论与能效评价方法研究	杨勇平	华北电力大学	E0422	2013/2016	240
50	U1261211	基于煤矿井下综合应力场的煤岩动力灾害预测与控制基础研究	康红普	煤炭科学技术研究院有限公司	E0422	2013/2016	240

续表

序号	项目编号	项目名称	负责人	承担单位	学科	起止年限	经费（万元）
51	U1261212	煤矿长距离斜井 TBM（盾构）施工基础理论	江玉生	中国矿业大学（北京）	E0422	2013/2016	240
52	U1261213	低温煤焦油制备高性能喷气燃料的基础研究	王永刚	中国矿业大学（北京）	E0422	2013/2016	240
53	U1261214	高产高效矿井 CO 产生机理及控制方法	朱红青	中国矿业大学（北京）	E0422	2013/2016	240
54	U1361201	700℃超超临界高温耐热材料热力安全基础问题研究	张忠孝	上海交通大学	E0422	2014/2017	230
55	U1361202	褐煤热解分级炼制多联产系统集成优化理论基础研究	李文英	太原理工大学	E0422	2014/2017	220
56	U1361203	风沙区超大工作面开采的土地损伤规律及生态修复方法	胡振琪	中国矿业大学（北京）	E0422	2014/2017	200
57	U1361204	30 吨及以上轴重条件铁路基础设施动力学特征及适应性	彭立敏	中南大学	E0422	2014/2017	220
58	U1361205	浅埋藏近距离煤层群开采煤炭自燃防治理论与技术基础研究	余明高	河南理工大学	E0422	2014/2017	230
59	U1361206	综放开采覆层形成及安全开采	来兴平	西安科技大学	E0422	2014/2017	220
60	U1361207	高聚能重复脉冲强冲击波煤层增渗新技术基础	秦勇	中国矿业大学	E0422	2014/2017	220
61	U1361208	综放开采覆岩空间结构演化的力链作用与安全控制基础	谢广祥	安徽理工大学	E0422	2014/2017	220
62	U1361209	浅埋厚煤层综放开采围岩控制与顶煤三维放出规律基础研究	王家臣	中国矿业大学（北京）	E0422	2014/2017	220
63	U1361210	复杂条件下 TBM（盾构）修建煤矿巷道（斜井）的衬砌结构设计基础理论	何川	西南交通大学	E0422	2014/2017	240
64	U1361211	大型露天煤矿绿色开采理论与应用	王建国	煤科集团沈阳研究院有限公司	E0422	2014/2017	230
65	U1361212	基于焦炭综合热性质的炼焦配煤基础理论研究	梁英华	华北理工大学	E0422	2014/2017	220
66	U1361213	浅埋藏近距离煤层群开采煤炭自燃防治理论与技术基础	秦波涛	中国矿业大学	E0422	2014/2017	205
67	U1361214	风积沙区超大工作面开采后土地损伤与生态演变规律及其修复对策研究	卞正富	中国矿业大学	E0422	2014/2017	220
68	U1202275	磷石膏复合高铝高铁废渣制备类硫铝酸盐水泥基础研究	钱觉时	重庆大学	L07	2013/2016	200
69	U1202274	高铁铝土矿资源钙化-碳化法生产氧化铝的基础研究	张廷安	东北大学	L07	2013/2016	210
70	U1202273	铱单晶的取向生长与形变机制研究	罗锡明	昆明贵金属研究所	L07	2013/2016	230

续表

序号	项目编号	项目名称	负责人	承担单位	学科	起止年限	经费（万元）
71	U1202271	有色金属合金真空蒸馏及化合物真空热分解的基础研究	刘大春	昆明理工大学	L07	2013/2016	220
72	U1202272	动力锂离子电池正极材料微波制备的基础研究	张正富	昆明理工大学	L07	2013/2016	210
73	U1137601	冶金法制备太阳能级多晶硅中的真空精炼研究	马文会	昆明理工大学	L07	2012/2015	210
74	U1137603	矿热冶炼废气中典型还原性杂质催化氧化净化关键问题研究	宁平	昆明理工大学	L07	2012/2015	200
75	U1137604	有色冶金含砷废渣低温陶瓷固化机理研究	周新涛	昆明理工大学	L07	2012/2016	210
76	U1137602	双极聚合物隔膜直接甲醇燃料电池中的界面行为研究	相艳	北京航空航天大学	L07	2012/2015	200
77	U1302272	高性能 Ag-陶瓷功能复合材料的设计与制备研究	孙旭东	东北大学	L07	2014/2017	220
78	U1302274	云南镁质贫镍氧化矿金属化还原过程中镍/铁的迁移聚合微观机制	王成彦	北京矿冶研究总院	L07	2014/2017	210
79	U1302275	超细晶 Ti-6Al-4V 合金大尺寸薄板制备工艺研究	沈军	同济大学	L07	2014/2018	200
80	U1302273	基于褐煤氧化热解制备高 H/C 比合成气与 SNG 关键基础	许光文	中国科学院过程工程研究所	L07	2014/2017	220
81	U1302271	湿法冶金微流体萃取的基础理论研究	彭金辉	昆明理工大学	L07	2014/2017	220
82	U1402271	低品位难处理复杂矿加压湿法冶金过程的若干科学问题的研究	刘燕	东北大学	L07	2015/2018	221
83	U1402274	废铝基稀贵金属催化剂清洁循环与再生制备的技术基础	徐盛明	清华大学	L07	2015/2018	221
84	U1402233	天然沸石制备环境功能材料及其在铅锌选冶废水资源化利用的应用基础研究	罗永明	昆明理工大学	L03	2015/2018	230
85	U1402234	微生物源头固化重金属的修复机制研究	刘兴宇	北京有色金属研究总院	L03	2015/2018	229
86	U1402231	云南地区环境与工程因素诱发滑坡的力学机制研究	盛谦	中国科学院武汉岩土力学研究所	L03	2015/2018	200
87	U1502273	含铬钒渣焙烧过程中钒、铬氧化物与钠、钙盐相互作用的物理化学	薛向欣	东北大学	L07	2016/2019	203
88	U1502272	金锡化合物共晶的深过冷凝固、球化退火及热变形过程的原位研究	毛勇	云南大学	L07	2016/2019	218
89	U1502271	基于固液-气液相变提纯金属锡的基础研究	杨斌	昆明理工大学	L07	2016/2019	220

序号	项目编号	项目名称	负责人	承担单位	学科	起止年限	经费(万元)
90	U1508215	特殊钢铸锻一体化制备及组织调控基础研究	李殿中	中国科学院金属研究所	E0113	2016/2019	246
91	U1508212	涡轮导向叶片成型孔气膜射流与叶栅主流的相干机制及共轭传热	张靖周	南京航空航天大学	E060303	2016/2019	240
92	U1508210	高性能超静定特大型振动筛分技术的基础研究	赵跃民	中国矿业大学	E0411	2016/2019	246
93	U1508216	核燃料贮运用新型 B4C/Al 中子吸收材料高效制备及成型基础研究	马宗义	中国科学院金属研究所	E0102	2016/2019	246
94	U1508201	煤焦油/煤沥青绿色化高附加值利用的新方法研究	邱介山	大连理工大学	B06	2016/2019	245
95	U1508211	谐波齿轮廓形多齿运动学优化及其精密成型基础研究	王晓东	大连理工大学	E0502	2016/2019	246
96	U1508202	燃料电池衰减机理及寿命快速提升评价研究	邵志刚	中国科学院大连化学物理研究所	B06	2016/2019	245
97	U1508207	航空装备中复材/金属叠层结构高质高效制孔技术	王福吉	大连理工大学	E050901	2016/2019	246
98	U1508213	高温合金材料梯度结构的激光熔化沉积增材制造关键技术基础研究	刘常升	东北大学	E0113	2016/2019	246
99	U1508217	基于相对真空的连续热还原炼镁的基础研究	张廷安	东北大学	E0415	2016/2019	246
100	U1508214	大截面超洁净双性能汽轮机转子真空电渣重熔制备的科学基础	李宝宽	东北大学	E041603	2016/2019	246
101	U1508206	光学复杂曲面多维超声超精抛光新原理	赵继	东北大学	E0509	2016/2019	246
102	U1508218	核主泵泵轴耐磨抗疲劳覆层的表面完整性调控机制研究	雷明凯	大连理工大学	E050503	2016/2019	210
103	U1403295	基于新疆中低品位膨润土的重金属吸附复合材料开发及性能研究	王传义	中国科学院新疆理化技术研究所	L09	2015/2018	215
104	U1503292	基于新疆钒资源的纳米结构五氧化二钒基新型复合电极材料的研制与特性研究	吴广明	新疆大学	L09	2016/2019	220
105	U1503293	新疆中低阶煤中有机质的分子组成结构特征和定向转化反应的基础研究	魏贤勇	中国矿业大学	L09	2016/2019	219
106	U1503281	新疆典型金矿尾矿砷污染微生物矿化修复机理	潘响亮	中国科学院新疆生态与地理研究所	L08	2016/2019	218

附录 6　学科相关重要国际学术期刊

1. 石油工程学科

[1]　*SPE Journal*

[2]　*SPE Drilling & Completion*

[3]　*SPE Production & Operations*

[4]　*SPE Reservoir Evaluation & Engineering*

[5]　*Journal of Petroleum Science and Technology and Engineering*

[6]　*Journal of Natural Gas Science and Engineering*

[7]　*Petroleum Science and Technology*

[8]　*Petroleum Science*

[9]　*International Journal of Mechanical Sciences*

[10]　*Journal of Engineering Mechanics*

[11]　*Computer Modeling in Engineering & Sciences*

[12]　*Energy &Fuels*

[13]　*Fuel*

[14]　*Chemistry and Technology of Fuels and Oils*

[15]　*Transport in Porous Media*

[16]　*Journal of Energy Institute*

[17]　*Fluid Phase Equilibria*

[18]　*International Journal of Multiphase Flow*

[19]　*Journal of Non-Newtonian Fluid Mechanics*

[20]　*Advances in Colloid and Interface Science*

[21]　*Journal of Colloid and Interface Science*

[22]　*Colloids and Surfaces A: Physicochemical and Engineering Aspects*

[23]　*Chemical Engineering Science*

[24]　*AIChE Journal*

[25]　*Industrial & Engineering Chemistry Research*

[26]　*Applied Energy*

[27]　*Applied Thermal Engineering*

[28]　*Energy*

[29]　*Engineering Failure Analysis*

[30]　石油学报

[31]　石油勘探与开发

[32]　中国石油大学学报（自然版）

[33]　石油科学通讯

[34]　化工学报

2. 矿业工程学科

[1]　*Ore Geology Reviews*

[2]　*International Journal of Rock Mechanics and Mining Sciences*

[3]　*Journal of Nuclear Materials*

[4]　*Minerals Engineering*

[5]　*Acta Geodynamica Et Geomaterialia*

[6]　*Acta Montanistica Slovaca*

[7]　*Archives of Mining Sciences*

[8]　*Canadian Mining Journal*

[9]　*E&Mj-Engineering and Mining Journal*

[10]　*Gospodarka Surowcami Mineralnymi-Mineral Resources Management*

[11]　*International Journal of Coal Preparation and Utilization*

[12]　*International Journal of Minerals Metallurgy and Materials*

[13]　*International Journal of Mineral Processing*

[14]　*Journal of Applied Geophysics*

[15]　*Journal of Mining Science*

[16]　*Journal of The South African Institute of Mining and Metallurgy*

[17]　*Jom-Journal of The Minerals Metals & Materials Society*

[18]　*Marine Georesources & Geotechnology*

[19]　*Minerals & Metallurgical Processing*

[20]　*Mineral Processing and Extractive Metallurgy Review*

[21]　*Physicochemical Problems of Mineral Processing*

[22]　*Rem-Revista Escola De Minas*

3. 矿物分离学科

[1]　*Archives of Mining Sciences*

[2]　*International Journal of Coal Preparation and Utilization*

[3]　*International Journal of Mineral Processing*

[4]　*Journal of The South African Institute of Mining and Metallurgy*

[5]　*Minerals Engineering*

[6]　*Minerals & Metallurgical Processing*

[7]　*Mineral Processing and Extractive Metallurgy Review*

[8]　*Physicochemical Problems of Mineral Processing*

[9]　*Rem-Revista Escola De Minas*

[10]　*Separation and Purification Technology*

4. 冶金工程学科

[1] Corrosion Science

[2] Journal of Alloys and Compounds

[3] Intermetallics

[4] Hydrometallurgy

[5] Journal of Materials Science & Technology

[6] International Journal of Refractory Metals & Hard Materials

[7] Calphad-Computer Coupling of Phase Diagrams and Thermochemistry

[8] Metals and Materials International

[9] Jom

[10] Metallurgical and Materials Transactions A-Physical Metallurgy and Materials Science

[11] Minerals & Metallurgical Processing

[12] Metals

[13] Mineral Processing and Extractive Metallurgy Review

[14] Metallurgical and Materials Transactions B-Process Metallurgy and Materials Processing Science

[15] Korean Journal of Metals and Materials

[16] Transactions of Nonferrous Metals Society of China

[17] Journal of Mining and Metallurgy Section B-Metallurgy

[18] Actametallurgicasinica-English Letters

[19] Steel Research International

[20] Materials Science and Technology

[21] Isij International

[22] Rare Metals

[23] International Journal of Minerals Metallurgy and Materials

[24] Journal of Iron and Steel Research International

[25] Science of Sintering

[26] Ironmaking & Steelmaking

[27] Powder Metallurgy

[28] Materials Transactions

[29] Journal of Central South University

[30] Acta Metallurgica Sinica

[31] Transactions of The Indian Institute of Metals

[32] International Journal of Cast Metals Research

[33] Metallurgical Research & Technology

[34] Canadian Metallurgical Quarterly

[35] Revue De Metallurgie-Cahiers D Informations Techniques

[36] Kovove Materialy-Metallic Materials

[37]　*Metallurgia Italiana*

[38]　*Tetsu To Hagane-Journal of The Iron and Steel Institute of Japan*

[39]　*Metal Science and Heat Treatment*

[40]　*Praktische Metallographie-Practical Metallography*

[41]　*Journal of The Southern African Institute of Mining and Metallurgy*

[42]　*Rare Metal Materials and Engineering*

[43]　*Powder Metallurgy and Metal Ceramics*

[44]　*Journal of The Japan Institute of Metals*

[45]　*Russian Journal of Non-Ferrous Metals*

[46]　*Revista De Metalurgia*

[47]　*International Journal of Metalcasting*

[48]　*Metallurgist*

[49]　*International Journal of Powder Metallurgy*

[50]　*Archives of Metallurgy and Material*

[51]　*High Temperature Materials and Processes*

[52]　*Mineral Processing and Extractive Metallurgy*

5. 材料工程学科

[1]　*Nature Nanotechnology*

[2]　*Nature Materials*

[3]　*Materials Science & Engineering R-Reports*

[4]　*Progress In Materials Science*

[5]　*Advanced Materials*

[6]　*Progress In Surface Science*

[7]　*Annual Review of Materials Research*

[8]　*Advanced Functional Materials*

[9]　*Materials Today*

[10]　*International Materials Reviews*

[11]　*Journal of Materials Chemistry*

[12]　*Acta Materialia*

[13]　*Science and Technology of Advanced Materials*

[14]　*Advances in Applied Mechanics*

[15]　*Composites Science and Technology*

[16]　*Scripta Materialia*

[17]　*International Journal of Refractory Metals and Hard Materials*

[18]　*Powder Metallurgy*

[19]　*Powder Metallurgy International*

[20]　*International Journal of Powder Metallurgy*

[21]　*Powder Technology*

[22]　*Powder Processing Technology*
[23]　金属学报
[24]　复合材料学报
[25]　中国有色金属学报

6. 安全工程学科

[1]　*Accident Analysis and Prevention*
[2]　*Applied Occupational and Environmental Hygiene*
[3]　*Injury Prevention*
[4]　*Journal of Loss Prevention In The Process Industries*
[5]　*Journal of Safety Research*
[6]　*Occupational Health and Safety*
[7]　*Process Safety Progress*
[8]　*Professional Safety*
[9]　*Reliability Engineering and System Safety*
[10]　*Safety Engineering and Risk Analysis*
[11]　*Safety Science*

附录 7　学科国家重点实验室

[1]　油气资源与工程国家重点实验室
[2]　油气藏地质及开发工程国家重点实验室
[3]　石油管材及装备材料服役行为与结构安全国家重点实验室
[4]　油气管道输送安全国家工程实验室
[5]　石油工程教育部重点实验室
[6]　城市油气输配技术北京市重点实验室
[7]　气体能源开发与利用教育部工程研究中心
[8]　海洋石油高效开发国家重点实验室
[9]　油气藏地质及开发工程国家重点实验室
[10]　提高石油采收率国家重点实验室
[11]　深海矿产资源开发利用技术国家重点实验室
[12]　煤炭资源高效开采与洁净利用国家重点实验室
[13]　地表过程与资源生态国家重点实验室
[14]　深部煤炭开采与环境保护国家重点实验室
[15]　深部金属矿山安全开采国家重点实验室
[16]　能源工程安全与灾害力学
[17]　煤炭资源与安全开采国家重点实验室
[18]　深部岩土力学与地下工程国家重点实验室

[19]　煤矿灾害动力学与控制国家重点实验室

[20]　瓦斯灾害应急信息技术国家重点实验室

[21]　煤矿安全技术国家重点实验室

[22]　煤液化及煤化工国家重点实验室

[23]　复杂有色金属资源清洁利用国家重点实验室

[24]　国家煤加工与洁净化工程技术研究中心

[25]　国家磷资源开发与利用工程技术研究中心

[26]　低品位难处理黄金资源综合利用国家重点实验室

[27]　国家盐湖资源综合利用工程技术研究中心

[28]　矿物加工科学与技术国家重点实验室

[29]　固体废弃物资源化国家工程研究中心

[30]　国家金属矿资源综合利用工程技术研究中心

[31]　国家非金属矿资源综合利用工程技术研究中心

[32]　钢铁冶金新技术国家重点实验室

[33]　轧制技术及连轧自动化国家重点实验室

[34]　高品质特殊钢冶金与制备国家重点实验室

[35]　复杂有色金属资源清洁利用国家重点实验室

[36]　耐火材料与冶金国家重点实验室

[37]　内蒙古自治区白云鄂博矿多金属资源综合利用重点实验室（省部共建国家重点实验室培育基地）

[38]　多相复杂系统国家重点实验室

[39]　先进钢铁流程及材料国家重点实验室

[40]　混合流程工业自动化系统及装备技术国家重点实验室

[41]　钢铁工业环境保护国家重点实验室

[42]　汽车用钢开发与应用技术国家重点实验室

[43]　先进不锈钢材料国家重点实验室

[44]　钒钛资源综合利用国家重点实验室

[45]　海洋装备用金属材料及其应用国家重点实验室

[46]　矿物加工科学与技术国家重点实验室

[47]　稀有金属分离与综合利用国家重点实验室

[48]　稀贵金属综合利用新技术国家重点实验室

[49]　有色金属材料制备加工国家重点实验室

[50]　金属腐蚀与防护国家重点实验室

[51]　先进钢铁流程及材料国家重点实验室

[52]　新金属材料国家重点实验室

[53]　钢铁冶金新技术国家重点实验室

[54]　粉末冶金国家重点实验室

[55]　材料复合新技术国家重点实验室

[56]　金属材料强度国家重点实验室

[57] 有色金属材料制备加工国家重点实验室

[58] 亚稳材料制备技术与科学国家重点实验室

[59] 轧制技术及连轧自动化国家重点实验室

[60] 超硬材料国家重点实验室

[61] 金属精密热加工国家重点实验室

[62] 金属基复合材料国家重点实验室

[63] 空间环境材料行为及评价技术重点实验室

[64] 特种环境复合材料技术重点实验室

[65] 信息功能材料国家重点实验室

[66] 纤维材料改性国家重点实验室

[67] 高性能陶瓷和超微结构国家重点实验室

[68] 硅材料国家重点实验室

[69] 晶体材料国家重点实验室

[70] 材料成形与模具技术国家重点实验室

[71] 硬质合金国家重点实验室

[72] 火灾科学国家重点实验室

[73] 爆炸科学与技术国家重点实验室

[74] 轨道交通控制与安全国家重点实验室

[75] 化学品安全控制国家重点实验室

附录8 学科部分重要国际学术会议

[1] SPE Annual Technical Conference and Exhibition

[2] SPE Hydraulic Fracturing Technology Conference and Exhibition

[3] SPE Reservoir Simulation Conference

[4] SPE/IADC Drilling Conference and Exhibition

[5] IADC/SPE Asia Pacific Drilling Conference and Exhibition

[6] SPE/ICoTA Coiled Tubing and Well Intervention Conference and Exhibition

[7] IADC/SPE Managed Pressure Drilling and Underbalanced Operations Conference and Exhibition

[8] SPE International Conference on Oilfield Chemistry

[9] Offshore Technology Conference

[10] SPE Reservoir Characterization and Simulation Conference and Exhibition

[11] SPE/AAPG/SEG Unconventional Resources Technology Conference

[12] SPE Latin America and Caribbean Heavy and Extra Heavy Oil Conference

[13] SPE Asia Pacific Oil & Gas Conference and Exhibition

[14] SPE International Heavy Oil Conference & Exhibition

[15] SPE Improved Oil Recovery Conference

[16] International Pipeline Conference

[17] International Conference on Multiphase Flow

[18] International Conference on Gas Hydrates

[19] International Congress on Rheology

[20] Pacific Rim Conference on Rheology

[21] International Colloids Conference

[22] Annual Meeting of the APS Division of Fluid Dynamics

[23] Asia Symposium on Computational Heat Transfer and Fluid Flow

[24] International Conference & Exhibition on Liquefied Natural Gas

[25] International Conference on Computational & Experimental Engineering & Sciences

[26] Wold Mining Congress

[27] ISRM International Congress on Rock Mechanics

[28] the ISRM European Rock Mechanics Symposium

[29] The ISRM Asian Rock Mechanics Symposium

[30] International Conference on Rock Dynamics and Applications

[31] International Conference of International Association for Computer Methods and Advances in Geomechanics

[32] International Conference on Coupled THMC Processes in Geosystems

[33] International Symposium on New Development in Rock Engineering

[34] In-situ Rock Stress Symposium

[35] U.S. Rock /Geomechanics Symposium

[36] International Symposium on Mine Safety Science and Engineering

[37] International Symposium on Reducing Risks in Site Investigation, Modelling and Construction for Rock Engineering

[38] The Minerals, Metal & Materials Society Annual Meeting（TMS Annual Meeting & Exhibition）

[39] 国际熔渣、熔剂与熔盐学术会议

[40] Asia Steel

[41] International Conference on Advanced Steels

[42] International congress on the science and technology of steelmaking

[43] European Electric Steelmaking Conferebce& Expo

[44] International Conference on Process Development in Iron and Steelmaking

[45] International Symposium of Croatian Metallurgical Society

[46] 环太平洋先进材料与工艺国际会议

[47] 国际耐火材料学术会议

[48] European Coke and Ironmaking Congress

[49] 国际冶金工艺模拟会议（SteelSim）

[50] European stainless steel Conference

[51] European continuous casting Conference

[52] European oxygen steelmaking Conference

[53]　钢铁行业清洁技术国际会议

[54]　中英钢铁研究论坛

[55]　中韩双边钢铁技术学术会议

[56]　Materials Science &Technology Annual Meeting & Exhibition

[57]　The Powder Metallurgy World Congress

[58]　International Union of Materials Research Societies-The International Conference on Advanced Materials

[59]　International Conference of Martensitic Transformation

[60]　Annual Conference on Magnetic Materials and Magnetism

[61]　The Asia International Magnetics Conference

[62]　International Conference on Ferromagnetic Shape Memory Alloys

[63]　Materials Research Society

[64]　International Symposium on Metastable, Amorphous and Nanostructured Materials

[65]　International Conference on Bulk Metallic Glasses

[66]　The Minerals, Metals & Materials Annual Meeting

[67]　International Conference on Fatigue Damage of Structural Materials IX

[68]　International Conference on Engineering Failure Analysis

[69]　International Conference on Composite Materials

[70]　The Society for the Advancement of Material and Process Engineering Conference and Exhibition

[71]　Materials Research Society（MRS）Meeting & Exhibit

[72]　International Union of Materials Research Society-International Conference in Asia

[73]　The Pacific Rim Conference on Ceramic and Glass Technology

[74]　International Congress on Ceramics

[75]　Annual Conference of American Chemical Society

[76]　Annual Meeting of the International Society of Electrochemistry

[77]　International Conference on Nanoscience& Technology

[78]　International Conference on Rapidly Quenched and Metastable Materials

[79]　Internatinal Conference on Aluminum Alloys

[80]　European Conference on Fracture

[81]　International Symposium on Superalloys

[82]　先进航空金属材料及加工技术国际学术会议

[83]　Australasian Polymer Symposium

[84]　International Conference on Materials for Advanced Technologies

[85]　World Congress on Acoustic Emission

[86]　Acoustic Emission Working Group

[87]　International Conference on Fatigue Damage of Structural Materials

[88]　International Conference on High-Performance Ceramics

[89]　Annual Conference of American Institute of Chemical Engineering

[90]　International conference of materials chemistry

[91]　Annual conference of the international society for optics and photonics

[92]　Annual conference of Institute of Electrical and Electronics Engineers

[93]　Conference on Advances in Microfluidics and Nanofluidics

[94]　International Conference on Carbon Based Nanocomposites

[95]　International Conference on Flow Processing in Composite Materials

[96]　Plansee Seminar

[97]　International Conference on Refractory Metals and Hard Materials